序

『人人都能寫得一手好程式』，這話由小哈我來講特別有說服力。

大學時代學的是農業機械，研究所讀的是電腦動畫，但我在國外的第一份打工卻是俄亥俄大學美術館中的一件裝置藝術，負責這個裝置上的程式寫作。

從門外漢一頭栽進遊戲設計的世界以來，歷經了使用 C++、Java、PHP、Actionscript 等不同語言，設計了 3D 戰略、2D 平台、益智推理、動作射擊等五花八門的遊戲，也為 Adult Swim、MTV、Nickelodeon、PUMA 等廠商開發過千奇百怪的網頁遊戲。這些年的奇妙旅程中，我特別享受在設計遊戲時，遇到問題、尋找解方、突破盲點的過程與成就感，還有遊戲發布後與玩家們鬥智鬥力的歡樂與苦惱。

這幾年開始想著，這些體驗不能只有我揣著，我想要散播遊戲的種子，讓更多人感受這些美好，於是開始製作一系列與遊戲製作相關的 YT 影片。好巧不巧，就因為這些影片和深智數位的編輯們搭上了線，也才有了撰寫本書的火苗。

我期待閱讀本書的你，不只從中學到網頁遊戲的製作方法與各種演算法，也能感受藏在文章段落裡那股對遊戲製作的熱忱，進而點燃你心中的那把創作之火，將藏在腦海深處的靈感化成聲與光散播出去。

前言

　　網頁遊戲可說是最方便廣傳的發布平台，二十一世紀初期的 Flash 大一統年代已經證明了，不管規模多麼小、點子多麼荒誕不經的網頁遊戲，都有機會在網路上大放異彩。

　　自 Flash 走下神壇，HTML5 取而代之，隨著技術的發展，網頁遊戲的開發工具變得越加成熟。在網頁繪圖引擎的大海中，Pixi.js 無疑是繼承了 Flash 精神的佼佼者，不但提供了高效、輕量級的圖像渲染、動畫特效，而且對於我們程式設計師來說，更有著功能清晰易懂、入門快速上手的好處。

　　此外，Pixi.js 還是以 TypeScript 為語言撰寫的函式庫。TypeScript 是 JavaScript 的一個超集，提供了靜態類型檢查和推斷等特性，不僅提高了程式碼的可讀性和可維護性，還大大地減少錯誤的發生。本書將並進介紹 TypeScript 的語法與 Pixi.js 的功能，通過實例演示如何使用這兩大工具，從零到有地開發網頁遊戲。

　　本書的內容分成四大部分：

1. 開發環境的組建（第一、二章）
2. 函式庫的建立（第三、四、五章）
3. 實作遊戲（第六、七、八、九章）
4. 發布遊戲於網頁與手機（第十章）

本書的適用對象

因為撰寫時所想像的閱讀對象是完全的入門者，也就是對遊戲製作抱有夢想卻不得其門而入的新手，所以內容除了加入許多程式設計上的解說與邏輯推衍的過程，也會避免使用過於行內的字眼。如果有不得不使用的專業術語，會加開小節對其詳加介紹。

在程式碼的演示上，則儘量將長篇大論切成許多小段來逐步解釋，希望能大幅降低閱讀壓力。

對於已經有程式底子的讀者，書中也有許多軟體設計模式的概念，還有各種遊戲中常用的演算法，供讀者學習思考與印證。

目錄

第 1 章
準備程式寫作的環境

第 2 章
建立遊戲專案

第 3 章
Pixi.js 的繪圖、畫布與舞台

第 4 章
建立自己的函式庫

第 5 章
增修別人的函式庫

第 6 章
小樹枝上開朵花

第 7 章
經典小蜜蜂

第 8 章
怪獸掃蕩隊

第 9 章
魔王城的隕落

第 10 章
發布遊戲

第 **1** 章

準備程式寫作的環境

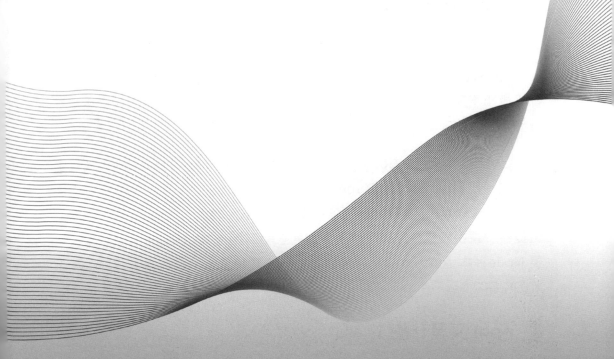

　　對於初次寫程式的新手，第一道難關通常不是陌生的語法，不是繁雜的函式庫，也不是那些艱澀難懂的演算法，而是「奇怪了？怎麼連一個新開的專案也跑不起來？」。到底是哪個插件漏了安裝？哪個系統設定沒調整好？還是錯用了哪個指令？這些連程式老手也不見得一眼就能看出來的種種，才是擋在自學程式前的障礙。

　　這些存在已久的問題，靠著許多前輩的努力，現在都得到了解決辦法。本書採用了簡單又富彈性的寫作環境，同學只要跟著做，不管在什麼系統環境下都能輕鬆看見自己的程式跑起來的樣子。

▷ 1-1　Node.js 與 npm

◖ Node.js 是什麼？ ◗

　　Node.js 是一個可以在各種機器上執行 JavaScript 程式碼的軟體。

　　JavaScript 原本是設計在瀏覽器上執行的語言，因此其內建的許多函式都是專門用來處理網頁及瀏覽器的問題，比如改變網頁的文字內容或操縱網頁元素的樣式等。

　　在 2008 年 9 月，Google 發表了 V8 引擎，新一代的 JavaScript 執行環境，以及搭載 V8 的初代 Chrome 瀏覽器，讓 JavaScript 得以在瀏覽器中高效地運轉。隔年，同樣也使用 V8 引擎的 Node.js 問世，Node.js 卻不附屬於瀏覽器，直接安裝在作業系統上，因此雖然同樣是 JavaScript 的執行環境，但 Node.js 內建的函式就比在瀏覽器上多了檔案讀寫、執行緒管理等作業系統的相關功能。

◖ npm 又是什麼？ ◗

　　2010 年，也就是 Node.js 發表的隔年，「npm」誕生，全名為「Node Package Manager」，也就是 Node 套件管理員，是一個安裝 Node.js 時會

自動一併安裝的程式。

有了 Node.js 後，利用 JavaScript 就能寫出桌面應用程式，但是有很多程式別人已經寫過了，能不能想個辦法把一些常用的程式放進一個共享資源庫呢？就像在 Windows 作業系統中，雖然我們可以用 C++ 寫個程式來跑，但是當我們需要一個繪圖軟體時，總不會自己用 C++ 寫一個來用吧。

當我們需要一個 Node 程式時，不一定要自己寫。這個「npm」可以幫助開發者上傳並分享他們寫好的程式套件，同時幫助使用者尋找與安裝各式分享軟體。

除了工具軟體之外，當我們在寫程式時，有很多功能也不一定要自己寫，比如本書會用到的繪圖功能，Pixi.js 都幫我們寫好了，只要使用 npm 把 Pixi.js 模組安裝到我們的專案裡，就可以在我們自己的專案使用 Pixi.js 提供的所有功能。

在製作遊戲的過程中，Node.js 以及 npm 除了能幫我們載入別人寫好的模組或遊戲引擎，還有許多和遊戲設計本身無關的工作，也可以靠著 Node 中海量的套件幫我們自動完成，像是建立專案、自動轉譯、程式最佳化、自動連接除錯工具、自我測試、上傳伺服器，甚至幫我們把做好的網頁遊戲無痛地打包成手機遊戲。

安裝 Node.js

Node.js 是開源且免費的，只要前往官方的下載網頁就可以取得安裝檔。

下載網頁：https://nodejs.org/zh-tw/download/

|||| 本書寫作時的 Node.js 版本為 18.12.1。同學們在安裝時請選用最新的版本。

▲ 圖 1-1　Node.js 下載網頁

　　安裝完畢後，可以打開 CMD（命令提示視窗），使用 node 及 npm 查看安裝的版本。

▲ 圖 1-2　Node.js 版本確認

▷ 1-2　**Visual Studio Code**

VS Code 是什麼？

微軟（Microsoft）開發的這款 Visual Studio Code，簡稱 VS Code，是一款跨平台、超輕量，卻擁有極強功能的整合開發軟體，尤其適合以 JavaScript 或 TypeScript 為主要語言的專案，甚至 VS Code 這個軟體本身就是以 TypeScript 作為開發語言所建立的。

VS Code 之所以受到許多開發者的喜愛，除了本身擁有極佳的程式碼編輯器、多人協作環境的完整支援、測試與除錯器的整合，最重要的還有極豐富的擴充外掛以及活躍的使用者社群，所以各種你想得到的、想不到的好用工具和語言支援都能在 VS Code 內建的外掛市場中找到。

安裝 VS Code

VS Code 和 Node.js 一樣是開源且免費的，打開 VS Code 的官方網頁就能下載安裝檔。

下載網頁：https://code.visualstudio.com/Download

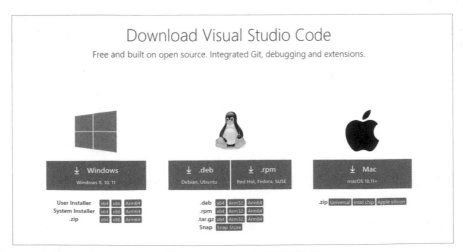

▲ 圖 1-3　VSCode 下載網頁

安裝完畢打開 VS Code，就可以看到以下的畫面。

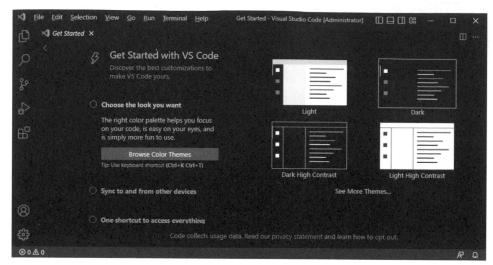

▲ 圖 1-4　VSCode 畫面

VS Code 的左側有一排圖示的按鈕，預設是上方五個，下方兩個，分別是：

檔案管理：列出目前專案資料夾的檔案。

內容搜尋：在目前專案的資料夾中搜尋內容。

協作控制：可以直接在 VS Code 中進行 Git 等多人協作系統的操作。

測試除錯：能夠快速在 VS Code 的環境進行測試與除錯（Debug）。

擴充套件：可在內建的外掛市場搜尋擴充套件並安裝。

登入帳號：登入帳號後可以同步不同電腦上 VS Code 的設定與擴充套件。

全域設定：可打開設定面板，進行編輯器、外觀樣式、快捷鍵等設定。

我們會在後面的章節中陸續介紹這些功能。

終端機（Terminal）

VS Code 之所以這麼受到青睞，其中一項重要的因素來自這個整合在 VS Code 裡的終端機（Terminal）。

在 VS Code 中按下快捷鍵 **Ctrl + ´** 或 **CMD + ´** 就可以開啟這個整合在 VS Code 之中的系統終端機，這個終端機讓我們不離開 VS Code 就能快速執行 Node 程式或進行 npm 套件管理。

|||| 終端機也可以從選單裡打開： Terminal > New Terminal

打開終端機後，可以試著在裡面執行 **npm –– version** 檢查 npm 的安裝狀態。

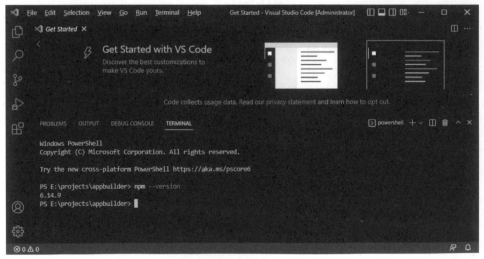

▲ 圖 1-5　VSCode 終端機

本章網址匯總

◢ https://nodejs.org/zh-tw/download

圖 1-6　Node.js 下載網址

◢ https://code.visualstudio.com/Download

圖 1-7　VSCode 下載網址

第 2 章

建立遊戲專案

在 VS Code 的開發環境裡，我們有 VS Code 提供的程式碼編輯器、測試與除錯工具，還有終端機提供的 Node 執行環境以及 npm 套件管理，接下來就要利用這些好東西來開個專案寫遊戲了。

▷ 2-1 使用 Vite 建立遊戲專案

本書的遊戲製作教學是立足於 TypeScript（TS）這個語言，以及 Pixi.js 繪圖函式庫，因此在建立專案時，就要考慮以下幾項工作：

1. 該如何把寫好的 TypeScript 翻譯成 JavaScript？

   網頁遊戲在瀏覽器上被執行時，是由前章所提過的 V8 引擎所驅動，而 V8 引擎只看得懂 JavaScript。因此在我們執行由 TypeScript 寫成的遊戲前，需要工具幫我們把程式翻譯成 JavaScript，再放入瀏覽器。

   > 在本書撰寫的時候（2023 年），V8 引擎並未有直接支援 TypeScript 的計畫。不過 Node.js 的創始人，Ryan Dahl，在離開 Node.js 的開發社群後，發表了一個類似 Node.js 的執行環境「Deno」，並同時支援了 JavaScript 與 TypeScript。
   >
   > 技術的演進是很快的，隨著相似專案的競爭並進，未來在瀏覽器上直接運行 TypeScript 的可能性也不是沒有的。

2. 在開發的過程中，如何快速看到我們寫出來的成果？該如何一邊寫、一邊玩、一邊除錯？

   想像一下，如果我們按一個鈕就能自動打開瀏覽器，看到我們正在寫的遊戲在裡面跑，那該有多好。若是這時更改程式碼裡的一個遊戲參數，比如說主角跳躍的高度，然後馬上就能在剛剛打開的瀏覽器上看到這個變化造成的效果…唔，世上真的有這麼棒的開發環境嗎？

3. 在遊戲寫好之後，如何把 Pixi.js 的函式庫和我們寫的程式打包成一捆，放到遊戲所在的 HTML 網頁？

雖然 npm 可以幫我們管理模組套件，包括 Pixi.js 以及其他好用的函式庫，讓我們在寫程式的時候能呼叫這些專案之外的程式碼，但是將遊戲打包上傳到伺服器給其他玩家遊玩就不一樣了，因為玩家玩遊戲的執行環境是瀏覽器，而瀏覽器上並沒有 npm，也沒有 npm 幫我們管理的模組套件。

因此，我們需要在遊戲完成後，找到一個方法把 Pixi.js 以及相關的函式庫從 npm 裡抽出來，和我們寫好的遊戲程式黏在一起成為一個 js 檔，再上傳到伺服器。

Vite 是什麼？

Vite 是我們第一個要從 npm 裡借來使用的模組套件，Vite 在字面上是法語中「快速」的意思，作者依此取名，就是希望這個工具能幫助我們快速為專案做好萬全的準備。

Vite 不但功能全面而且輕巧好用。有多好用呢？在上一段所提到的所有開發工作它全包了，還外加速度快、可擴充等各種好處。以往需要安裝多個工具，還要想辦法讓工具間不相衝突的窘境，在 Vite 的加持下已不復見。

使用 Vite 建立專案

使用 Vite 建立專案非常簡單，我們甚至不需要事先安裝額外的軟體，只要在終端機執行下面這一行指令，就會啟動以 Vite 建立專案的流程。

```
npm create vite@latest
```

這一行指令是請 npm 幫我們建立一個新專案，並且以 Vite 最新版本（latest）的範本來建立新專案。

在建立專案的過程中，Vite 會詢問以下幾個問題：

```
Need to install the following packages:
```

```
   create-vite@3.2.1
Ok to proceed? (y)
```

以上的問題是說，要使用最新版 Vite 來創建專案，必須安裝 create-vite 第 3.2.1 版的套件，然後問你要不要繼續。預設回答是（y）也就是 yes，所以只要按 Enter 鍵就可以繼續。

這個問題只會在第一次使用 Vite 時出現。下次使用 Vite 建專案，由於 create-vite 已存在於 npm 之中，就不會再提問了。

接著是問專案名稱。

```
✖ Project name: vite-project
```

這個問題的預設回答是 vite-project，我們要自己取名為 gamelets（很多小遊戲的意思），Vite 也會用這個名字來為專案所在的資料夾命名。

再下來是問我們要使用哪種網頁框架。使用方向鍵選擇不同的框架，最後按 Enter 決定。

```
? Select a framework: › - Use arrow-keys. Return to submit.
›   Vanilla
    Vue
    React
    Preact
    Lit
    Svelte
    Others
```

可以看到 Vite 支援 Vue、React 等熱門的網頁框架，畢竟 Vite 的作者就是 Vue 的創始人。不過這裡我們選用 Vanilla 就好。Vanilla 就是純 JavaScript，不帶任何框架的意思。這個字的意義是從冰淇淋來的，代表純香草口味，不淋巧克力或其他醬料。

最後問的是要使用 JavaScript 還是 TypeScript。

```
? Select a variant: › - Use arrow-keys. Return to submit.
›    JavaScript
     TypeScript
```

這邊記得選擇 TypeScript，才能得到 Vite 為 TypeScript 準備的各種相關工具。

接著 Vite 就會幫我們新建一個資料夾，並在其中準備好專案使用的檔案和目錄結構。完成後，Vite 會在終端機列出以下幾行字。

```
Scaffolding project in C:/projects/gamelets...

Done. Now run:

  cd gamelets
  npm install
  npm run dev
```

第一行是提示我們專案被建立在哪個資料夾。專案資料夾的位置和執行 Vite 時，終端機所在的資料夾有關，並不一定是我上面示範的這個位置。

我把以上翻譯成中文給同學參考。

```
專案建立在 C:/projects/gamelets...

完成。 現在請執行：

  cd gamelets # 進入 gamelets 目錄
  npm install # 安裝 npm 認為需要的模組套件
  npm run dev # 啟動測試環境
```

不過先不用照著做，我們下一步要先讓 VS Code 載入這個專案資料夾，讓 VS Code 知道目前專案的工作環境。

做法很簡單，就是在 VS Code 的上方選單選擇 File > Open Folder…，然後選擇剛剛建立的 gamelets 資料夾就行了。

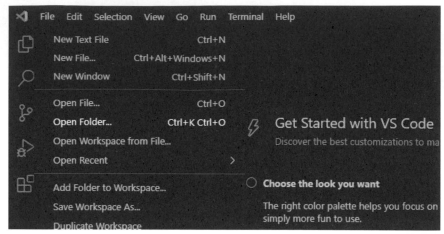

▲ 圖 2-1　VSCode 選擇資料夾

瞭解專案目錄的架構

在 VS Code 載入 gamelets 目錄後，我們可以在左側的檔案管理面板看
到專案的檔案與目錄結構。

▲ 圖 2-2　專案資料夾

- **> public**：存放公開資源的資料夾，其網址需要維持不變的檔案。

- **> src**：存放遊戲原始碼及圖片、音效等資源的資料夾。

- **.gitignore**：告訴協作系統（git）哪些檔案類型應該被忽略。

- **index.html**：玩家打開網頁遊戲時首先載入的 HTML 檔。
- **package.json**：專案資料檔。非常重要，等一下我們會詳細解釋裡面的內容。
- **tsconfig.json**：描述我們希望如何轉譯 TypeScript 的設定。

我們先來認識一下 **package.json** 這個非常重要的檔案，檔案裡的內容如下。

```
{
  "name": "gamelets",
  "private": true,
  "version": "0.0.0",
  "type": "module",
  "scripts": {
    "dev": "vite",
    "build": "tsc && vite build",
    "preview": "vite preview"
  },
  "devDependencies": {
    "typescript": "^4.6.4",
    "vite": "^3.2.3"
  }
}
```

其中最重要的是 **scripts** 以及 **devDependencies**，還有一個尚未出現的 **dependencies**。

scripts 定義了這個專案可以使用 npm 去執行的指令，比如其中有一個指令 **build**，

```
"scripts": {
  ...
  "build": "tsc && vite build"
  ...
}
```

代表我們可以在這個專案的終端機執行 **npm run build** 這個指令，而執行這個指令則相當於先執行 **tsc** 再執行 **vite build** 。

先前在我們建立專案完成後，Vite 不是有提示我們三個可以執行的指令嗎？其中最後一道指令， **npm run dev** ，就是請 npm 去執行（run）這個檔案中定義的 **dev** 指令。

```
"scripts": {
  "dev": "vite",
  ...
}
```

devDependencies 和 **dependencies** 的作用幾乎一樣，都是告訴 npm 我們這個專案依賴著哪些模組套件，不同的是 **devDependencies** 指的是只有開發階段才需要的工具模組，而 **dependencies** 則是最後成品需要的程式碼模組。

Vite 幫我們建立的專案，預設依賴著兩個開發階段用的模組，分別是 **typescript** 以及 **vite** ，後面顯示的數字是模組各自使用的版本。

在初步瞭解專案的目錄結構後，我們就可以來執行剛剛 Vite 建立專案完成後提示我們的第二道指令。

```
npm install
```

在終端機執行上面這一行指令，就可以看到 npm 開始根據 **package.json** 裡 **devDependencies** 和 **dependencies** 所設定的模組去下載相關的套件。

等 npm 安裝完需要的套件後，就可以看到專案的目錄中多了一個 **node_modules** 資料夾，裡面藏著所有專案需要的模組。打開 **node_modules** 一看不得了，我們明明只需要兩個模組，怎知 npm 下載完之後，發現裡面已經裝了有數十個模組。

之所以有這麼多模組在裡面，是因為 **typescript** 與 **vite** 這兩個模組的專案中同樣擁有各自的 **package.json**，也各自有其依賴的模組套件。npm 厲害的地方就在於它能尋著這些模組中的 **package.json**，找到它們互相依賴的層級關係，並整理出所有需要的模組以及各模組應該安裝的版本，最後再全部下載至 **node_modules** 這個資料夾，並且把最後實際安裝的版本都記錄在 **package-lock.json**。

▷ 2-2　安裝 Pixi.js

專案有了，下個步驟要把 Pixi.js 安裝至我們的專案，以取得在瀏覽器能夠高效繪圖的能力。

☺ Pixi.js 是什麼？ ▶

現代電腦為了能快速繪製 3D 場景與物件，在顯示卡安上了一個有別於傳統中央處理器（CPU）的圖形處理器（GPU），讓 3D 繪圖過程中的大量資料與矩陣運算都移到顯示卡上的 GPU 去完成，不只讓 CPU 能空下來完成更多其他的邏輯運算，也減少了龐大視訊資料的傳遞延遲。

各大瀏覽器為了讓網頁也能享受 GPU 帶來的好處，於是共同規範了給 JavaScript 使用的繪圖函式接口「WebGL」，只要是支援 WebGL 的瀏覽器，都能享受顯示卡硬體加速帶來的強大效能。

不過 WebGL 是一個共同規範的標準，其提供的函式不免都屬於較低階的功能，比如頂點快取的管理、組裝像素、顏色光柵化等。為了將這些原本十分繁瑣的工作簡化，Pixi.js 應運而生。

在 WebGL 出現之前，Macromedia 的 Flash 在二十一世紀初的十年間，以動畫設計師的視角開發了 ActionScript 這個強大的語言，讓原本不是程式設計師的人們，都能輕鬆掌握製作網頁遊戲的技術，並奠定了 2D 繪圖程式的標準架構。可惜隨著 HTML5 以及 WebGL 的出現，各大瀏覽器先後宣布放棄對 Flash 播放器的支援，Flash 在 2020 年正式走下歷史的舞台。

Pixi.js 則是在 Flash 開始走下坡的時候出現的。它承襲了 Flash 在 ActionScript 中使用的程式架構，將繁雜的 WebGL 包裝在好用易懂的函式庫裡，讓 Flash 的精華融入現代 JavaScript 與 npm 的世界，並能與 npm 中的萬千函式庫合作並用。

安裝 Pixi.js 到專案裡

在 npm 的加持下，安裝 Pixi.js 可說是不費吹灰之力，只要在終端機執行下面這行指令就得了。

```
npm install pixi.js
```

隨著這行指令的下達，npm 就會開始下載 Pixi.js 以及它所依賴的其他模組，並放進 **node_modules** 目錄裡備用。

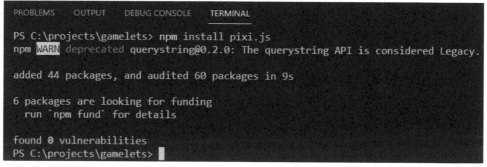

▲ 圖 2-3　安裝 pixi.js

我們可以看到 npm 為了幫我們安裝 Pixi.js，在 **node_modules** 裡加了 44 個模組套件，還提醒我們其中有六個套件正在尋求資金援助。

這個時候打開 **package.json**，會發現 npm 幫我們在 **dependencies** 裡面加上了 Pixi.js 模組的版本資料。

```
...
"dependencies": {
    "pixi.js": "^7.0.4"
}
...
```

▷ 2-3　遊戲的測試環境

到這裡，我們已經差不多準備好可以在瀏覽器上畫點東西了。

啟動測試用伺服器 ▷

為了讓瀏覽器能打開我們寫的遊戲（雖然我們一行程式碼都還沒開始寫），我們需要在電腦上建立一個臨時用的伺服器，並提供一個網址讓瀏覽器載入遊戲網頁。

這項工作聽起來雖然難度頗高，但是好心的 Vite 已經幫我們把它濃縮成以下這行指令：

```
npm run dev
```

在終端機執行這個指令，Vite 就會幫我們建立一個本機（localhost）的伺服器，並指定伺服器的首頁為專案中的 **index.html**。

在本機伺服器準備好之後，Vite 會在終端機提示我們以下訊息。

```
VITE v3.2.4  ready in 171 ms

→  Local:   http://localhost:5173/
→  Network: use --host to expose
```

Vite 只花了 171 毫秒就完成了一連串繁雜的工作，包括把 **src/** 裡的原始碼轉釋成 JavaScript、建立伺服器、組織伺服器需要的所有檔案等等。這個臨時的伺服器網址為 **http://localhost:5173/**，在瀏覽器打開這個網址就可以看到目前遊戲的樣子。

　　除了上述化繁為簡的超能力之外，更令人驚奇的是，Vite 還會監視專案裡的檔案變動，當我們編輯程式碼或變更圖片音效等資源檔，Vite 就會主動更新 TypeScript 的轉譯以及伺服器使用的檔案，讓我們做的改變馬上就能反應在瀏覽器上。

　　需要關閉伺服器的時候，只要在終端機裡按下 **Ctrl + C** 再按 **Enter** 確認就行了。不過我們現在還需要這個伺服器，請保持它運行的狀態。

▲ 圖 2-4　專案初始畫面

　　這個遊戲畫面是 Vite 預先幫我們設計的。接下來我們就要把這個頁面拿來大改特改了。不過在這之前，我們還要再加強一下開發環境，讓測試的工作更方便。

🎮 一鍵測試 ▶

　　VS Code 提供一個方便的測試環境，也就是編輯器左側的這個分頁。

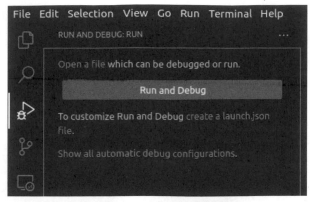

▲ 圖 2-5 專案測試設定區

目前相關設定尚未建立，若此時按下這個大大的藍色按鈕 **Run and Debug**，VS Code 會無法確定我們要做什麼，反而會問我們要不要安裝什麼測試用的擴充組件。

我們按下藍色按鈕下方的 **create a launch.json file**，VS Code 會彈出一個選單，問我們要建立什麼樣的測試方式。請選擇 **Web App(Chrome)**，表示要以 Chrome 來測試遊戲。

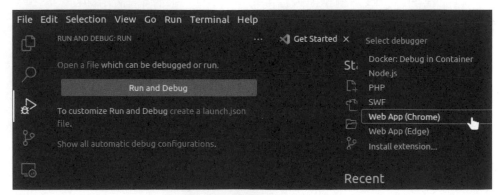

▲ 圖 2-6 專案測試設定指定

一個名為 **launch.json** 的檔案會被新增在 **.vscode/** 資料夾內，之後也可以隨時打開檢視、改變或新增設定。這個檔案中定義了當測試按鈕按下去的時候會發生什麼事。

　　預設的設定中，測試按鈕會開啟一個無痕式的 Chrome 瀏覽器，並載入
網址 **http://localhost:8080**　，但這個網址和 Vite 的設定不一樣，所以我們
要把 **launch.json** 裡面設定的網址連接埠（port）改成 5173。

```
{
    // Use IntelliSense to learn about possible attributes.
    // Hover to view descriptions of existing attributes.
    // For more information, visit: https://go.microsoft.com/
fwlink/?linkid=830387
    "version": "0.2.0",
    "configurations": [
        {
            "type": "chrome",
            "request": "launch",
            "name": "Launch Chrome against localhost",
            "url": "http://localhost:5173",
            "webRoot": "${workspaceFolder}"
        }
    ]
}
```

　　有了這個設定檔，測試與除錯面板就會出現測試的播放按鈕。

▲ 圖 2-7　專案測試按鈕

　　按下這個綠色的三角形按鈕，VS Code 就會在無痕式的 Chrome 瀏覽器
上載入遊戲，而且還會幫我們把瀏覽器與 VS Code 的除錯系統連結起來，方

便等一下我們設定程式斷點，查看程式裡的變數狀態等等。我們晚一點再來深入這些除錯功能。

▷ 2-4 Hello World

現在要來改變 Vite 幫我們預先寫好的網頁內容，用 Pixi 的繪圖功能，畫一個 Hello World 在網頁上。

◖ Pixi 的基礎建設 ◗

首先打開專案資料夾中的 **index.html** 。

```html
<!DOCTYPE html>
<html lang="en">
  <head>
    <meta charset="UTF-8" />
    <link rel="icon" type="image/svg+xml" href="/vite.svg" />
    <meta name="viewport" content="width=device-width, initial-scale=1.0"
/>
    <title>Vite + TS</title>
  </head>
  <body>
    <div id="app"></div>
    <script type="module" src="/src/main.ts"></script>
  </body>
</html>
```

從預設的內容可以看得出，遊戲的程式進入點是 **/src/main.ts** 。在我們更改 main.ts 之前，先把這裡的 **<title>Vite + TS</title>** 改成 **<title>Gamelets</title>** ，然後存檔（快捷鍵 **Ctrl+S** ）。若是剛剛測試的瀏覽器沒關，就可以馬上看到瀏覽器分頁上的標題由 Vite+TS 自動變成了 Gamelets，帥吧。

▲ 圖 2-8　專案測試網址

接著打開 **src/main.ts** 瞭解一下 Vite 到底預先幫我們寫了些什麼。

```
File  Edit  Selection  View  Go  Run  Terminal  Help
 EXPLORER                          ···    TS main.ts    ×
 GAMELETS                               src > TS main.ts
 ∨ .vscode                               1    import './style.css'
   {} launch.json                        2    import typescriptLogo from './typescript.svg'
 > node_modules                          3    import { setupCounter } from './counter'
 > public                                4
 ∨ src                                   5    document.querySelector<HTMLDivElement>('#app')!.innerHTML =
   TS counter.ts                         6      <div>
   TS main.ts                            7        <a href="https://vitejs.dev" target="_blank">
   # style.css                          8          <img src="/vite.svg" class="logo" alt="Vite logo" />
   typescript.svg                        9        </a>
   TS vite-env.d.ts                     10        <a href="https://www.typescriptlang.org/" target="_blank">
   .gitignore                           11          <img src="${typescriptLogo}" class="logo vanilla" alt="TypeScript logo" />
 ⟨⟩ index.html                          12        </a>
   {} package-lock.json                 13        <h1>Vite + TypeScript</h1>
   {} package.json                      14        <div class="card">
   TS tsconfig.json                     15          <button id="counter" type="button"></button>
                                        16        </div>
                                        17        <p class="read-the-docs">
                                        18          Click on the Vite and TypeScript logos to learn more
                                        19        </p>
                                        20      </div>
                                        21
                                        22
                                        23    setupCounter(document.querySelector<HTMLButtonElement>('#counter')!)
```

▲ 圖 2-9　Vite 預設內容

main.ts 裡的程式碼直接以操縱 html 節點的方式，將內容填入網頁，結果就是我們在瀏覽器上看到的畫面。但我們不需要這些東西，所以請把這個檔案清空，僅留下第一行 **import './style.css'**，並且把 src 目錄裡 **counter.ts** 與 **typescript.svg** 這兩個檔案刪除，因為我們用不到。

然後接著把 **main.ts** 改成這樣。

```
import './style.css'

let app = new Application();
document.body.appendChild(app.view);
```

新增的這兩行程式，建立了一個 Pixi 函式庫提供的 **Application** ，並且把這個 **Application** 裡面的畫布放到網頁文件的 body 底下。

> 瀏覽器提供了 JavaScript 兩個重要的全域變數 window 與 document。
>
> window 代表網頁所在的瀏覽器視窗，可以從這個物件取得視窗大小、捲動位置、瀏覽歷史等資料，也可以監聽其尺寸變化、網路連線狀態等事件。
>
> document 則代表網頁文件的根節點。我們可以從裡面找到每個顯示在畫面上的標籤元件，包含了剛剛提到的 **<body>...</body>** 節點（ **document. body** ）。

現在的遊戲網頁變成一片空白。另外在 VS Code 下方的 Problems 面板還發現程式碼有一條錯誤示警。

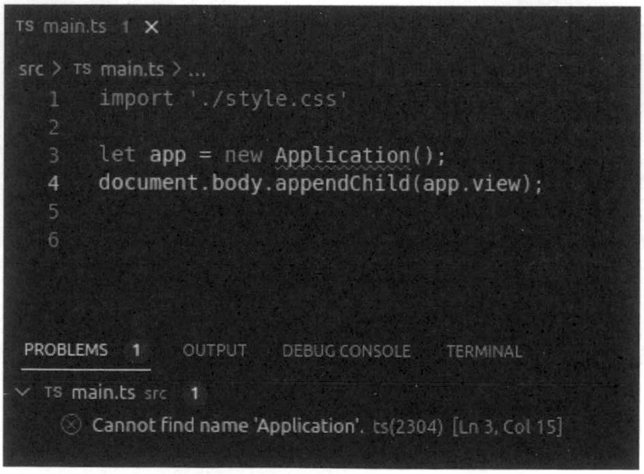

▲ 圖 2-10　程式錯誤示警

它說錯誤出現在第三行的第十五個字（Ln3, Col 15）：「找不到 Application。」

我們把游標放到第三行 Application 這個字最後的 n 後面，按下 **Ctrl + 空白鍵** ，VS Code 會在游標旁彈出一個小視窗，列出 Application 所有可能的出處，讓我們從中選擇一個（在目前的例子中，只有一個選擇）。

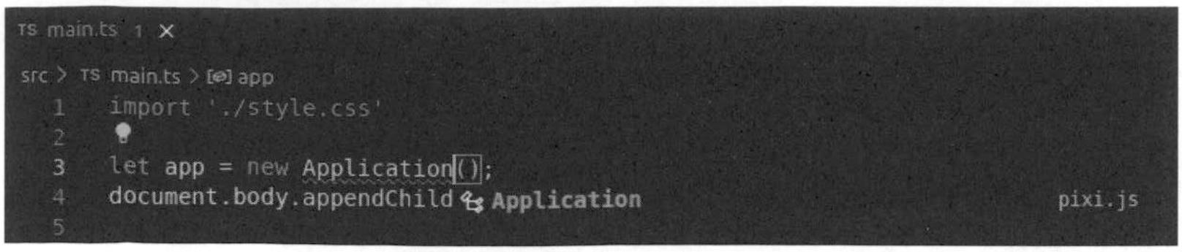

▲ 圖 2-11　程式修復提示

我們選擇 **pixi.js** 提供的 `Application`（也只有這個可以選），接著 VS Code 就會自動幫我們在檔案的開頭加入一行匯入 **Application** 模組的程式碼，然後 Problems 面板的錯誤就換成了另一個。

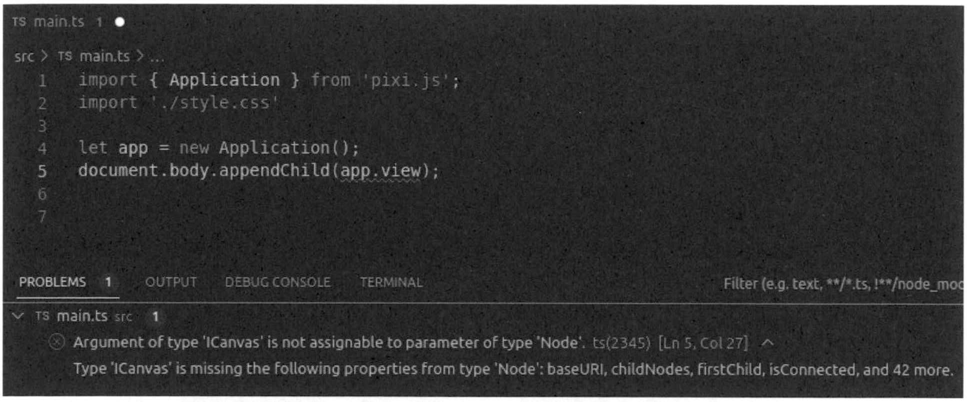

▲ 圖 2-12　Problems 面板

這次的錯誤發生在第五行，說的是 **app.view** 這東西不適合當成 **document.body.appendChild()** 的參數。

會有這個錯誤，是因為在 Application 類別裡的畫布，也就是 **view** 屬性，它的型別是 **ICanvas** ，而 **document.body.appendChild()** 能接受的參數必須是 **HTMLCanvasElement** 或與其相容的節點類別。

還好 Pixi 提供的 Application 支援泛型，所以我們可以在建立 Application 時，宣告其中的畫布型別為 **HTMLCanvasElement** ，那麼之後 TypeScript 就會把該 Application 的畫布（view）視為一個 **HTMLCanvasElement** 。

```
import { Application } from 'pixi.js';
import './style.css'

let app = new Application<HTMLCanvasElement>();
document.body.appendChild(app.view);
```

泛型（Generics）

泛型是一種程式設計的方法。在設計類別或函式的階段，只宣告某個參數或屬性的資料型態為泛型（泛指所有可收受的型別），等到實際使用時才指定參數或屬性真正的資料型態。

例如我們設計 Application 時這樣寫：

```
class Application<T extends ICanvas> {
    view: T
}
```

那麼在 Application 內部工作的時候，只知道 view 這個屬性是符合 **ICanvas** 這個介面（interface）的資料，但實際的型態不一定是什麼，要等使用者實際創造實體時指定一個具體的類別，才知道其實際型別。

```
let app = new Application<HTMLCanvasElement>();
```

上面這行的 app 物件，它裡面的的屬性 view，就會被當成 **HTMLCanvasElement** 這個資料型別。

函式的泛型也是類似的做法。

```
// 定義一個泛型的加法函式
function addTwo<T>(arg1: T, art2: T): T {
    return arg1 + arg2;
}
// 字串相加
let answer1 = addTwo<string>('愛', '你');
```

```
console.log(answer1); // answer1 是個字串，內容是 " 愛你 "
// 數字相加
let answer2 = addTwo<number>(1, 2);
console.log(answer2); // answer2 是數字，內容是數字 3
```

上面兩次 addTwo()，雖然用的是同一個函式，卻可以得到不同型別的回傳值，這就是泛型帶給我們的好處。

Pixi 畫布的樣式

我們用泛型解決這則錯誤後，遊戲網頁就開始正常運行，並能看到畫面出現了一個位於右側的黑色方塊，這個黑方塊就是 Pixi.js 造出來的畫布。

這塊畫布會這麼奇怪地被放在這個位置，是因為 Vite 預先建立的 **styles.css** 中有相關的樣式設定。我們打開檔案 **style.css**，把裡面的內容都清空，然後再寫上 body 的樣式後存檔。

```
body {
  margin: 0;
}
```

這則樣式是告訴網頁中的 body 節點不要留邊，如此一來，黑色畫布就會被更新到左上角的位置。

用 Pixi 畫文字

我們再繼續編輯 **main.ts**，將內容改成下面這樣。

```
import { Application, Text } from 'pixi.js';
import './style.css'

let app = new Application<HTMLCanvasElement>();
document.body.appendChild(app.view);

let text = new Text('Hello World', {
```

```
    fill: 0x00FF00,
});
app.stage.addChild(text);
```

　　我們再次從 pixi.js 載入了另一個元件—— Text（文字繪圖器），並用這個元件畫出綠色的 Hello World，然後把畫好的文字存到 text 變數，最後利用 **addChild()** 將 text 加到 app 裡的 stage 底下。

　　這短短十行的程式是怎麼回事？在繼續塗鴉之前，我們還是先進入下一章，從 Pixi.js 的構造開始講起吧。

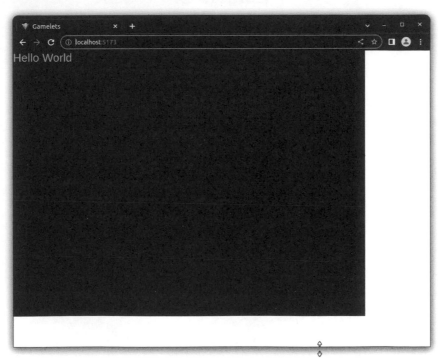

▲ 圖 2-13　Hello World

|||| 本書所有的程式碼、遊戲專案、圖片與音效資源都放在共享平台 Github 上。同學除了邊看書邊動手實作外，也可以下載 Github 上的 專案，對照著書中的內容研究。

https://github.com/haskasu/book-gamelets

◢ https://github.com/haskasu/book-gamelets
圖 2-14　本書專案的 Github 網址

第 3 章

Pixi.js 的繪圖、
畫布與舞台

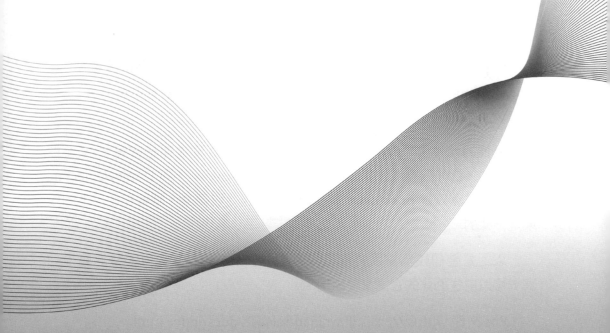

既然 Pixi.js 是個繪圖工具,那我們還不得先看看這套工具裡有些什麼,並研究它是如何幫我們管理畫布上形形色色的繪圖物件。

為了和 Pixi.js 更親近一點,以下我們就直接喊它為 Pixi 好了。

▷ 3-1 Pixi 的基礎繪圖元件

Pixi 裡所有的繪圖元件都繼承自類別 **DisplayObject** ,因此繪圖元件們全都擁有以下這些屬性。

- **x**:圖形原點在畫面上的水平位置。
- **y**:圖形原點在畫面上的垂直位置。
- **position**:圖形原點在畫面上的位置,包含了 **x** 與 **y**。
- **angle**:圖形旋轉的角度。
- **rotation**:圖形旋轉的弧度(角度 180° = 弧度 π)。
- **scale**:圖形長寬的縮放程度,包含了 **x** 與 **y**。
- **pivot**:原點在圖形上的位置,影響著位置、旋轉、縮放的參考點。
- **alpha**:圖形不透明的程度(1:不透明,0:透明到看不見)。
- **visible**:圖形是否要畫出來。

上述的元件中,position、scale、pivot 這三個屬性都是含有 x、y 座標的點物件,比如要存取水平縮放的值,就使用 **scale.x**。而 DisplayObject 的 **x** 與 **y**,其實只是 **position.x** 與 **position.y** 的存取捷徑,兩者在使用上的效果是一樣的。

以上是幾個較為常用的繪圖物件屬性,想要深入探究更完整的屬性列表,可以前往 Pixi 的官方文件說明。

Pixi 文件:https://pixijs.download/release/docs/index.html

接著來看看 Pixi 到底提供了哪些繪圖元件讓我們作畫。

Text

　　這是我們剛剛才使用過的元件，可以幫我們畫出文字。在建立 Text 的時候可以指定文字的樣式，包括字型、大小、粗體、顏色等等，Text 會幫我們使用瀏覽器列印文字的功能，幫我們把字轉印在畫布上。

```
import { Text } from 'pixi.js'

let text = new Text('哈囉世界', {
    fill: 0xFFFFFF,              // 填色
    stroke: 0x009900,           // 外框顏色
    strokeThickness: 5,         // 外框粗細
    fontFamily: 'Monospace',    // 字型
    fontSize: 24,               // 大小
    fontWeight: 'bold',         // 粗體
});
```

Container

　　Container 可說是 Pixi 最重要的繪圖元件之一，但是這個元件本身不畫圖，而是一個承載其他元件的容器。

　　剛剛我們程式裡的 **app.stage** 這個物件，就是一個 **Container** ，這個元件裡有一個特別的陣列屬性叫 **children** ，裡頭存放著被這個容器裝起來的所有子物件。我們可以使用 **addChild()** 以及 **removeChild()** 來為這個陣列新增或移除子物件。

　　被 Container 裝進來的物件，它們屬性裡的 position、rotation、scale 都是相對於 Container 的相對值。也就是說，只要 Container 移動，那麼 Container.children 裡的所有子物件，即使他們的 position 沒變，也會跟著 Conatiner 一起在畫面上移動，而若 Container 的 scale 有變化，那麼 children 裡的所有子物件在畫面上也會跟著縮放變化。

我們把 **main.ts** 改成下面這樣來做點實驗。

```ts
import { Application, Container, Text } from 'pixi.js';
import './style.css'

let app = new Application<HTMLCanvasElement>();
document.body.appendChild(app.view);

let container = new Container();
app.stage.addChild(container);

let text1 = new Text('Hello World', {
    fill: 0x00FF00,
});
let text2 = new Text(' 哈囉世界 ', {
    fill: 0x00FF00,
});
container.addChild(text1);
container.addChild(text2);

text1.position.set(100, 50);
text2.position.set(100, 100);
container.angle = 15;
```

上面的例子新增了一個 Container，並把它放在 stage 這個最外層的 Container 裡。然後在我們建立的 container 之中再裝入兩個 text，並改變這兩個 text 的位置，最後將 container 旋轉 15 度。

修改完程式碼後，Vite 會自動幫我們更新遊戲畫面，看到兩串字都跟著 container 一起斜擺了 15 度。

Container 在製作遊戲時非常有用，比如我們可以用 Container 建立一個角色，把頭、身體、手腳都放進去，那麼我們移動角色的 Container，就相當於移動整付身體，而且手腳還能以相對位置在容器裡擺放各種動作姿勢，不需要考慮角色 Container 的位置。

Sprite

Sprite（精靈圖）是用來放圖片的繪圖器，在建立 Sprite 時要給它一個貼圖材質（Texture）。這是遊戲中最常用的元件，因為遊戲說穿了，就是把一大堆圖片放在螢幕上的不同位置，讓它們動來動去，對吧。

現在來試試放一張圖片在畫布上。先在 **src/** 裡新增一個 **images/** 資料夾，然後去網路上下載一個 jpeg 圖片，改名為 test.jpg，並放進 **src/ images/**。

如果不知道去哪下載，可以使用 https://haskasu.com/img/games/ brave_boss/screen.jpg 這張圖片。

接著我們就可以如下重寫 **main.ts**。

```
import { Application, Sprite } from 'pixi.js';
import './style.css'
import testImageUrl from './images/test.jpg'

let app = new Application<HTMLCanvasElement>();
document.body.appendChild(app.view);

let sprite = Sprite.from(testImageUrl);

app.stage.addChild(sprite);
```

上面的範例使用了 Sprite 所提供的靜態函式 **Sprite.from()**，幫我們從一個圖片的 URL 建立 Sprite。使用 **import** 匯入圖片時，系統會把圖片轉換成一個 URL，方便我們在程式裡直接使用。

建立 Sprite 只用了一行，但其實這整個過程相當於以下這幾行程式碼。

```
import { Application, BaseTexture, Sprite, Texture } from 'pixi.js';
import './style.css'
import testImageUrl from './images/test.jpg'
```

```
let app = new Application<HTMLCanvasElement>();
document.body.appendChild(app.view);

// 先建立基底材質
let baseTexture = BaseTexture.from(testImageUrl)
// 從基底材質上切一塊下來 ( 預設是整塊拿來用 )
let texture = new Texture(baseTexture)
// 建立 Sprite 並使用剛切下來的材質
let sprite = new Sprite(texture)

app.stage.addChild(sprite);
```

也就是説，在建立 Sprite 時，實際上要先建立基底材質（BaseTexture），然後從中取出一個區塊作為材質（Texture），再把這個材質送進精靈圖（Sprite），進行實際的圖案繪製。

也許有人會擔心重覆使用 **Sprite.from(testImageUrl)** 好幾次，會不會建立好多個相同圖片的材質，讓記憶體吃不消。不用擔心！ Pixi 會很聰明地管理遊戲中的材質庫，如果發現使用者想要取得的材質已經存在，那麼就會從已建立的材質庫中取得，而不會重覆建立相同的材質。

Graphics

說好了是繪圖工具，但上面介紹的貼圖、寫字、容器，都不是真的在繪圖呀！我想畫線、畫方、畫圓呀！欸呀，不著急，這 Graphics 不就來了嗎。下面馬上示範如何使用 Graphics 繪圖器來畫幾何圖形。

```
import { Application, Graphics } from 'pixi.js';
import './style.css'

let app = new Application<HTMLCanvasElement>();
document.body.appendChild(app.view);

let graphics = new Graphics();
app.stage.addChild(graphics);
```

上面的程式中建立了一個 Graphics，並加到 app.stage 容器裡。

接續上面的程式，在準備好繪圖器之後，先畫上兩條線。

```
...
// 設定畫線的筆刷（粗 20px/ 白色）
graphics.lineStyle({
    width: 20,
    color: 0xFFFFFF,
});
// 把筆移動到 (40,50)
graphics.moveTo(40, 50);
// 畫線畫到 (140,30)
graphics.lineTo(140, 30);
// 提起筆再移動到 (200,30)
graphics.moveTo(200, 30);
// 下筆畫到 (300,50)
graphics.lineTo(300, 50);
```

接著來畫兩個圓。

```
...
// 改變筆刷（粗 10px/ 綠色）
graphics.lineStyle({
    width: 10,
    color: 0x00FF00,
})
// 畫圓，圓心在 (100,120)/ 半徑 50
graphics.drawCircle(100, 120, 50);
// 畫另一個圓
graphics.drawCircle(240, 120, 50);
```

最後以填色不描邊的方式畫一個長方形。

```
...
// 重置筆刷（不畫線框的意思）
graphics.lineStyle();
// 準備填色（紫色）
graphics.beginFill(0xFF00FF);
// 畫方，從 (150,200)，畫一個寬 80, 高 30 的方形
```

```
graphics.drawRect(150, 200, 80, 30);
// 結束填色
graphics.endFill();
```

這樣就能在螢幕上看到一張有著白色粗眉、綠色大眼、紫色歪嘴的臉了。

▲ 圖 3-1　用 Pixi 畫的歪嘴臉

Graphics 能利用 GPU 上繪製形狀的功能，非常高效率地幫我們在螢幕上畫線、畫圓、畫方等形狀。除了在畫面上秀出這些多邊形，用 Graphics 畫出來的東西，還能用來當成別的繪圖元件的遮罩（Mask）或是用來測試繪圖元件間碰撞的碰撞範圍（hitArea）。

比如繼續上面的範例，在 main.ts 的最後接著寫。

```
...
// 再建一個名字叫 hole 的 Graphics
let hole = new Graphics();
// 準備填黑色
hole.beginFill(0);
// 以 (180,120) 為圓心畫個半徑 100 的圓
hole.drawCircle(180, 120, 100);
// 結束填色
hole.endFill();
```

```
// 將這個 hole 指定為 graphics 的遮罩
graphics.mask = hole;
```

這樣一來，我們就好像透過 hole 所繪製的圓孔去看 graphics 一樣，hole 沒畫到的地方都被遮住看不見了。

▲ 圖 3-2　套用遮罩的歪嘴臉

除了以上的介紹，Pixi 裡還藏有更多繪圖元件，像是能處理動畫的 **AnimatedSprite**、能像舖磚一樣重覆貼圖的 **TilingSprite**、不用瀏覽器字型而採用圖檔的文字元件 **BitmapText** 等。當然我們也可以自己寫出更多特殊用途的繪圖元件，或是從 github 上載入別人寫好的繪圖元件庫，但其實僅僅使用剛剛介紹的幾種基礎繪圖元件，就足以寫出一卡車的遊戲了。

▷ 3-2　畫布與舞台

Pixi 裡的 Application 秘密地將瀏覽器提供的畫布（canvas）與 Pixi 提供的繪圖舞台（stage）連結在一起，讓我們能快速地在畫布上看到繪圖的結果。為了能更好地掌控 Pixi 在瀏覽器上的繪圖結果，最好先來理解 Application 是如何秘密地連結畫布與舞台。

畫布（Canvas）

瀏覽器提供了名叫 **<canvas>** 的 HTML 元素，在網頁中插入一個畫布，讓 JavaScript 可以利用 WebGL 提供的繪圖介面，在其上塗塗抹抹。

這個畫布在 JavaScript 裡的元件型態是 **HTMLCanvasElement** ，這元件有它的長寬屬性，這就是為什麼剛剛我們寫的範例裡，黑色的畫布並不是充滿整個網頁，而是一個有尺寸大小的方形。

當我們建立 Application 的時候，它的內部會自動創造一個 **HTMLCanvasElement** ，作為繪圖的畫布，存放在屬性 **view** 。

我們可以直接改變 **app.view** 的長與寬，也可以藉由 Pixi 提供的 **app.renderer.resize(width, height)** 來幫我們改變畫布大小。

```
import { Application, Graphics } from 'pixi.js';
import './style.css'

let app = new Application<HTMLCanvasElement>();
document.body.appendChild(app.view);

// 改畫布尺寸的方法一
app.view.width = 640;
app.view.height = 480;

// 改畫布尺寸的方法二（推薦）
app.renderer.resize(640, 480);
```

我們現在去程式裡把畫布的尺寸設定成瀏覽器視窗的大小，這樣就能讓畫布蓋滿整個遊戲畫面。

```
app.renderer.resize(
    window.innerWidth, // 視窗內部不含框的寬
    window.innerHeight // 視窗內部不含框的高
);
```

看看現在的遊戲視窗，發現黑色畫布已幾乎蓋滿整個畫面，但是網頁的底部有一小條白色的縫，而且網頁右側還出現了網頁的捲動棒。

要解決這個問題有很多方法，不過為了不要增加學習上的複雜度，這邊就直接使用一個比較常見的解法。

請打開 **style.css** 樣式檔，在 body 的樣式後，再加上 canvas 的樣式，把 position 設為 fixed。

```
...
canvas {
    position: fixed;
}
```

將 canvas 的 position 樣式設為 fixed 可以讓網頁主體（body）的寬與高不受 canvas 的影響，因此 body 也不會因 canvas 的尺寸而產生捲動棒。

舞台（Stage）

和畫布不同，Pixi 的舞台是一個相對抽象的東西。我們在這個舞台上增加各種繪圖元件，加文字、加圖片、加各種塗鴉，期望這些圖案出現在螢幕上，但這個舞台裡的所有東西實際上都只是資料，像素資料、顏色資料、位置、旋轉、縮放、線段、多邊形，這些東西在還沒有上畫布以前，全都是虛的資料。

在 Application 被建立起來後，它的內部會開始持續地呼叫一個繪製函式（render），把舞台上的繪圖元件丟到畫布上。繪圖元件的功能就是把我們指定的像素、顏色、形狀等資料，以 WebGL 的格式畫到畫布上。

```
// app 的內部一直在做著這件事
app.renderer.render(app.stage);
```

我們歸納總結一下：

- **app: Application** 幫我們管理畫布、舞台與繪圖器。
- **app.view** 是畫布，99% 的情況下是個 **HTMLCanvasElement**。
- **app.stage** 是當成舞台的 Container，我們把所有想畫出來的都擱這兒。
- **app.renderer** 能將舞台繪製到畫布上的繪圖器。
- **app.renderer.render()** 是繪圖器實際繪製舞台到畫布上的函式。

有了以上的知識儲備，接下來要正式寫一段往後實際會用的程式碼了。

▷ 3-3　響應式畫布尺寸

首先我們要解決的，就是示範程式中，黑色畫布的尺寸問題。

一般開發遊戲會先決定遊戲的舞台大小，比如 1920x1080、800x600 或 640x480，遊戲安裝在不同的系統，就會根據解析度自動放大縮小遊戲舞台，同時維持長寬比例。

如果螢幕的長寬比和遊戲舞台的長寬比不一樣，那麼就應該將遊戲置中，並在遊戲舞台的上下方或左右方留白。當然，比較勤勞的製作公司會在留白的地方加上背景圖，巧妙地將舞台融入背景，給玩家更好的視覺體驗。

這種隨著瀏覽器尺寸變化的能力，在網頁上稱為響應式（Responsive）設計，意思是使用者可以隨時更改瀏覽器的大小，而網頁內容會應頁面大小自動尋找較好的方式進行排版。

❸ 決定舞台大小 ▶

我們的目標是要在遊戲一啟動之後，決定舞台大小，然後根據瀏覽器的尺寸去計算舞台應該縮放的程度，使其儘量充滿整個畫面，並計算讓舞台置中所需的平移量。

我們一邊重寫 **main.ts** ，一邊解釋決定舞台大小的演算法。首先用一個變數 stageSize 儲存舞台的尺寸，等一下才有辦法依此進行計算。

```
import { Application, Graphics } from 'pixi.js';
import './style.css'

let app = new Application<HTMLCanvasElement>();
document.body.appendChild(app.view);
// 使用通用物件來儲存舞台的尺寸
let stageSize = {
    width: 0,
    height: 0,
};
```

然後建立一個偵錯用的 **Graphics** 來畫舞台的外框，這樣方便看出舞台的位置與大小。

```
...
// 新增一個繪圖元件來畫舞台的外框
let stageFrame = new Graphics();
app.stage.addChild(stageFrame);
```

這個繪圖元件提供了畫方形的功能，我們用這功能把舞台的尺寸畫出來。

```
...
/**
 * 重繪舞台的外框
 */
function redrawStageFrame(): void {
    stageFrame.clear(); // 清除繪圖器
    stageFrame.lineStyle({
        color: 0xFF0000,
        width: 2,
    });
    stageFrame.drawRect(
        0,                // x
```

```
        0,                      // y
        stageSize.width,  // 寬
        stageSize.height // 高
    );
}
```

上面這個函式是用來畫舞台外框的函式。因為這函式將會在每次舞台大小改變時都被呼叫一次，所以在畫框之前要先將 **stageFrame** 擦乾淨（**clear**），然後再用寬度為 2 的紅色筆刷畫一個舞台大小的方框。

```
...
/**
 * 用來指定舞台大小的函式
 */
function setStageSize(width: number, height: number): void {
    stageSize.width = width;
    stageSize.height = height;
    redrawStageFrame();
    refreshCanvasAndStage();
}
/**
 * 根據舞台尺寸 (stageSize) 與瀏覽器視窗大小
 * 來調整 app.stage 的縮放與位置
 */
function refreshCanvasAndStage(): void {

}
```

最後寫的這兩個函式，**setStageSize(width, height)** 是我們用來設定舞台大小用的函式，裡面會更新 stageSize 這個物件的屬性，然後重繪偵錯用的舞台外框，最後呼叫 **refreshCanvasAndStage()** 這個尚未完成的函式來更新畫布與舞台。

應該看得出來 **refreshCanvasAndStage()** 就是整個響應式舞台演算法的核心。這個函式會將畫布（Canvas）調整至視窗大小，然後再縮放舞台（stage）去迎合畫布的尺寸。現在來看看這個函式是怎麼寫的吧。

```
function refreshCanvasAndStage(): void {
    // 首先取得瀏覽器的視窗大小
    let winSize = {
        width: window.innerWidth,
        height: window.innerHeight,
    };
    // 將 app 裡的畫布尺寸同步到視窗大小
    app.renderer.resize(winSize.width, winSize.height);
    // 計算舞台最多可以放大多少倍，才能儘量占滿視窗又不超出畫面
    let scale = Math.min(
        winSize.width / stageSize.width,
        winSize.height / stageSize.height
    );
    // 將舞台按計算結果縮放尺寸
    app.stage.scale.set(scale);
    // 計畫舞台在經過縮放後的實際尺寸
    let stageRealSize = {
        width: stageSize.width * scale,
        height: stageSize.height * scale,
    };
    // 計算並平移舞台位置，讓舞台置中於視窗內
    app.stage.position.set(
        (winSize.width - stageRealSize.width ) / 2,
        (winSize.height - stageRealSize.height) / 2,
    );
}
```

完成這些工作，最後就可以實際來設定舞台尺寸。

```
...
// 設定舞台尺寸
setStageSize(640, 480);
```

監看視窗尺寸

完成舞台大小的計算工作，我們在自動更新的遊戲畫面上，就可以看到黑色畫布已充滿整個網頁，而舞台的紅色外框也最大限度地充滿畫面且置中。

不過若是我們現在去改變瀏覽器的視窗大小，畫布與舞台並不會跟著一起改變，因此接下來的工作就是要去監看視窗尺寸的變化。

```
...
// 監聽視窗的 resize 事件
// 在發生改變時執行 refreshCanvasAndStage()
window.addEventListener('resize', refreshCanvasAndStage);
```

window 的 **addEventListener(事件代碼，執行函式)** 可以用來設定在某個事件發生時，去執行指定的函式。以這裡的例子來説，就是當 window 發生了 resize 這個事件的時候，去執行 refreshCanvasAndStage 這個函式。

補了這行程式後，無論我們怎麼快速地改變遊戲視窗的大小，畫布與舞台都會不漏勾地即時反應，調整為我們期望的樣子。

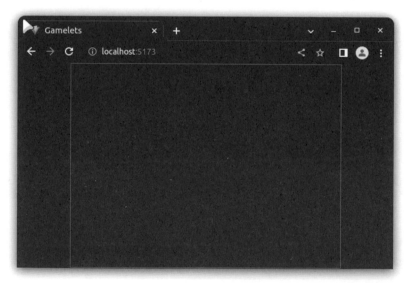

▲ 圖 3-3　舞台範圍的紅框

檢查無誤後，同學可以考慮把紅色外框隱藏起來，讓舞台回復乾淨的黑色。隱藏外框的方法也有很多種，我們寫個工具函式，讓各自遊戲決定要不要隱藏外框。

```
...
/**
 * 設定外框顯示與否的函式
 */
export function setStageFrameVisible(visible: boolean) {
    stageFrame.visible = visible;
}
```

　　程式中預設是讓外框留著，之後製作遊戲時比較容易看出遊戲舞台的範圍。函式的前面加了一個 **export** 的前綴，這是用來匯出程式片段的關鍵字，使用 export 匯出的函式，可以在另一個程式檔案裡以另一個關鍵字 **import** 匯入使用，晚一點我們開始增加檔案後就會知道 import ／ export 的用途與使用方法。

匯出舞台尺寸

　　最後我們再寫個函式來取得舞台的尺寸，並匯出這個函式，讓專案的其他檔案也能取得舞台尺寸。

```
...
/**
 * 匯出取得舞台尺寸的函式
 */
export function getStageSize() {
    return {
        width: stageSize.width,
        height: stageSize.height,
    }
}
```

　　可能同學想問，這裡怎麼不直接把 stageSize 匯出就好，為什麼還要新建一個物件，放同樣的參數進去，再把這個一模一樣的資料回傳，這不是多此一舉嗎？

```
// 為什麼不這樣做
export function getStageSize() {
    return stageSize;
}
```

　　理由是我們不想讓專案的其他地方在取得舞台尺寸後，有能力可以直接更改 **stageSize** 裡面的值，因為直接更改它的值，並無法同步更新它的縮放值，也不會重畫它的紅色外框，所以 stageSize 這個物件要保護好，不能傳到外面去。若想變更舞台尺寸，就必須透過先前匯出的 setStageSize()，才不會出現 Bug。

本章網址匯總

◢ https://pixijs.download/release/docs/index.html

圖 3-4　Pixi.js 文件

◢ https://haskasu.com/img/games/brave_boss/screen.jpg

圖 3-5　測試用的圖片網址

第 **4** 章

建立自己的函式庫

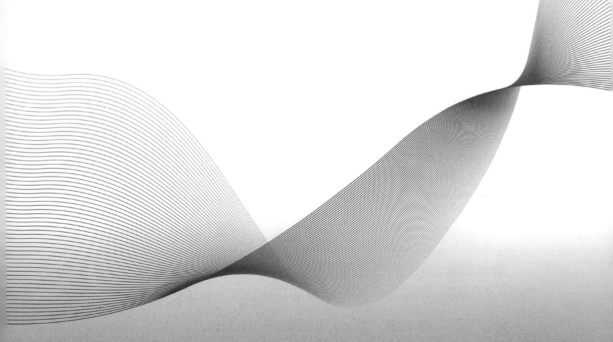

　　本書在後面幾章會製作幾款不同的遊戲，不過為了容易與讀者溝通，減少不必要的重覆內容，所有的遊戲都會寫在同一個專案裡，也就是在前兩章所建立的 gamelets 專案。不過不用擔心，不同的遊戲會放在專案內不同的子目錄，遊戲之間互不干擾。

　　雖然遊戲之間互不干擾，但若是有一些程式碼很常用，每個遊戲都需要的話，我們就會將這些通用的函式或類別從遊戲中獨立出來，在專案內製作一個函式庫，讓不同的遊戲都能利用這些功能。

▷ 4-1　為什麼要建立自己的函式庫

　　製作函式庫的好處除了減少重覆的程式碼之外，對我們程式設計師來說，最大的好處還在於強迫我們思考這些功能被獨立後，它們應該要有的樣貌。

　　比如我們在寫一個大富翁的遊戲時，可能會設計一個骰子的類別，類似下面的這個。

```
// 骰子的類別
class Dice {
    // 擲骰子的函式
    roll(): number {
        // 回傳一個介於 1 到 6 的整數
        return Math.floor(1 + Math.random() * 6);
    }
}
```

　　在遊戲的一開始，我們能可會 new 一個 Dice，然後輪到下一位玩家的時候，呼叫擲骰子的函式 **dice.roll()** 去取得玩家在地圖上應該前進的步數。

　　雖然聽起來很不錯，但是腦海中有個聲音提醒我們，這東西好像在別的遊戲也派得上用場，應該放進函式庫裡比較恰當。可是當我們在製作下一款龍與地下城的角色扮演遊戲時，發現這個遊戲需要的骰子，除了 6 面的，還

要 4 面、10 面、12 面、20 面,甚至到 100 面的骰子。那麼剛剛寫的 Dice
突然就感覺不合用了,應該要進行改良。

```
/** 假設這個檔案寫在 src/lib/dice.ts */

// 骰子的類別
export class Dice {
    // 在建構子中定義骰子有幾面
    constructor(public faces: number) {
        // 在建構子的參數前面加上 public, 可讓參數變成類別的屬性
    }
    // 擲骰子的函式
    roll(): number {
        // 回傳擲骰子的結果
        return Math.floor(1 + Math.random() * this.faces);
    }
}
```

　　當遊戲中實際使用的時候,就會像這個樣子。

```
/** 假設這個檔案寫在 src/game1/game.ts */

import { Dice } from './../lib/dice';
// 新增一個 12 面的骰子
let dice = new Dice(12);
// 擲骰子
let result = dice.roll();
// 列印在 Console 面板
console.log('我擲了一個 ' + result);
```

　　TypeScript 允許一個類別在建構子中宣告它的屬性。

```
class Dice {
    // 在建構子中定義骰子有幾面
    constructor(public faces: number) {

    }
}
```

上面的寫法和下面的寫法，是一樣的效果，但同學應該看得出哪種寫法比較漂亮。

```
class Dice {
    // 宣告一個公開的類別屬性
    public faces: number;
    // 在建構子中加上一個幾面骰子的參數
    constructor(faces: number) {
        // 在建構子裡面初始化 faces 屬性
        this.face = faces;
    }
}
```

在建構子中宣告屬性，可以減少大量程式碼，並且讓整段程式更容易閱讀。

當我們在寫遊戲的時候，看到一個可以放入函式庫中的概念或物件，首先會嘗試把這個概念從遊戲裡抽出來，在設計的途中，就會不由得對這個東西從全新的角度思考，有時候還可能因此發現先前設計上的盲點。設計自己的函式庫這檔事，真的是非常值得被鼓勵的。

在正式開始寫遊戲之前，我們先練習在專案裡寫個以陣列為主題的函式庫，放一些陣列常用的工具。

▷ 4-2　Array 陣列是什麼

陣列是一套 JavaScript 提供的基本型別，能將一串物件依序排好存放其中。遊戲中很多大大小小的東西，都可以放在陣列裡備查待用。比如射擊遊戲中滿天飛的子彈，就需要存入一個陣列，在檢查飛機有沒有撞到子彈時，從這個陣列中依序取出，並對每顆子彈做碰撞測試。

在 TypeScript 裡，我們可以指定陣列中存放的資料型別。

```
// 定義 myArray 是一個只能放 number 的陣列
let myArray: number[];
// 指定 myArray 為一個空陣列
myArray = [];
// 指定 myArray 為一個有三個數字的陣列
myArray = [10, 11, 12];
```

陣列太重要了，因此建立一個圍繞在陣列身上的函式庫能大幅提升遊戲製作的順暢度。不過在設計陣列相關的函式庫之前，必須先瞭解 Array 有什麼內建功能，免得自作聰明寫多了。

下面列出一些常用的陣列功能，並在每個功能下方加上使用範例。

Array.length

陣列的屬性，告訴我們這個陣列的長度，也就是裡面裝了幾個東西。

```
let myArray: string[] = ['我', '想', '做', '遊', '戲'];
console.log('myArray 的長度 =' + myArray.length);
```

```
// 執行結果
myArray 的長度 =5
```

範例的第一行雖然使用型別宣告來限制 myArray 中的元素必須是字串，但其實 TypeScript 本身是很聰明的，即使我們不宣告元素型別，TypeScript 也可以從初始值來判斷陣列的型別。

```
let myArray = ['我', '想', '做', '遊', '戲'];
myArray[0] = 8; // 這行會出錯
```

在上面的範例中，myArray 的初始值是五個字串，因此 TypeScript 會自動把 myArray 定型為以字串為內容的陣列，所以第二行想要把數字 8 裝進 myArray 最開頭的格子，TypeScript 就會在 Problems 裡警告我們不能這樣做。

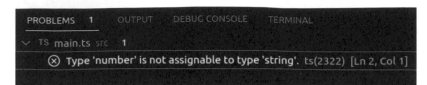

▲ 圖 4-1　型別錯誤

Array.push(item)

在陣列的最後面加上一個新元素。

Array.pop(item)

從陣列的最後面拔掉一個元素，並回傳被拔掉的元素。

Array.unshift()

在陣列的最前面加上一個新元素。

Array.shift()

從陣列的最前面拔掉一個元素，並回傳被拔掉的元素。

```
let myArray = [1, 2, 3];
// 從尾端塞一個新元素
myArray.push(4);              // 陣列變成 1,2,3,4
// 從開頭塞一個新元素
myArray.unshift(9);           // 陣列變成 9,1,2,3,4
// 從開頭拔出一個元素，並使得 head=9
let head = myArray.shift();   // 陣列變成 1,2,3,4
// 從尾巴拔出一個元素，並使得 tail=4
let tail = myArray.pop();     // 陣列變成 1,2,3
```

Array.slice(start, end)

複製陣列的一部分，複製的範圍從 start 到 end，但不包括 end。原陣列不會改變。

```
let myArray = [1, 2, 3, 4, 5];
console.log('myArray = ' + myArray);
let subArray = myArray.slice(1, 3);
console.log('subArray = ' + subArray);
```

以上的程式會在 VS Code 下方的除錯控制台（Debug Console）中印出兩行，我們可以從這兩行看出 **myArray.slice(1,3)** 所發揮的作用。

```
// 執行結果
myArray = 1,2,3,4,5
subArray = 2,3
```

> console 物件是瀏覽器提供的除錯工具，利用 console.log() 可以把變數印列在除錯控制台（Debug Console）。也因為 console 物件與除錯控制台的親密關係，我們常把除錯控制台直接稱為 Console。

Array.slice(start, end) 的兩個參數，一個是從哪個位置開始切，一個是切到哪裡為止。這裡需要注意一點，參數 **end** 是切段的結尾位置，但 end 這一格本身不會被切進去，因此，slice(1,3) 只會切出位置為 1 和 2 的兩個陣列元素。

另外，陣列的位置是從 0 開始數的，因此五個元素的陣列裡，其資料的位置依序是 0, 1, 2, 3, 4。

呼叫這個函式時，參數 end 可以省略。如果沒有提供參數 end，那麼就是告訴 slice() 要從陣列的 start 切到最尾端。

🟡 Array.join(glue) ▶

將陣列裡的元素用 glue 黏在一起，結合成一個字串。

```
let myArray = ['站起來', '玩家們', '有夢最美'];
console.log('myArray = ' + myArray.join('。'));
```

```
// 執行結果
myArray = 站起來。玩家們。有夢最美
```

在上面的例子中，**myArray.join('。')** 把陣列裡的三個元素以句號黏在了一起。

Array.concat(⋯items)

將別的陣列接在自己後面，產出一個新的陣列。原陣列不會改變。

```
let myArray = [1, 2, 3];
let addition = [40, 50];
let more = [61, 62];

let all = myArray.concat(addition, more);
console.log('all = ' + all);
```

```
// 執行結果
all = 1,2,3,40,50,61,62
```

三個陣列依序排成了一個新的陣列。

Array.forEach(fn)

指定一個函式 fn，並讓陣列裡每個元素依序傳入這個函式去執行。

將一個函式（fn）當成一個參數傳進另一個函式（forEach）中，在這種情況下，函式 fn 會被稱作回呼函式（callback）。

Array 有很多類似這種需要回呼函式（callback）的方法，我們來看看這個方法可以怎麼用。

```
let myArray = [1, 2, 3];
let total = 0;
```

```
myArray.forEach(function(item) {
    total += item;
});
console.log('Total = ' + total);
```

```
// 執行結果
Total = 6
```

　　我們在 forEach 的參數中寫了一個回呼函式，在回呼函式被 forEach 呼叫時，會依序得到陣列中的每個項目（item），因此就能計算陣列裡所有數字的總和。

　　其實在 forEach 去呼叫回呼函式的時候，總共會給回呼函式三個參數，分別是

1.　目前處理到的 item

2.　目前處理到的陣列位置（index）

3.　執行 forEach 的陣列本身

　　第三個參數非常少用，所以之後我們也就先省略不用。我們再來看一個例子。

```
let myArray = ['風', '火', '水', '土'];
myArray.forEach(function(item, index) {
    console.log(`第 ${index} 個元素是 ${item}`);
});
```

```
// 執行結果
第 0 個元素是 風
第 1 個元素是 火
第 2 個元素是 水
第 3 個元素是 土
```

　　這個範例簡單明瞭，可以清楚看到回呼函式的執行情形。

這兒是本書首次使用反引號 `（backquote）來定義一個字串，所以稍加說明一下。

使用反引號定義字串有很多好處，其中之一就是可以在字串中插入變數，只要在變數左右使用錢號加大括號，如 `${ 變數 }`，就可以把變數的值安插進字串裡。

反引號字串的另一個好處，是可以保留換行字元。

```
// 一般單引號字串分行的方法
let first = ' 機器人三大守則 :\n'
          + ' 一、不得傷害人類 \n'
          + ' 二、必須服從人類 \n'
          + ' 三、必須保護自己 ';
// 使用反引號建立完全相同的字串
let second = ` 機器人三大守則 :
一、不得傷害人類
二、必須服從人類
三、必須保護自己 `;
```

反引號在定義一些需要分行分段的字串時特別好用。

Array.reduce(fn, initial)

將陣列的所有元素經計算成為單一結果。

這個功能一聽就覺得是用來計算一個陣列裡所有元素的總和。例如上面 forEach 的範例，將 1,2,3 三個數字加在一起的工作，就可以用 reduce 更精簡地完成。

```
let myArray = [1, 2, 3];
let total = myArray.reduce(function(currResult, item) {
    return currResult + item;
}, 0);
console.log('Total = ' + total);
```

```
// 執行結果
Total = 6
```

這裡的回呼函式和 forEach 的很像，但在函式被回呼時，第一個參數
（currResult）是「計算到目前的結果」。我們在回呼函式裡回傳 **currResult
+ item** 就可以把下一個元素的值累加進去，並作為回呼函式處理下個元素
時的 currResult 參數。

Array.reduce 的第二個參數（initial），是在函式一開始尚未處理計算
前的初始計算結果。如果在執行 Array.reduce 時沒有給 initial 的話，那麼
reduce 會略過陣列的第一個元素，並將「計算到目前的結果」設定為被略過
的第一個元素，然後再從第二個元素開始處理。

Array.splice(start, deleteCount, ⋯itemsToAdd)

將陣列從 start 這個位置開始，刪除 deleteCount 這麼多個元素，然後
再將 itemsToAdd 的這些新元素，從 start 這個位置加入這個陣列。

```
let myArray = ['我', '要', '好', '好', '唸', '書', '了'];
myArray.splice(1, 3, '不', '想');
console.log('陣列變成了' + myArray);
```

```
// 執行結果
陣列變成了 我 , 不 , 想 , 唸 , 書 , 了
```

從上面的例子可以看到，位置 1 之後的三個元素，被 splice() 刪除了，
並在同樣的位置補上「不」和「想」兩個字元，最後陣列就變成了 我 , 不 , 想 ,
唸 , 書 , 了 這六個字元。

在呼叫 Array.splice() 時，如果只想刪除中間的元素，而不想加入新的元
素，那麼在呼叫時就不需要任何 itemsToAdd 的參數。

```
let myArray = [1, 2, 3, 4, 5];
myArray.splice(1, 2); // 從位置 1 刪除 2 個元素
console.log('陣列變成了 ' + myArray);
```

```
// 執行結果
陣列變成了 1,4,5
```

另外，這個函式有一個參數使用了 **...itemsToAdd** 這樣的語法，這個語法正式的名稱是「展開運算子（Spread syntax）」，如果想在函式中加上這種類別的參數，那它必須是函式的最後一個參數，表示在呼叫這個函式時，最後要加幾個參數都可以，而這些參數在函式裡會被放到 itemsToAdd 陣列供函式運用。

舉個例子來參考。

```
/**
 * 寫個找零錢的函式
 * pay: 大爺拿出多少錢來付
 * ...items: 購物籃裡的物品價格陣列
 */
function getChange(pay: number, ...items: number[]): number {
    // 利用 Array.reduce() 把所有 items 的元素都加起來
    let cost = items.reduce(function(currResult, item) {
        return currResult + item;
    });
    // 回傳付的錢減掉所有物品加起來的總額
    return pay - cost;
}
// 大爺拿出 100 塊，買了三件物品（價格分別是 5 塊、10 塊、15 塊）
let change = getChange(100, 5, 10, 15);
console.log('找錢 = ' + change);
```

```
// 執行結果
找錢 = 70
```

　　在上面的範例呼叫 **getChange(100, 5, 10, 15)** 的時候，100 會作為函式的第一個參數（pay），其後的所有數字，包括 5、10、15，都會被放進 items 的數字陣列。

Array.filter(fn)

　　這個函式可以過濾陣列中的元素，將過濾出來的元素組合成一個新的陣列。原陣列不會改變。

```
let myArray = [1, 2, 3, 4, 5, 6];
let evens = myArray.filter(function(item) {
    // 若除以 2 的餘數為 0，回傳 true；否則回傳 false
    return item % 2 == 0;
});
console.log('陣列裡的偶數有 ' + evens);
```

```
// 執行結果
陣列裡的偶數有 2,4,6
```

　　每個元素都會經過使用者提供的回呼函式得到一個布林值，如果函式回傳 true，該元素就會被放進過濾後的新陣列。

Array.find(fn)

　　這個函式會在陣列中尋找第一個滿足回呼函式的元素。

```
let myArray = [1, 2, 3, 4, 5, 6];
let result = myArray.find(function(item) {
    return item % 2 == 0;
});
console.log('找到的第一個偶數為 ' + result);
```

```
// 執行結果
找到的第一個偶數為 2
```

　　find() 和 filter() 有點像，都是利用回呼函式尋找符合條件的方法，但是 filter 一定會將所有的元素都跑完，而 find 則是在找到第一個符合條件的元素後停止。

　　如果整個陣列都找不到合意的元素，那麼 result 就會是 undefined。undefined 是 JavaScript 裡一個特別的值，表示「未定義」。

Array.map(fn) ▶

　　這個函式會建立一個與原陣列相同長度的新陣列，並將原陣列的元素經過回呼函式轉變為另一個元素，再放到新陣列裡同一位置的地方。

```
let myArray = [
    {id: 'p1', name: 'Haska', power: 1},
    {id: 'p2', name: 'Anita', power: 99},
    {id: 'p3', name: 'Laputa', power: 5},
];
let mapArray = myArray.map(function(item) {
    return item.id;
});
console.log('新陣列 = ' + mapArray);
```

　　在這個例子中，我們定義的陣列是由通用物件所組成的，而且這通用物件中有三個屬性，包括 id、name 與 power。TypeScript 會自動將這個陣列定型為下面這種型態。

```
let myArray: {
    id: string;
    name: string;
    power: number;
}[]
```

　　在 myArray.map 的回呼函式中，我們對每個元素都取它們的 **id** 屬性作為回傳的值，最後的輸出結果就會是一個由各元素的 id 所組成的陣列。

```
// 執行結果
新陣列 = p1,p2,p3
```

其他常用的 Array 功能

　　Array 還有很多內建的功能，我在此列出一些常用，看字面就知道意義的函式給大家快速瀏覽一遍。

- Array.includes(reference)
  檢查陣列中是否包含了 reference 這個物件，回傳 true 或 false。

- Array.keys(objectList)
  將通用物件中每個屬性的名字（key）拿出來組成一個新的陣列。

- Array.values(objectList)
  將通用物件中每個屬性的值拿出來組成一個新的陣列。

- Array.findIndex(fn)
  找到符合條件的元素在陣列中的位置，若找不到則回傳 -1。

- Array.indexOf(reference)
  找到某個元素（reference）在陣列中的位置，若不在陣列中則回傳 -1。

- Array.sort(fn)
  經由回呼函式（fn）比較元素間的關係來重新排序陣列中的元素。這個功能較複雜，等一下我們在製作相關的函式庫時會深入探討。

　　以上是一些比較常用的 Array 內建函式，想要深入瞭解所有 Array 的功能，可以前往 JavaScript 參考文件 https://www.w3schools.com/jsref/jsref_obj_array。

▷ 4-3　建立陣列函式庫

在 **src/** 下建立一個子目錄，取名為 lib，然後在 **src/lib/** 中新增一個檔案，檔名為 ArrayUtils.ts，在裡面宣告一個叫 ArrayUtils 的類別，並記得在宣告的地方加上 export 關鍵字。

```
/**
 * 檔案 src/lib/ArrayUtils.ts
 */
export class ArrayUtils {

}
```

我們把陣列的函式庫寫在這個檔案裡，之後在別的檔案中要使用這裡寫的東西，就能用 import 關鍵字匯入這個檔案的功能。但 import 並不會把整個檔案一股腦兒地匯入，而是會和 export 這個關鍵字合璧使用。像這裡我們用 export 匯出了 ArrayUtils 這個類別，那麼我們在另一個檔案（假設在 **src/main.ts**）就可以如下地匯入使用。

```
import { ArrayUtils } from './lib/ArrayUtils';
```

‖‖‖　匯入的時候，不能加上匯入檔案的副檔名。

同一個檔案可以匯出一個或更多東西，不過一般為了管理方便，通常是一個檔案匯出一個類別。

除了匯出類別，我們還能匯出型別（type）、變數（var）、常數（const）、函式（function）等等。在往後越來越豐富的程式碼中，可以慢慢見識到更多匯出、匯入的用法。

下面我們就開始在這個類別中增加內容。

addUniqueItem(array, item)

功能：將元素加進陣列。如果在加進去之前發現這個元素已經出現在陣列中，就略過不加，避免加入重覆的元素。

```
...
export class ArrayUtils {
    /**
     * 在陣列裡加入一個唯一的元素。
     * @param array 目標陣列
     * @param item 要加入的元素
     * @returns 若元素是唯一的且被加入則回傳 true
     */
    static addUniqueItem(
        array: unknown[],
        item: unknown
    ): boolean {
        if (array.includes(item)) {
            return false;
        }
        array.push(item);
        return true;
    }
}
```

在類別裡以關鍵字 **static** 定義一個函式，這種函式就叫靜態函式，是一個不需要建立類別實體就能被呼叫的方法。

```
let myArray = [1, 2, 3];
ArrayUtils.addUniqueItem(myArray, 4);
// 這時 myArray 會變成 1,2,3,4
ArrayUtils.addUniqueItem(myArray, 1);
// 這時 myArray 仍然是 1,2,3,4
```

在宣告 addUniqueItem 的前幾行，使用 /** 與 */ 將函式的說明寫在裡面，這樣的寫法是 TypeScript 的標準註解，可以讓我們在 VS Code 裡呼叫函式時，看得到函式用途，還有參數與回傳值的說明。

另外，在宣告函式的參數時使用了 unknown 這個資料型態，代表陣列裡的元素可以是未知的資料型態，以處理任意型態的陣列。

removeItem(array, item)

功能：把一個元素從陣列中移除。成功移除時回傳 true；如果這個元素原本就不在陣列裡，那麼就略過，並回傳 false。

下面的程式碼是接在上一個靜態函式的後面。

```
/**
 * 移除陣列中的一個元素。
 * @param array 目標陣列
 * @param item 要移除的元素
 * @returns 若成功移除元素則回傳 true
 */
static removeItem(
    array: unknown[],
    item: unknown
): boolean {
    let index = array.indexOf(item);
    if (index == -1) {
        return false;
    }
    // 使用 splice() 在 index 的位置刪除 1 個元素
    array.splice(index, 1);
    return true;
}
```

getRandomItem(array, remove?)

功能：從陣列中隨機取一個元素出來，並由第二個參數決定這個元素要不要從陣列中移除。

```
/**
 * 從陣列中隨機取一個元素。
```

```
 * @param array 目標陣列
 * @param remove （可省略）要不要除移選到的元素
 * @returns 隨機選擇的元素
 */
static getRandomItem<T>(
    array: T[],
    remove?: boolean
): T {
    // 如果陣列沒長度（空的），丟出錯誤訊息
    if (!array.length) {
        throw new Error(' 無法從空陣列取元素 ');
    }
    // 取一個介於 0 到 array.length 的亂數
    let rand = Math.random() * array.length;
    // 無條件捨去小數位取整數
    let index = Math.floor(rand);
    // 準備要回傳的元素
    let item = array[index];
    // 如果需要，就移除位於 index 的元素
    if (remove) {
        array.splice(index, 1);
    }
    return item;
}
```

這邊要注意 Math.random() 是瀏覽器內建的亂數產生器，回傳值介於 0 到 1，其中 0 是可能回傳的值，但 1 是不可能回傳的值。因此 Math.random() 乘上 A 再取整數，就可以得到一個介於 0 和 A 之間的隨機整數，而 A 是不可能得到的值。

這個函式用到了第二章提到的泛型（Generics），因此我們在往後使用這個函式時就有辦法順便宣告回傳值的型態。

另外就是「錯誤訊息（Error）」的使用。當函式無法正常處理一份工作，就可以使用 **throw new Error()** 來丟出錯誤訊息，方便程式設計者除錯。當錯誤訊息被丟出來後，如果程式中沒有使用 try ／ catch 來接住，那麼這個錯誤訊息就會在 Console 中以紅字顯示出來。

以下示範 try／catch 的用法。

```
let myArray = [];
try {
    let value = ArrayUtils.getRandomItem<number>(myArray) ;
    console.log('value = ' + value);
} catch(error) {
    console.log(' 糟糕！' + error);
}
```

在 以 上 的 範 例 中，由 於 myArray 是 空 陣 列，所 以 執 行 ArrayUtils.
getRandomItem() 會出錯，最後在 Console 中會以紅字列印出「無法從空陣
列取元素」的錯誤訊息。

sortNumeric(array, descending?)

功能：將一個由數字組成的陣列排序，可選擇由小至大或是由大至小排
好。

```
/**
 * 排序數字陣列
 * @param array  目標陣列
 * @param descending （可省略）是否要由大至小排
 */
public static sortNumeric(
    array: number[],
    descending?: boolean
) {
    if (descending) {
        array.sort((a, b) => b - a);
    } else {
        array.sort((a, b) => a - b);
    }
}
```

這個函式需要比較大的篇幅來解釋。在說明之前,我們先試用一下這個排序工具,看看結果如何。

```
let arr = [2, 3, 4, 1, 6, 5];
ArrayUtils.sortNumeric(arr);
console.log(arr);
```

```
// 執行結果
(6) [1, 2, 3, 4, 5, 6]
```

這個函式用到了 Array 內建的 sort() 函式,這個函式需要一個回呼函式作為參數,幫助 sort() 中的演算法決定任意兩個元素的前後順序。每次 sort() 想知道兩個元素的前後關係,就會呼叫我們給的回呼函式,並以那兩個元素作為參數。如果回呼函式回傳負數,代表第一個參數要排前面,如果回傳正數則代表第二個參數要排前面,如果回傳 0,則兩個元素沒有必要分前後。

比如說,我們要讓一個數字陣列由小排到大,那麼可以這樣寫。

```
let array = [2, 3, 4, 1, 6, 5];
array.sort(function(a, b) {
    return a - b;
})
```

- 在 a 與 b 相等的時候,回傳值為 0,代表不用分前後。
- a 比較小的時候,回傳值為負,代表 a 排前面。
- a 比較大的時候,回傳值為正,代表 b 排前面。

好,這樣算是懂了,但函式庫中寫的方法很奇怪,又是括號又是箭頭的,連個 function 字樣都沒有,那是怎麼一回事?

原來這是 JavaScript/TypeScript 中的箭頭函式。函式除了用關鍵字 function 來宣告,也可以用箭頭函式來定義。

　　箭頭函式 (Arrow Function) 是 JavaScript 在 ES6 版引入的新語法，在絕大部分的情況下可以取代以 function 關鍵字定義函式的寫法。如下的兩個函式定義是一樣的。

```
// 用 function 宣告函式
function say1(person: string, something: string) {
    console.log(person + ': ' + something);
}
say1(" 小哈片刻 ", " 專心上課！");
// 改用箭頭函式
let say2 = (person: string, something: string) => {
    console.log(person + ': ' + something);
}
say2(" 小哈片刻 ", " 專心上課！");
```

　　在箭頭函式中，如果只是簡單回傳一個計算式的結果，那麼連大括號與 return 字樣都可以省略。

```
// 箭頭函式，回傳兩個數字相加的結果
let addTwo1 = (a: number, b: number) => {
    return a + b;
}
// 功能一模一樣的精簡版箭頭函式
let addTwo2 = (a: number, b: number) => a + b;
```

　　如果函式的本體沒有用大括號括起來，代表函式本體的計算結果也會被當成函式的回傳值。

　　如果函式的參數只有一個，而且在不需要宣告參數型別的情況下，那麼圍繞參數的括號也可以省略。

```
// 箭頭函式，回傳數字加一的結果
let addOne1 = (a: number) => {
    return a + 1;
}
// 功能一模一樣的精簡版箭頭函式
let addOne2 = a => a + 1;
```

如果把函式庫中所寫的 **array.sort((a, b) => a - b)** 展開，以 function 的方式來寫，就相當於以下這段。

```
// 函式庫中的寫法
array.sort((a, b) => a - b);
// 等於
array.sort(function (a, b) {
    return a - b;
});
```

sortNumericOn(array, key, descending?)

功能：將一個由物件組成的陣列，依某個屬性的數值排序，並可選擇由小至大或是由大至小排好。

```
/**
 * 排序物件陣列
 * @param array 目標陣列
 * @param key 排序依賴的屬性
 * @param descending（可省略）是否要由大至小排
 */
public static sortNumericOn(
    array: any[], // any 可適用任何型別的值
    key: string,
    descending?: boolean
) {
    if (descending) {
        array.sort((a, b) => b[key] - a[key]);
    } else {
        array.sort((a, b) => a[key] - b[key]);
    }
}
```

這個函式和上一個數字陣列的排序很像，不過這個函式可以用來對通用物件排序。假設有一個遊戲角色的陣列，要依照他們的力量強度來排序時就可以這樣寫。

```
let myArray = [
    {id: 'p1', name: 'Haska', power: 1},
    {id: 'p2', name: 'Anita', power: 99},
    {id: 'p3', name: 'Laputa', power: 5},
];
// 以物件中的 'power' 值來排序
ArrayUtils.sortNumbericOn(
    myArray,
    'power',
    true
);
// 將 myArray 中元素的 name 與 power 組合拿出來成立一個新陣列
let output = myArray.map(p => p.name + ':' + p.power);
console.log(output);
```

```
// 執行結果
(3) ['Anita:99', 'Laputa:5', 'Haska:1']
```

⬤ swapAt(index1, index2) ▶

功能：將陣列中的兩個元素交換位置。

```
/**
 * 交換兩個陣列元素的位置
 * @param array 目標陣列
 * @param index1 第一個元素位置
 * @param index2 第二個元素位置
 */
public static swapAt(
    array: unknown[],
    index1: number,
    index2: number
) {
    let element1 = array[index1];
    array[index1] = array[index2];
    array[index2] = element1;
}
```

　　交換資料的時候，需要一個暫時的變數來儲存第一個被覆蓋掉的資料，然後再用這暫時的變數去覆蓋第二個位置的資料。

▷ 4-4　測試函式庫

　　太棒了，我們自己寫的第一個函式庫完成了！

　　雖然是值得慶賀的一件事，但是隨著專案的發展，我們未來還是有可能回來這裡加工改貌，尤其是一些尚未經過時間驗證的函式庫，往往在實際使用之後，會發現需要更多參數來增加使用彈性。

　　那麼我們要怎麼樣降低未來增修功能時，不會忘記當初設計的初衷，把對的改成錯的，或要如何避免單純的手誤打錯字，導致小小的錯誤讓整個專案產生極難發現的 Bug。

◖ 安裝 Vitest ▶

　　講到 JavaScript 的測試系統，就會提到 Jest，它提供了非常完整的單元測試（Unit Test）的環境與功能，幫助我們檢查專案內的潛在錯誤。

　　Vitest 是一個將 Jest 完美整合進 Vite 的測試工具，能夠重覆利用 Vite 的功能，讓 Jest 以閃電般的速度完成測試程序。

　　安裝 Vitest 的方法很簡單，只要在 VS Code 的終端機執行這一道指令就行了。

```
npm install -D vitest
```

　　上面的指令會讓 npm 去下載 **vitest** 並安裝到 node_modules 目錄裡。指令中的 **-D** 是告訴 npm 這個要依賴的模組是開發階段才需要用的。

　　打開專案的 package.json 也可以看到 vitest 被加進入了 devDependencies。

```
{
    ...
    "devDependencies": {
        ...
        "vitest": "^0.25.3"
    },
    ...
}
```

撰寫測試程式碼

安裝 Vitest 完成後，現在在 **src/** 下新增 test 資料夾，用來放所有測試用的程式檔。

新增 **src/test/ArrayUtils.test.ts** 用來測試 ArrayUtils 的功能。請注意檔案的附檔名，只要附檔名是 **.test.ts** 的這些檔案都會被 Vitest 當成是測試用的檔，並執行其中的測試程式。

```
/** 檔案 src/test/Arrayutils.test.ts */
import { ArrayUtils } from "../lib/ArrayUtils"
import { test, expect } from 'vitest'

test('addUniqueItem', () => {
    let array = ["a", "b", "c"];
    expect(ArrayUtils.addUniqueItem(array, "a"))
        .toBe(false)
    expect(array.length).toBe(3)
    expect(ArrayUtils.addUniqueItem(array, "d"))
        .toBe(true)
    expect(array.length).toBe(4)
})
```

上面使用的函式名稱都很口語化，從上面的例子中不難理解測試的工作原理，畢竟 Jest 就是希望能用口語的方式，讓測試流程通俗易懂。

我們用到了 vitest 裡的兩個工具，**test** 與 **expect**。

test(name, fn) 用來定義一個測試組，第一個參數是測試的名字，第二個參數是一個回呼函式，裡面放測試用的流程。

當我們測試一個運算，並預判運算的結果是一個值，那麼可以寫 **expect(運算結果).toBe(應該成為的值)**，意思就是「期望（運算結果）. 會變成（應該成為的值）」。我們可以看看目前 ArrayUtils.test.ts 裡寫的程式碼，當呼叫 addUniqueItem 時，因為即將要加入陣列的 "a" 早已存在於 array，而 addUniqueItem 不允許加入重覆的值到陣列中，所以函式執行的結果應該要是 false。

```
expect(ArrayUtils.addUniqueItem(array, "a"))
    .toBe(false)
```

接著我們還期望此時的 array 長度仍保持在 3。

```
expect(array.length).toBe(3)
```

再下來我們往 array 裡加入 "d"，然後期望函式的執行結果為 true，並接著期望這時陣列的長度變成 4。

```
expect(ArrayUtils.addUniqueItem(array, "d"))
    .toBe(true)
expect(array.length).toBe(4)
```

執行測試程序

解釋完畢，現在要讓 Vitest 去實際測試看看我們的 ArrayUtils 是不是有符合測試期望的結果。請在終端機執行這個指令。

```
npx vitest
```

然後就可以在終端機看到以下的結果。

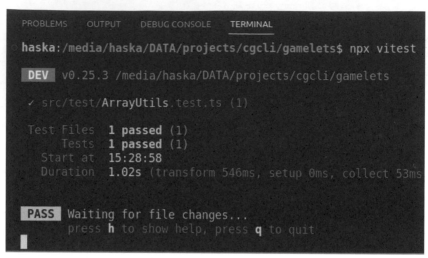

▲ 圖 4-2　vitest 通過測試

在 Vitest 的報告中，測試檔案（Test Files）只有一個，而且是通過測試的狀態（passed），其中包含了 1 個測試（Tests），也是通過的狀態。

在終端機上按 q 鍵可以離開測試程序，不然的話 Vitest 會如同 **npm run dev** 一般，持續監看檔案內容的改變，如果這時去改變 ArrayUtils.test.ts，比如把最後一行的 **toBe(4)** 改成 **toBe(5)** ，就可以在終端機看到 Vitest 變更測試結果，顯示過程有錯，測試未通過。

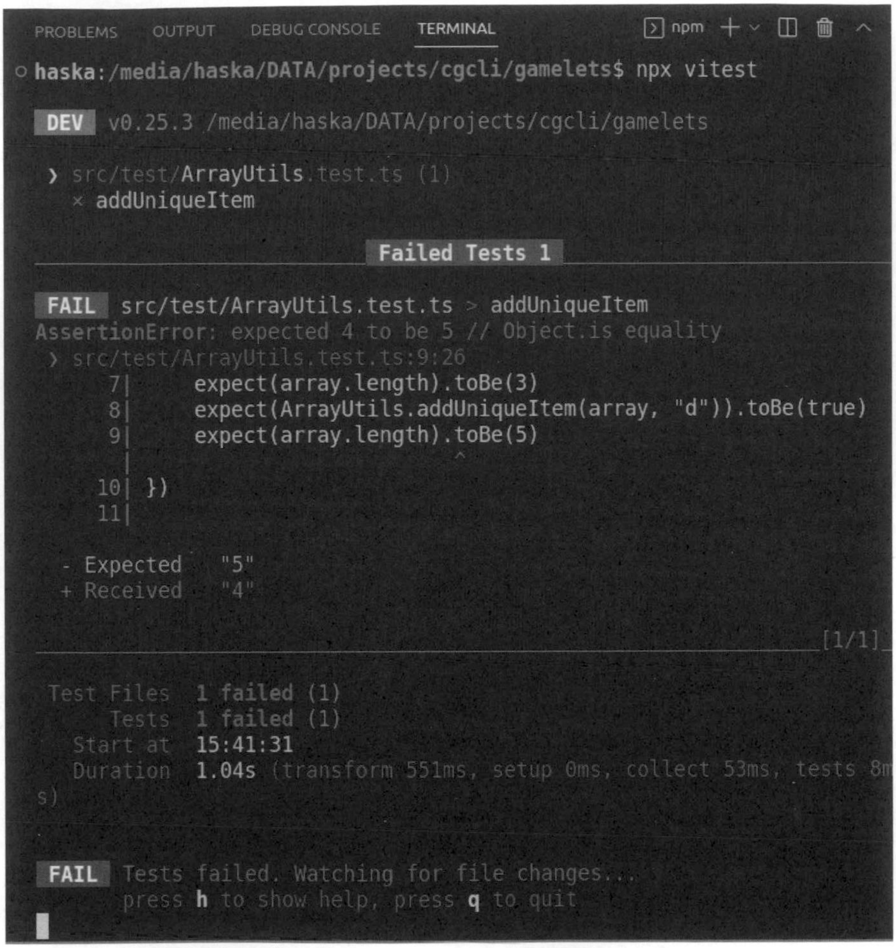

▲ 圖 4-3　vitest 發現錯誤

　　Vitest 的報告中不但能看到被發現的錯誤有幾個，連每個錯誤發生的檔案，以及期望值和實際值都清楚地擺在我們的面前。這樣的測試體驗真是讓人通體舒暢呀！（記得把 **toBe(5)** 改回 **toBe(4)**。）

　　現在有另一個小問題，雖然我們剛剛用了 **npx vitest** 指令來執行測試，但是當我們三個月之後再回來這個專案，想要執行測試時，會不會就忘了要執行測試的指令是什麼？我不敢說同學會不會記得，但我知道我自己一定會忘光光。

為了不要忘記，我們可以把測試的指令寫進 package.json。

打開 package.json，在 scripts 定義的三個專案指令之後再加一個新的 "test"，內容是 "vitest"。

```
...
"scripts": {
    ...
    "test": "vitest"
  },
...
```

加上這個專案指令後，就可以在終端機改用以下這個指令來執行測試程序。

```
npm run test
```

過了三個月之後，如果我忘了指令是什麼的話，只要打開 package.json，就能找得到我們幫專案所定義的測試指令。

補足 ArrayUtils 的測試程式

我們再補個物件排序函式的測試，其他的就當作回家作業自己試試吧。

```
...
test(' 物件陣列：依屬性排序 ', () => {
    let array = [
        {id: 'p1', name: 'Haska', power: 1},
        {id: 'p2', name: 'Anita', power: 99},
        {id: 'p3', name: 'Laputa', power: 5},
    ];
    ArrayUtils.sortNumericOn(array, 'power', true);
    // 期望排序後第一個元素的 power 為 99
    expect(array[0].power).toBe(99);
})
```

▷ 4-5 亂數產生器

接下來要寫個比較有趣的函式庫,「亂數產生器」。

也許你要問了「怎麼? Math.random() 惹到你了嗎?有必要自己搞個亂數產生器?」

答案很簡單,因為 Math.random() 的運作方式不是我們可以控制的,然而在某些遊戲中,我們不但需要更多亂數的功能,而且還可能需要一個能複製或重現歷史的亂數產生器,比如遊戲的重播功能等,而這些是 Math.random() 無法給我們的。

◉ 亂數演算法 ▷

產生亂數的演算法,一般是使用幾個非常大的質數來進行加減乘除再取餘數的運算,比如下面這個早期曾被大量使用的亂數演算法。

```
function random(): number {
    // 使用目前時間作為亂數種子
    let seed = Date.now();
    // 將種子與質數 7919 作運算,並取最後兩個位元組的數字
    let value = (seed * 7919 + 1) & 0xFFFF;
    // 將計算結果除以最大可能值加 1,控制回傳值介於 0 到 1 之間 ( 不包含1)
    return value / (0xFFFF + 1);
}
```

這個演算法使用了第一千個質數「7919」,數字不是很大,所以在運算的過程中不會有溢位的問題,但缺點就是比較容易被發現數列循環的規律。

◉ Lehmer 亂數演算法 ▷

Lehmer 亂數演算法是由數學家 D.H Lehmer 於 1949 年提出,比起剛剛講的演算法,運算一樣簡單,但是其安全性及不可推測性會好上很多。

$$R_{k+1} = (a \cdot R_k)_\% \, m$$

上面就是 Lehmer 演算法的算式，其中 R_k 是用來得到 R_{k+1} 的種子（seed），因此我們只要一開始決定了第一個亂數種子，就可以用演算法計算出接下來的一串亂數數列，而且下次我們再用同一顆初始種子，就能得到一串一模一樣的亂數數列。

算式中還有另外兩個可以自選的常數，其中 m 必須是質數或是質數的某個次方，而 a 要是 m 的原根（Primitive root modulo n）。

Park 與 Miller 在他們 1988 年探討亂數生成的論文中建議採第八個梅森質數，也就是 2^{31}-1（2,147,483,647），並取其原根 16,807 套入 Lehmer 亂數演算法。

☗ RandomGenerator 類別 ▶

我們新增檔案 **src/lib/RandomGenerator.ts**，並導入這個演算法，寫成一個亂數產生器的類別。

```
/**
 * 檔案 src/lib/RandomGenerator.ts
 */
export class RandomGenerator {
    /** 建構子要給一個亂數種子，預設為 1 */
    constructor(public seed: number = 1) {
        // 丟棄第一個亂數
        this.next();
    }
    /** 產生下一個亂數 */
    public next(): number {
        // seed 不可以等於 0，不然後面算出來會是 0 的循環數列
        if(this.seed == 0) {
            // 如果 seed 是 0，就用一個自訂的種子
            this.seed = 123456789;
        }
        // Lehmer 亂數演算法
        this.seed = (this.seed * 16807) % 2147483647;
        // 回傳一個介於 0 到 1 的亂數
```

```
        return this.seed / 2147483647;
    }
}
```

　　上面這段就是我們的亂數產生器基本型。類別的建構子有一個參數作為亂數種子，而且這個參數有加上 public 的前綴，代表這個參數也被宣告為類別中的屬性。

　　如果我們不使用上面那種 TypeScript 的特殊寫法，那麼就會是下面這樣的寫法。

```
export class RandomGenerator {
    // 宣告類別的屬性
    public seed: number;
    // 建構子
    constructor(seed: number = 1) {
        // 初始化 seed 屬性
        this.seed = seed;
    }
}
```

　　比較一下，當然是先前的那種寫法比較漂亮。

　　另外我們在建構子中，馬上就執行一次 this.next()，相當於把亂數數列中的第一個亂數直接丟棄不用。這是因為一般在選擇亂數種子時，非常難選到好的種子，比如最常被拿來作為種子的目前時間，或是自訂範圍的系統亂數，還有玩家的滑鼠位置等，因為這些種子都有跡可尋且範圍有限，所以以這種數字為種子產生出來的下一個亂數會有很高的規則性。把第一個亂數丟掉後，接下來的數列就很難看出規則性了。

　　在別的檔案使用這個類別的方法如下。

```
/** 假設我們在 main.ts */
import { RandomGenerator } from './lib/RandomGenerator';
// 建立一個使用預設種子的亂數產生器
```

```
let rng = new RandomGenerator();
// 宣告一個數字陣列
let nums: number[] = [];
// 在陣列中放入 6 個介於 0 到 10 的亂數
while (nums.length < 6) {
    let number = Math.floor(rng.next() * 10);
    nums.push(number);
}
// 在 Console 裡列出來看看
console.log(nums);
```

```
// 執行結果
(6) [1, 7, 4, 5, 2, 0]
```

　　亂數產生器給了我們這個數列 [1, 7, 4, 5, 2, 0]。之後無論你重新執行這段程式碼多少次，產生出來的數列都是這個不會變，因為這串亂數的起始種子都一樣是預設的 1。

　　如果要建立一個類似系統內建的亂數產生器，我們可以將目前的時間當成種子來產生亂數數列。

```
let rng = new RandomGenerator(Date.now());
```

　　Date.now() 會回傳目前系統的時間戳記（timestamp），單位為毫秒數。

　　基本型定稿完畢，之後還可以繼續在這個類別中增加新的功能。

nextBetween(min, max)

　　功能：產生介於 min 和 max 之間的亂數。

```
...
/**
 * 產生介於 min 和 max 的亂數
 * @param min 最小值
```

```
 * @param max  最大值
 * @returns 介於 min 和 max 的亂數
 */
public nextBetween(min: number, max: number): number {
    return min + (max - min) * this.next();
}
...
```

nextInt(max)

功能：產生介於 0 和 max 之間的亂整數，其中 0 和 max 都是可能的回傳值。

```
...
/**
 * 產生介於 0 和 max 之間的亂整數，0 和 max 都是可能的回傳值。
 * @param max  最大可能值
 * @returns 介於 0 和 max 的亂整數
 */
public nextInt(max: number): number {
    let value = (max + 1) * this.next();
    return Math.floor(value);
}
...
```

nextIntBetween(min, max)

功能：產生介於 min 和 max 之間的亂整數，其中 min 和 max 都是可能的回傳值。

```
...
/**
 * 產生介於 min 和 max 之間的亂整數，min 和 max 都是可能的回傳值。
 * @param min  最小可能值
 * @param max  最大可能值
 * @returns 介於 min 和 max 的亂整數
```

```
  */
public nextIntBetween(min: number, max: number): number {
    let value = min + (max - min + 1) * this.next();
    return Math.floor(value);
}
...
```

getRandomString(length, nums?)

功能：產生一個長度為 length 的隨機字串。

```
...
/**
 * 產生一個長度為 length 的隨機字串。
 * @param length 回傳的字串長度
 * @param nums 是否要加入數字
 * @returns 隨機字串
 */
public getRandomString(length: number, nums?: boolean): string {
    let chars = 'abcdefghijklmnopqrstuvwxyz';
    if (nums) {
        chars += '0123456789';
    }
    let charLength = chars.length;
    let output = '';
    while (output.length < length) {
        let index = Math.floor(charLength * this.next());
        output += chars[index];
    }
    return output;
}
...
```

randomizeArray(array)

功能：將一個陣列中的元素重新隨機排列。

```
...
/**
 * 隨機排列陣列中的元素。
 * @param array 目標陣列
 */
public randomizeArray(array: unknown[]) {
    let length = array.length;
    for (let i = 0; i < length; i++) {
        let swapTo = Math.floor(length * this.next());
        ArrayUtils.swapAt(array, i, swapTo);
    }
}
...
```

getArrayRandomItem(array, remove?)

　功能：從陣列中隨機取一個元素，並可選擇要不要把選到的元素從陣列中移除。

```
...
/**
 * 從陣列中隨機取一個元素。
 * @param array 目標陣列
 * @param remove （可省略）要不要除移選到的元素
 * @returns 隨機選擇的元素
 */
public getArrayRandomItem<T>(array: T[], remove?: boolean): T {
    if (!array.length) {
        throw new Error(' 無法從空陣列取出元素 ');
    }
    let index = Math.floor(array.length * this.next());
    let item = array[index];
    if (remove) {
        array.splice(index, 1);
    }
    return item;
}
...
```

▷ 4-6　測試亂數產生器

寫完亂數產生器，接下來自然就是要寫點測試程式來確保它永遠保持正確的運作。

新增檔案 **src/test/RandomGenerator.test.ts** ，然後先寫個測試來檢查 next() 的輸出值是不是介於 0 到 1 之間。

```
/** 檔案 src/test/RandomGenerator.test.ts */
import { test, expect } from 'vitest'
import { RandomGenerator } from '../lib/RandomGenerator'

test('next() 的輸出範圍', () => {
    let rng = new RandomGenerator(Date.now());
    let tries = 100;
    while (tries--) {
        let output = rng.next();
        // 期望亂數值 >= 0 且 < 1
        expect(output)
            .greaterThanOrEqual(0)
            .lessThan(1);
    }
})
```

上面的測試會跑 100 次迴圈，每次都藉由亂數產生器得到一個亂數，然後用 expect 去期望這個值大於或等於 0，且小於 1。

我們可以在終端機執行 **npm run test** 來看看測試結果。

測試沒問題後，接著測試擲骰子功能 nextInt() 所擲出的面數分布是不是夠平均。

```
...
test('nextInt() 的數字分布', () => {
    let rng = new RandomGenerator(Date.now());
    // 定義骰子可擲出 0 到 9 共 10 個面
```

```
let maxFace = 9;
let totalFaces = maxFace + 1;
// 準備擲出數子的次數資料庫，把 0 裝到第 0 格至第 9 格
let results: number[] = [];
for (let i = 0; i < totalFaces; i++) {
    results.push(0);
}
// 準備擲 10000 次骰子
let totalRolls = 10000;
let rollCounts = 0;
while (rollCounts++ < totalRolls) {
    // 擲出一個 0 到 9 之間的數字
    let face = rng.nextInt(maxFace);
    // 將擲出數字的次數加 1
    results[face]++;
}
// 每面擲出的期望次數
let expectPerFace = totalRolls / totalFaces;
for (let face = 0; face <= maxFace; face++) {
    // 擲出的次數和期望值的差值要小於 200
    let diff = Math.abs(results[face] - expectPerFace);
    expect(diff).toBeLessThan(200);
}
})
```

上面的程式會讓亂數產生器擲一萬次有 10 個面的骰子（0 到 9），每擲一次就讓 results 裡儲存該面數出現次數的值加一。最後檢查看看每個面被擲出的次數和以數學算出來的期望次數是不是小於可容忍的範圍。

然後再加一個測試，看看相同種子建立的亂數產生器，是不是一定會輸出同樣的數列。

```
...
test('亂數機的可重覆性', () => {
    let tries = 10;
    while (tries--) {
        let seed = Math.round(Math.random() * 999999)
        let rng1 = new RandomGenerator(seed);
```

```
        let rng2 = new RandomGenerator(seed);
        let length = 5;
        while (length--) {
            expect(rng1.next()).toBe(rng2.next());
        }
    }
})
```

上面的測試中，我們測 10 次，每次都用一個新的亂數種子建立兩個亂數產生器，並讓兩個亂數產生器各產生 5 個亂數去比較，看是不是同樣種子的亂數產生器，必定產生相同的數列。

以下再繼續增加隨機字串的測試功能。

```
test(' 隨機字串 ', () => {
    let rng = new RandomGenerator(Date.now());
    // 產生長度 1000，並含有數字的隨機字串
    let output = rng.getRandomString(1000, true);
    // 檢查字串長度是否為 1000
    expect(output.length).toBe(1000);
    // 檢查字串是否含有數字
    expect(output).toMatch(/[0-9]/);

    // 產生另一個不含數字的字串
    let output2 = rng.getRandomString(1000, false);
     // 檢查字串從頭到尾是否只有英文字
    expect(output2).toMatch(/^[a-z]{1000}$/);
})
```

上面的程式碼不言自明，不過其中 **toMatch(reg)** 用到了正規表達式（Regular Expression）。

正規表達式是個乍看之下像是外星文的奇妙語言，但實際瞭解後就知道這是個有著強大力量的文字工具。我們將在下一節製作一個簡單的字串函式庫，利用正規表達式來處理一些常用的字串問題，順便瞭解它的語法、特性與功能。

▷ 4-7 正規表達式（**Regular Expression**）

在文字處理相關的工作中，正規表達式是非常重要的比對工具，像是在角色扮演的遊戲中，分析玩家輸入的內容、找尋對話中的關鍵字、抽出字句裡的數字等，都是正規表達式能處理的強項。

雖然和本章的主題不是很搭，但我們還是來介紹一點正規表達式的初步知識，讓我們能在正規表達式的世界中起步。

建立一個 RegExp 物件 ▶

撰寫正規表達式時，以前後兩個斜線（/）建立一個 RegExp 物件，表達式要寫在兩個斜線中間。

```
let reg = /abc/
let sentence = 'Learning abc.';
let result = sentence.match(reg);
console.log(result);
```

```
// 執行結果
(1) ['abc', index: 9, input: 'Learning abc.', groups: undefined]
```

第三行以正規表達式（reg）對 sentence 進行比對，最後的結果是找到一處符合 reg 定義的規則，找到的字串是 abc，位置在原字串的第 9 個字元。

如果沒找到的話，sentence.match(reg) 會回傳 null。

到此為止，感覺正規表達式和一般我們用 String.indexOf(seg) 一樣呀，就是用個小字串去一個大字串裡搜尋位置。

```
let seg = 'abc'
let sentence = 'Learning abc.';
let result = sentence.indexOf(seg);
console.log(result);
```

```
// 執行結果
9
```

上面改用 sentence.indexOf(seg) 去找 seg 在 sentence 裡的位置，一樣會回傳 9（如果沒找到會回傳 -1）。

為了更能理解正規表達式的強大，我們再來看下一個例子。

```
let sentence = 'We have 100 coins and 64 exp.';
let result = sentence.match(/([0-9]+) coins/);
console.log(result);
if (result) {
    let coins = Number(result[1]);
    console.log("Coins = " + coins);
}
```

```
// 執行結果
(2) [
    '100 coins',
    '100',
    index: 8,
    input: 'We have 100 coins and 64 exp.',
    groups: undefined
]
Coins = 100
```

上面的正規表達式，以 **[0-9]** 表示一個介於 0 到 9 的字元，後面的 + 則表示 **[0-9]** 的這種字元需要有一個或更多，然後後面跟著一個空白字元和 coins 這五個字母。我們還利用小括號 ( ) 把搜尋結果的其中一小段另外儲存在 result 陣列的第二格 **result[1]**。

對字元進行 match() 的結果，是一個特殊的陣列，陣列的第一筆資料是符合正規表達式的字串片段，第二筆之後的資料就是用小括號在結果字串中抽取出來的子片段。

除了正常的陣列元素外，這個特殊的陣列還會包含另外三筆一般陣列沒有的資料，index、input 與 groups。

表 4-1　字串 match 結果的屬性表

match 結果的屬性	代表的意義
index	找到的片段在原字串的位置
input	原字串
groups	儲存子片段的通用物件

在前面的例子中，groups 一直是 undefined，因為在我們抽取結果中的子片段時沒有給這些片段名字。下面我們改一下正規表達式，來看看如何產生 groups。

```
let sentence = 'We have 100 coins and 64 exp.';
let result = sentence.match(/(?<money>[0-9]+) coins/);
console.log(result);
console.log(' 我們有 ${result.groups.money} 枚硬幣 ')
```

```
// 執行結果
(2) [
  '100 coins',
  '100',
  index: 8,
  input: 'We have 100 coins and 64 exp.',
  groups: [Object: null prototype] { money: '100' }
]
我們有 100 枚硬幣
```

表達式中的 ? 就是為子片段命名的語法。

正規表達式使用非常多特殊字元來提供各種不同的使用情境，比如：

```
// 檢查是不是以 You 為開頭
sentence.match(/^You/)
// 檢查是不是以 friend 結尾
```

```
sentence.match(/friend$/)
// 檢查是不是有三位數的數字
sentence.match(/[0-9]{3}/)
// 搜尋第一個非數字的字元
sentence.match(/[^0-9]/)
// 搜尋一個逗號到下一個逗號之間的字串
sentence.match(/,([^,]*)/)
```

表 4-2　正規表達式的特殊符號

特殊符號	在正規表達式中的功能
^	代表字串開頭
$	代表字串結尾
{3}	表示前面定義的字要有 3 個
[^]	在中括號內的第一個 ^ 代表不包含後面選字的字元
*	表示前面定義的字有 0 個或更多
\d	代表數字的字元（和 [0-9] 的意義相同）
\w	組成一般字的字元（和 [a-zA-Z_0-9] 的意義相同）

　　正規表達式博大精深，這裡只是略舉一些例子來品香，真正要掌握它的內涵，熟悉各種千奇百怪的使用方法，還是得花時間去揣摩練習。在研究表達式的對策時，一般會去類似 https://regex101.com/ 這種網站，快速實驗不同表達式的效果。

▷ 4-8　字串函式庫

　　新增一個檔案 **src/lib/StringUtils.ts** ，在裡面宣告一個叫 StringUtils 的類別，並記得在宣告的地方加上 export 關鍵字。

```
/**
 * 檔案 src/lib/StringUtils.ts
 */
export class StringUtils {

}
```

capitalize(str)

功能：將一句英文裡每個字的第一個字母變成大寫。

我們可以用正規表達式快速完成這個工作。

```
...
/**
 * 將一句英文裡每個字的第一個字母變成大寫。
 * @param str 待處理的字串
 * @returns 字首大寫的字串
 */
public static capitalize(str: string): string {
    return str.replace(/\b\w/g, (v) => v.toUpperCase());
}
```

一行完事！是不是很帥。我們來拆解一下這一行程式到底在寫些什麼。

首先是 **str.replace()**，用來將字串中某些片段用指定的字來取代。下面提供一個簡單的例子來說明。

```
let str = ' 紅鳳凰、粉鳳凰，紅粉鳳凰花鳳凰 ';
let out = str.replace(' 鳳凰 ', ' 蝴蝶 ');
console.log(out);
```

```
// 執行結果
紅蝴蝶、粉鳳凰，紅粉鳳凰花鳳凰
```

可以看到 replace() 幫我們把句子中的第一個「鳳凰」用「蝴蝶」來取代。

我們可以改用 replaceAll() 來替換句子中的所有「鳳凰」，但是 replaceAll() 屬於最新的 JavaScript 語法，在本書寫作的時間，並非所有瀏覽器與 Node 版本都有實作這個函式，所以我們先忘掉這個函式吧。

要替換掉句子中所有的「鳳凰」，可以改用正規表達式。

```
let str = '紅鳳凰、粉鳳凰,紅粉鳳凰花鳳凰';
let out = str.replace(/鳳凰/g, '蝴蝶');
console.log(out);
```

```
// 執行結果
紅蝴蝶、粉蝴蝶,紅粉蝴蝶花蝴蝶
```

　　這個例子中的表達式為 **/鳳凰/g**，兩個斜線中間的是欲搜尋的字串，第二個斜線的右邊是表達式的參數，g 這個參數就是要將所有符合表達式的結果都搜出來，而不只是第一個搜尋到的結果。

　　replace() 的第二個參數是要用什麼字串來取代搜到的結果。這個參數除了能用一般的字串，其實還可以使用函式來處理比較複雜的字串替換，比如下面這樣。

```
let str = '紅鳳凰、粉鳳凰,紅粉鳳凰花鳳凰';
let out = str.replace(/鳳凰/g, (value, offset) => {
    return value + offset;
});
console.log(out);
```

```
// 執行結果
紅鳳凰1、粉鳳凰5,紅粉鳳凰10花鳳凰13
```

　　其中的 offset 參數是在搜尋過程中，找到「鳳凰」在原字串裡的位置。

　　理解了 replace() 的運作方式後，我們再來看看在轉換字首成為大寫的表達式裡所使用那些奇形怪狀的 **/\b\w/g** 是什麼意思。

- **\b**：將文字隔開的邊界，如空白、減號、句子的開頭等。
- **\w**：可作為文字的字元，如英文的 a 到 z 與數字 0 到 9 或底線（_）。

　　因此 **\b\w** 就代表了一個英文字的第一個字元，因為前面是文字邊界，後面是英文字母，那不正是我們要尋找的對象！

使用 **\b** 來判斷字首還有一個好處，就是這個文字邊界並不會出現在搜尋到的結果裡，比如用這個表達式去搜 **spider-man** 這個字串，搜尋結果應該會有開頭的 **s** 和中間的 **-m** 。其中第二個結果 **-m** ，因為 **-** 是文字邊界（**\b**），而 **m** 是文字（**\w**），但因為文字邊界不會被放到結果字串，所以實際的兩個搜尋結果會是 **s** 和 **m** 。

最後在表達式的後面加上 g，表示要替換句子中所有的字首。

replace() 的第二個參數用的是 **(v) => v.toUpperCase()** 。如果看不習慣箭頭函式，我們也可以改成下面這樣的寫法，意思一樣。

```
str.replace(/\b\w/g, function(v) {
    return v.toUpperCase()
});
```

雖然上面寫的函式看起來很棒，不過其實這裡頭有個問題，就是會錯誤地處理「don't」這種英文縮寫。

```
let str = "clothes don't make the man";
let out = StringUtils.capitalize(str);
console.log(out);
```

```
// 執行結果
Clothes Don'T Make The Man
```

上面 Don'T 中的 T 不應該變成大寫，但由於它前面有個引號，符合 **\b\w** 的規則，所以也被改成了大寫。要修正這個問題有很多方法，這邊我們選一個最容易理解的方法，去改 replace() 的第二個參數，也就是替換字串的函式。

```
/**
 * 將一句英文裡每個字的第一個字母變成大寫。
 * @param str 待處理的字串
```

```
 * @returns 字首大寫的字串
 */
public static capitalize(str: string): string {
    return str.replace(/\b\w/g, (v, offset) => {
        if(str[offset - 1] != "'") {
            return v.toUpperCase()
        } else {
            return v
        }
    });
}
```

　　我們在處理替換字元前，先檢查一下上一個字元是不是單引號。如果上一個字元不是單引號才要讓字元變大寫，否則就不做改變，這樣就可以正確處理英文縮寫的問題了。

▷ 4-9　測試字串函式庫

　　新增檔案 **src/test/StringUtils.test.ts** 來測試我們剛剛寫的函式。

```
import { test, expect } from 'vitest'
import { StringUtils } from '../lib/StringUtils';

test('capitalize', () => {
    // 檢查一般句子
    expect(StringUtils.capitalize("you are a good-person."))
        .toBe("You Are A Good-Person.");
    // 檢查英文縮寫
    expect(StringUtils.capitalize("clothes don't make the man."))
        .toBe("Clothes Don't Make The Man.");
});
```

本章網址匯總

◢ https://www.w3schools.com/jsref/jsref_obj_array

圖 4-4　JS 陣列的說明文件

◢ ttps://regex101.com/

圖 4-5　可實驗 RegExp 的網站

第 **5** 章

增修別人的函式庫

我們在第三章使用 Pixi 函式庫來畫圖，在上一章建立了自己的函式庫，把常用的程式碼獨立出來，讓專案裡不同的地方能方便地呼叫使用。

這一章，我們將要挑戰如何修改別人寫好的函式庫，說得具體一點，就是要修改 Pixi 幫我們寫好的東西。

▷ 5-1　為什麼要改別人寫好的函式庫

我們先來看看下面這段程式再來解釋。

```
import { Point } from "pixi.js";

// 用 Pixi 提供的 Point 定義一個向量
let p = new Point(3, 4);
// 計算向量的長度
let length = Math.sqrt(p.x * p.x + p.y * p.y);
console.log('向量長度 = ' + length);
```

上面這段程式很明顯地，會在終端機印出「向量長度 = 5」。不過我們突然想到，這個向量長度好像不該我們自己算呀，難道我們不能直接用 **p.length()** 來取得向量長度嗎？

可惜翻遍了 Pixi 的文件，發現 Point 並沒有給我們這個功能。得知這個傷心的消息後，請問你放棄了嗎？我放棄了嗎？我們的程式魂放棄了嗎？不可能！

狠話放完，但具體該怎麼做呢？我們可以自己寫一套向量相關的函式庫，或是乾脆寫個 Vector 類別來取代 Point。

可是問題來了，所有 Pixi 繪圖元件裡放的都是 Pixi 自己的 Point 呀，難道我們每次都要把 Point 複製成 Vector，再取用 Vector 裡面的功能嗎？這樣好像太蠢了吧。

那麼就寫個 PointUtils，用靜態函式 PointUtils.length(point) 來計算 Point 的長度吧！但這樣好醜，為什麼就不能用 point.length() ？我想要 point.length() 啊！

別哭了，JavaScript/TypeScript 允許我們增修別人寫好的函式庫，開心了吧。

▷ 5-2　在專案內增修函式庫的方法

我們就用 Pixi 提供的 Rectangle（矩形）來作為增修函式庫的實驗對象吧，畢竟在遊戲中，矩形的使用量是十分可觀的。

和上一章類似，我們新增檔案 **src/lib/RectUtils.ts** 來進行 Rectangle 的增修工作。

首先試著為 Rectangle 新增一個函式，用來檢查一個矩形是否完全被圍在另一個矩形裡面。雖然 Pixi 並沒有為 Rectangle 提供這個功能，但感覺這會是個很有用的函式。

```
import { Rectangle } from "pixi.js";

Rectangle.prototype.containsRect = function(other: Rectangle) {
    return (
        other.x >= this.x &&
        other.y >= this.y &&
        other.right <= this.right &&
        other.bottom <= this.bottom
    )
}
```

以上是在 JavaScript 中，為類別定義新函式的方法。只要取出類別的 **prototype** 屬性，在其中增加新函式的定義，那麼所有以 **new Rectangle()** 所建立的實體都會有這個新函式可用。

　　理論上來說，執行完上面這段程式後，我們再實施如下操作，就可以正確檢查一個矩形是否在另一個矩形之中。

```javascript
// 建一個左上角在 (0,0)，長寬為 100x100 的矩形
let rect = new Rectangle(0, 0, 100, 100);
// 再建個小一點的矩形
let smallRect = new Rectangle(10, 10, 20, 20);
// 然後用我們的新函式來檢測
let result = rect.containsRect(smallRect);
// 這時的 result 應該會是 true
console.log(result);
```

　　雖然實際在執行時會按我們所想的運作，但是 TypeScript 表示它不開心，給了我們兩個相同的錯誤警告。

```typescript
import { Rectangle } from "pixi.js";

Rectangle.prototype.containsRect = function(other: Rectangle) {
    return (
        other.x >= this.x &&
        other.y >= this.y &&
        other.right <= this.right &&
        other.bottom <= this.bottom
    )
}

// 建一個左上角在(0,0)，長寬為100x100的矩形
let rect = new Rectangle(0, 0, 100, 100);
// 再建個小一點矩形
let smallRect = new Rectangle(10, 10, 20, 20);
// 然後用我們新定義的函式來檢測
let result = rect.containsRect(smallRect);
// 這時的 result 應該會是 true
console.log(result);
```

▲ 圖 5-1　TypeScript 語法錯誤

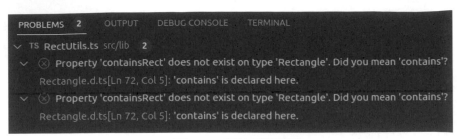

▲ 圖 5-2　語法錯誤訊息

錯 誤 的 內 容 是 說，在 Pixi 提 供 的 Rectangle，並 不 存 在 名 為 containsRect 的屬性，還問我們要的是不是 'contains'，因為 Rectangle 有提供 contains(x,y) 這個函式，用來判斷一個座標是否在矩形內。

TypeScript 是從函式庫的其中一個檔案 **Rectangle.d.ts** 得知矩形類別裡有哪些屬性，這個檔案可以在 **node_modules/@pixi/math/lib/shapes** 找得到。所有支援 TypeScript 的函式庫都會提供一份 **.d.ts**，告訴 TypeScript 這個函式庫裡提供什麼給程式設計師使用。

因為在 **Rectangle.d.ts** 裡找不到 containsRect 屬性，所以 TypeScript 認為我們寫錯了。

除此之外，當我們想寫 **rect.containsRect** 寫到一半 **rect.co** 的時候，TypeScript 給我們的程式補完選項也不會包含 containsRect，這讓我們程式寫得很不稱手。

```
let rect = new Rectangle(0, 0, 100, 100);
let smallRect = new Rectangle(10, 10, 20, 20);
let result = rect.co
console.log(result); ⊗ contains          (method) Rectangle.contains
                     ⊗ copyFrom
                     ⊗ copyTo
                     ⊗ clone
                     □ ctor
```

▲ 圖 5-3　程式補完選項不足

為了解決這些問題，我們要想辦法侵入 Pixi 模組，在 Pixi 模組裡為矩形增加新的屬性。以下就是新的 RectUtils.ts。

```
import { Rectangle } from "pixi.js";

declare module "pixi.js" {
    class Rectangle {
        /**
         * 檢查另一個矩形是否在這個矩形內
         * @param other 另一個矩形
         */
        containsRect(other: Rectangle): boolean;
    }
}

Rectangle.prototype.containsRect = function(other: Rectangle) {
    return (
        other.x >= this.x &&
        other.y >= this.y &&
        other.right <= this.right &&
        other.bottom <= this.bottom
    )
}
```

上面程式中的 **declare module** 區塊，就是我們入侵 Pixi 模組，並為 Rectangle 類別定義新函式的方法。如此一來，剛剛出現的錯誤警告就都消失了，而且在我們撰寫程式碼的時候，編輯器的程式補完選項也會多出我們剛剛定義的函式。

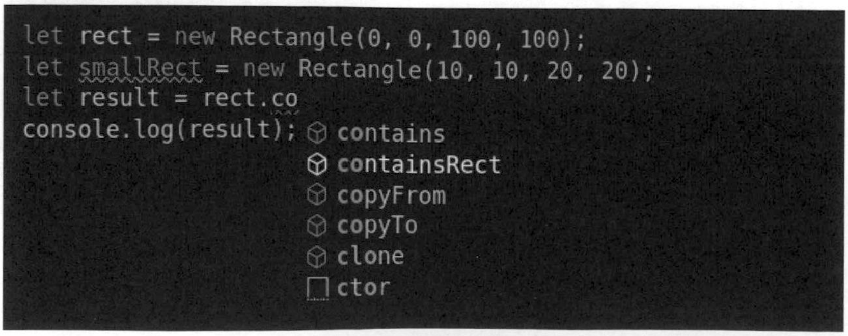

▲ 圖 5-4　程式補完選項

是不是很完美？雖然百分之九十九的函式庫都能用這樣的方法來增添新內容，不過其實不是所有的類別都能這樣增修，等一會兒我們就會看到另一個更需要編修的 Point 類別，是怎麼利用別的技巧來定義新函式。

▷ 5-3 RectUtils 的測試

即使是改別人的函式庫也是要放到測試裡，才能確保函式庫能保持運行正確。

新增檔案 **src/test/RectUtils.test.ts** 並加上一段測試 containsRect 的功能。

```
import { Rectangle } from 'pixi.js'
import { test, expect } from 'vitest'

test('containsRect', () => {
    let rect = new Rectangle(0, 0, 100, 100);
    let smallRect = new Rectangle(10, 10, 20, 20);
    expect(rect.containsRect(smallRect)).toBe(true);
})
```

感覺應該沒問題的測試碼卻出現了以下錯誤。

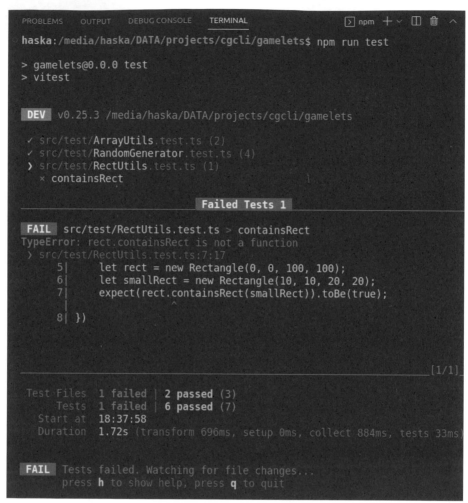

PROBLEMS　　OUTPUT　　DEBUG CONSOLE　　**TERMINAL**　　　　　　⟩ npm ＋ ∨ ⬚ 🗑 ∧

haska:/media/haska/DATA/projects/cgcli/gamelets$ npm run test

> gamelets@0.0.0 test
> vitest

DEV v0.25.3 /media/haska/DATA/projects/cgcli/gamelets

✓ src/test/ArrayUtils.test.ts (2)
✓ src/test/RandomGenerator.test.ts (4)
❯ src/test/RectUtils.test.ts (1)
　× containsRect

━━━━━━━━━━━━━━━━━━━━━━━━━ **Failed Tests 1** ━━━━━━━━━━━━━━━━━━━━━

FAIL src/test/RectUtils.test.ts > containsRect
TypeError: rect.containsRect is not a function
❯ src/test/RectUtils.test.ts:7:17
　　5|　　　let rect = new Rectangle(0, 0, 100, 100);
　　6|　　　let smallRect = new Rectangle(10, 10, 20, 20);
　　7|　　　expect(rect.containsRect(smallRect)).toBe(true);
　　 |　　　　　　　　　^
　　8| })

── [1/1]

Test Files 1 failed | **2 passed** (3)
　　 Tests 1 failed | **6 passed** (7)
　Start at 18:37:58
　Duration **1.72s** (transform 696ms, setup 0ms, collect 884ms, tests 33ms)

FAIL Tests failed. Watching for file changes...
　　　 press **h** to show help, press **q** to quit

▲ 圖 5-5　函式庫測試失敗

　　Vitest 說它不認識 rect.containsRect⋯怪了，剛剛不是還好好的，怎麼把測試碼搬到另一個檔案就行不通了？

　　等等，搬到另一個檔案⋯哦！我懂了，在 RectUtils.test.ts 執行程式時，壓根兒就沒有載入 RectUtils.ts 這個增修 Rectangle 的程式碼。測試檔的開頭只有載入 pixi.js 以及 vitest，並沒有載入 **'../lib/RectUtils'**，因此剛剛寫好的增修條文根本就忘了被拿出來執行。

我們手動載入編修檔，將測試檔改成下面這樣，然後再試一次。

```
import '../lib/RectUtils'
import { Rectangle } from 'pixi.js'
import { test, expect } from 'vitest'

test('containsRect', () => {
    let rect = new Rectangle(0, 0, 100, 100);
    let smallRect = new Rectangle(10, 10, 20, 20);
    expect(rect.containsRect(smallRect)).toBe(true);
})
```

漂亮！結果如下。

▲ 圖 5-6　函式庫測試通過

不過你可能會產生另一個疑問：「測試的時候，我們可以手動載入編修檔，但實際寫遊戲的時候，難道每個用到 Rectangle 的地方都要手動載入一次編修檔嗎？這樣不會太麻煩了嗎？而且重點是，如果有一處忘了手動載入，TypeScript 也不會在撰寫時報錯，那出現 Bug 時不就很難找嗎？」

這些問題都非常有道理，不過同學稍安勿躁，我們有好方法可以解決這些問題。

解決之道很簡單，就是找一個遊戲必定最先執行的程式檔，把載入編修檔的工作加入這個最優先被執行的檔就好了。最優先被執行的檔，對我們的專案而言就是 **src/main.ts** 。

打開 **src/main.ts** ，在開頭第一行載入 RectUtils。

```
import './lib/RectUtils'
import { Application, Graphics } from 'pixi.js';
import './style.css'

let app = new Application<HTMLCanvasElement>();
document.body.appendChild(app.view);
...
```

如此一來，以後不管在哪個檔案裡，都能放心使用 Rectangle 裡的 containsRect()。

不過由於測試檔在執行測試時不會執行 **main.ts** ，所以測試檔還是得自己載入 RectUtils。

請記得編修檔的載入要放在最前面，也就是 **main.ts** 的第一行。載入一個 ts 檔，實際上就是執行那個檔案內的程式，若是 import 的順序沒搞好，也可能造成 Bug。

▷ 5-4 　增修 Point 類別

按照剛剛編輯 Rectangle 的方法，我們依樣畫葫蘆，把計算向量長度用的 length() 加進 Pixi 的 Point。

依下面的內容新增檔案 **src/lib/PointUtils.ts** 。

```
import { Point } from 'pixi.js'

declare module "pixi.js" {
    class Point {
```

```
    /** 計算向量的長度 */
    length(): number
  }
}

Point.prototype.length = function() {
    return Math.sqrt(
        this.x * this.x + this.y * this.y
    )
}
```

然後記得在 main.ts 的開頭把這個編修檔載入。

```
import './lib/RectUtils'
import './lib/PointUtils'
import { Application, Graphics } from 'pixi.js';
import './style.css'

let app = new Application<HTMLCanvasElement>();
document.body.appendChild(app.view);
...
```

結果出乎意料，TypeScript 居然還是報給我們兩個錯誤。

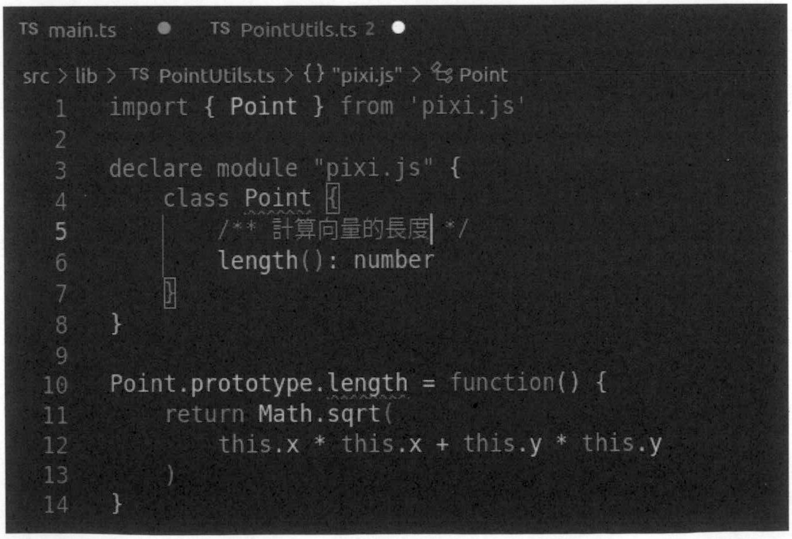

▲ 圖 5-7　增修 Point 出現的錯誤

錯誤訊息如下。

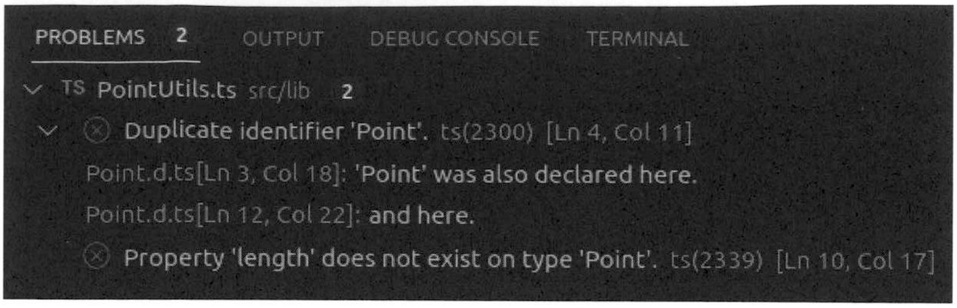

▲ 圖 5-8　增修 Point 出現的錯誤訊息

TypeScript 說它發現 Point 被重覆定義了，而且兩次的定義都在 Pixi 裡面的 Point.d.ts。

Point.d.ts 位於 **node_modules/@pixi/math/lib**。

這個錯誤發生的原因很詭異，不過簡而言之，就是在 npm 模組的 d.ts 檔裡面，宣告 class 會等同於宣告一個 interface，而兩個同名的 interface 放在一起時，TypeScript 會合併它們的屬性。但是一旦在專案中把這個被重覆定義的東西拿出來，進行追加屬性的操作，TypeScript 就不樂意了。

那你說，先前的 Rectangle 在 Rectangle.d.ts 裡，同樣也有宣告同名的 interface 和 class，為什麼就沒這個問題呢？

真的要打破砂鍋問到底的話，就要打開我們實際使用的 Pixi 型別宣告檔來看看了。npm 的函式庫通常都會附上 index.d.ts，讓專案知道函式庫裡定義了些什麼東西可以拿來用。Pixi 雖然看似一個模組，但其實包含了幾十個小模組在裡面，其中一個 d.ts 定義檔就在 **node_modules/@pixi/math/lib/index.d.ts**，下面我把這個檔的內容印出來參考。

```
/// <reference path="../global.d.ts" />
import { Circle } from './shapes/Circle';
import { Ellipse } from './shapes/Ellipse';
import { Polygon } from './shapes/Polygon';
```

```
import { Rectangle } from './shapes/Rectangle';
import { RoundedRectangle } from './shapes/RoundedRectangle';
export * from './IPointData';
export * from './IPoint';
export * from './Point';
export * from './ObservablePoint';
export * from './Matrix';
export * from './groupD8';
export * from './Transform';
export { Circle };
export { Ellipse };
export { Polygon };
export { Rectangle };
export { RoundedRectangle };
export * from './const';
export declare type IShape = Circle | Ellipse | Polygon | Rectangle |
RoundedRectangle;
export interface ISize {
    width: number;
    height: number;
}
```

可以看到它在第 5 行匯入了 Rectangle，但在匯出（export）時，只有匯出一個 Rectangle 類別，因此在 Rectangle.d.ts 裡雖有兩個同名的宣告，但在專案裡只看得到一個。

相對的在第 9 行，Pixi 直接把整個 Point.d.ts 全部匯出（匯出時使用星號，就代表整個檔案一起匯出），而 Point.d.ts 裡面有兩個同名的宣告被一起匯出到專案，讓專案產生重覆宣告的錯誤，這就是為什麼 Rectangle 行，Point 不行。

還好天無絕人之路，雖然我們不能改寫 Point，但因為 Point 類別實作了 IPoint 介面，所以我們改寫 IPoint 也可以達到定義新函式的目的，而我們在專案裡定義了同名的 interface 是不要緊的，因為同名的 interface 本來就被 TypeScript 允許合併。

Point.length() ▶

回到 **src/lib/PointUtils.ts** ，把內容改成這樣。

```typescript
import { Point } from 'pixi.js'

declare module "pixi.js" {
    interface IPoint {
        /** 計算向量的長度 */
        length(): number
    }
}

Point.prototype.length = function() {
    return Math.sqrt(
        this.x * this.x + this.y * this.y
    )
}
```

由於 Point 是一個實作了 IPoint 的類別，因此我們幫 IPoint 加了新函式後，Point 就覺得自己也應該有這個 length() 的功能，於是 TypeScript 認為我們只是改寫了 length() 的內容，沒有什麼大問題。

不過這樣還沒改完，因為實作了 IPoint 介面的可不只 Point，還有另一個 ObservablePoint 也實作了 IPoint 介面，而且 ObservablePoint 在 Pixi 內部被用到的頻率更高。

這個 ObservablePoint 和 Point 有什麼不同呢？ ObservablePoint 翻成中文就是可觀測的座標，意思是當 ObservablePoint 中的 x 或 y 被改變的時候，ObservablePoint 會發出訊號，讓外部的觀測者有辦法立時得知改變的發生。舉個實際應用的例子，就是在繪圖物件的座標被改變時，Pixi 能馬上發現並即時更新繪圖物件的碰撞邊界等屬性。

我們要幫 ObservablePoint 也加上和 Point 一樣的 length() 函式。

```
...
ObservablePoint.prototype.length = Point.prototype.length;
```

之後我們再繼續為 Point 加更多功能時，都會需要動兩個地方，一是在 pixi.js 模組內增加 IPoint 的屬性，一是在檔案最後加上兩個座標類別實際的函式內容。

Point.add(other), Point.sub(other) ▷

兩個向量相加與相減都是很常用的工具函式，我們把這兩個方法一起寫下來。

```
declare module "pixi.js" {
    interface IPoint {
        ...
        /** 加另一個向量，回傳新的向量 */
        add(other: IPoint): Point
        /** 減另一個向量，回傳新的向量 */
        sub(other: IPoint): Point
    }
}
...
Point.prototype.add = function(other: IPoint) {
    return new Point(this.x + other.x, this.y + other.y);
}
ObservablePoint.prototype.add = Point.prototype.add;

Point.prototype.sub = function(other: IPoint) {
    return new Point(this.x - other.x, this.y - other.y);
}
ObservablePoint.prototype.sub = Point.prototype.sub;
```

Point.scale(value) ▷

縮放向量也是常用的工具之一。

```
declare module "pixi.js" {
    interface IPoint {
        ...
        /** 縮放向量 */
        scale(value: number): this
    }
    ...
}
...
Point.prototype.scale = function(value: number) {
    this.x *= value;
    this.y *= value;
}
ObservablePoint.prototype.scale = Point.prototype.scale;
```

Point.normalize(length?)

向量的正規化是圖學中很常用的運算。正規化就是在維持向量方向不變的情況下，把向量的長度調整為 1。長度為 1 的向量稱為「單位向量」，是用來表示純方向的常用向量。

我們讓正規化的運算更彈性一點，加上一個代表長度的非必要參數，讓 normalize 可以把向量調整為指定的長度。

```
declare module "pixi.js" {
    interface IPoint {
        ...
        /** 將向量正規化，並回傳原本的向量長度 */
        normalize(length?: number): number
    }
}
...
Point.prototype.normalize = function(length: number = 1) {
    let originLength = this.length();
    // 如果向量原長不是 0 才有辦法調整長度
    if (originLength != 0) {
        this.scale(length / originLength);
    }
    return originLength;
}
```

```
ObservablePoint.prototype.normalize = Point.prototype.normalize;
```

　　函式的參數後面加上問號（?），表示這個參數是非必要的。在實作函式時，我們將 length 參數的預設值設為 1，所以當這個函式在被呼叫的時候，若沒有收到 length 參數，那麼 length 就會採用預設值 1 去進行計算。

Point.distanceTo(other)

　　計算距離另一個座標的距離，百分百必要的函式。

```
declare module "pixi.js" {
    interface IPoint {
        ...
        /** 計算距離另一個座標的距離 */
        distanceTo(other: IPoint): number
    }
}
...
Point.prototype.distanceTo = function(other: IPoint) {
    let dx = this.x - other.x;
    let dy = this.y - other.y;
    return Math.sqrt(dx * dx + dy * dy);
}
ObservablePoint.prototype.distanceTo = Point.prototype.distanceTo;
```

Point.rotate(rotation)

　　將向量旋轉一個角度。

```
declare module "pixi.js" {
    interface IPoint {
        ...
        /** 計算距離另一個座標的距離 */
        rotate(rotation: number): this
    }
}
...
```

上面定義的 rotate() 函式要回傳 this，表示哪個物件執行這個函式，就會回傳同一個物件，也就是自己（this）。

回傳 this 的好處，我們用下面這段程式來體會體會。

```
// 如果 rotate 不回傳 this
// 那麼我們只能這樣用極座標建立座標
// 參數：長度 =10，方向 =18 度 =0.1π
let p1 = new Point(10);
p1.rotate(Math.PI * 0.1);

// 如果 rotate 回傳 this，我們只需一行程式
let p2 = new Point(10).rotate(Math.PI * 0.1);
```

定義平面向量，除了使用（x, y）這種形式之外，極座標是另一種用長度及方向來表示向量的方法。在上面的範例中，我們不需要先用一行程式建立 Point，再用第二行來旋轉 p1.rotate()。一行搞定就是比較帥。

但這種回傳 this 的函式宣告，就不能沿用前面幾個函式的方法來實作函式內容。

我們來做個實驗，先不考慮向量旋轉的演算法，純粹讓函式回傳自己就好，那麼 TypeScript 會給我們一個錯誤示警。

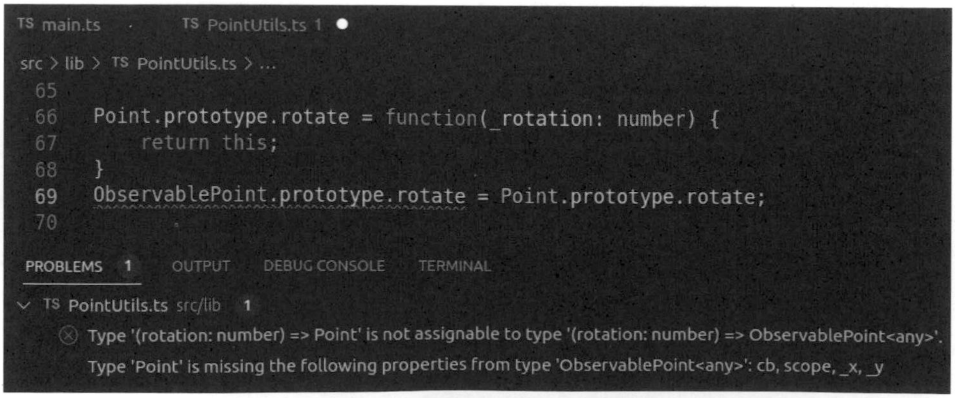

▲ 圖 5-9　Point 函式指派錯誤

　　錯誤訊息的意思是說，Point.prototype.rotate 回傳的 this，其型別是 Point，所以這個函式不能分享給 ObservablePoint 一起用，因為 ObservablePoint 的 rotate 應該要回傳的型別也要和自己一樣是 ObservablePoint 才可以。

　　Point 和 ObservablePoint 雖然同樣實作了 IPoint，但仍是不同的兩個類別（型別），不能混用。

　　為了解決這個問題，我們可以把旋轉的函式先用一般函式寫好，然後分別定義 Point 與 ObservablePoint 的 rotate()。

```
...
// 用泛型定義一個通用的旋轉函式
function vectorRotate<T extends IPoint>(vector:T, rotation:number):T {
    let cos = Math.cos(rotation);
    let sin = Math.sin(rotation);
    vector.set(
        vector.x * cos - vector.y * sin,
        vector.y * cos + vector.x * sin
    );
    return vector;
}
// 實作 Point 的 rotate()
Point.prototype.rotate = function(rotation: number) {
    return vectorRotate<Point>(this, rotation);
}
// 實作 ObservablePoint 的 rotate()
ObservablePoint.prototype.rotate = function(rotation: number) {
    return vectorRotate<ObservablePoint>(this, rotation);
}
```

　　完成！我知道同學又要舉手發問了「旋轉演算法裡的這些三角函數加來減去，是在變魔術嗎？」

　　同學可能不一定能一眼看得出為什麼是這樣計算，因此我們在這裡稍加說明。

首先要給同學建立一個向量的概念。假設有個二維向量 (3,2)，那麼我們可以說，這個向量是由三個 x 軸的單位向量加上兩個 y 軸的單位向量組成的。

$$3 \cdot (1,0) + 2 \cdot (0,1) = (3,0) + (0,2) = (3,2)$$

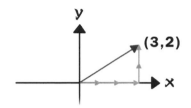

▲ 圖 5-10　座標等於向量和

現在我們再來看這個向量，如下圖旋轉一個角度 θ 後變成 P'(x', y')。

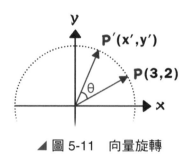

▲ 圖 5-11　向量旋轉

到這裡還是很難看出新的 P' 向量要怎麼算。

接著換個方式來看這個題目。我們不直接旋轉向量 P，而是連著 x 軸和 y 軸的整個座標平面都一起旋轉 θ 角度，然後再如下圖一般把頭歪著去看這個旋轉過的平面。

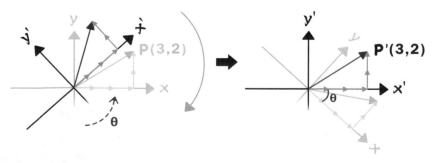

▲ 圖 5-12　座標旋轉

在上圖右方，我們發現如果歪著頭去看旋轉過的座標平面，那麼 P' 看起來就和原來一模一樣，仍然是（3, 2），不同的是，x' 軸的單位向量從（1, 0）變成了（cos θ, sin θ），而 y' 軸的單位向量從 （0, 1）變成（-sin θ, cos θ）。

你想問「為什麼單位向量變成這樣？」，我想說「一張圖勝過千言萬語。」

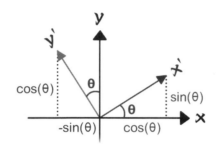

▲ 圖 5-13　旋轉後的雙軸單位向量

到這裡，同學應該看得出 P' 座標怎麼算了吧！ P' 的座標是三個旋轉過的 x' 軸單位向量，加上兩個旋轉過的 y' 軸單位向量。寫成數學式能讓我們看得更清楚。

$$P'=3 \cdot (cos\theta, sin\theta) + 2 \cdot (-sin\theta, cos\theta)$$

$$P'=(3 \cdot cos\theta - 2 \cdot sin\theta, 3 \cdot sin\theta + 2 \cdot cos\theta)$$

我們將 x 和 y 分開寫，順便把（3, 2）改成（x, y），那麼向量旋轉的公式就出來了。

$$x' = x \cdot cos\theta - y \cdot sin\theta$$

$$y' = x \cdot sin\theta + y \cdot cos\theta$$

同學可以比對一下函式庫裡寫的程式碼，是不是就這兩行旋轉公式。

Point.dot(other)

計算向量的內積（Dot product）。

```
declare module "pixi.js" {
    interface IPoint {
        ...
        /** 計算向量的內積 (dot) */
        dot(other: IPoint): number
    }
}
...
Point.prototype.dot = function(other: IPoint) {
    return this.x * other.x + this.y * other.y;
}
ObservablePoint.prototype.dot = Point.prototype.dot;
```

內積是向量的基本運算之一，在數學上是用一個小點來表示內積的運算子。

向量 a 與向量 b 的內積 =

$$\vec{a} \cdot \vec{b} = x_a \cdot x_b + y_a \cdot y_b$$

內積的實際運算從上面的程式碼就看得出很簡單，兩個向量的 x 乘積加上兩個向量的 y 乘積。雖然內積的計算這麼簡單，但對於解開許多幾何問題具有非常重要的地位。

兩個向量的內積，在幾何上的意義是兩個向量在其中一個向量的上的投影乘積。我們在後面實際寫遊戲的時候，會再對向量的內積及其幾何意義有更詳細的解說。

Point.det(other)

計算向量的行列式（Determinant）。

```
declare module "pixi.js" {
    interface IPoint {
        ...
        /** 計算向量的行列式 (determinant) */
        det(other: IPoint): number
    }
}
...
Point.prototype.det = function(other: IPoint) {
    return this.x * other.y - other.x * this.y;
}
ObservablePoint.prototype.det = Point.prototype.det;
```

也有人稱這個運算為二維向量的外積，不過一般我們說的外積都是三維以上才有的，而且外積的產物是一個垂直於兩個向量的第三個向量。為了不混淆，我們還是稱之為行列式。

二維行列式用數學式可以表示如下。

$$\vec{a} \times \vec{b} = \begin{vmatrix} x_a & y_a \\ x_b & y_b \end{vmatrix} = x_a y_b - x_b y_a$$

二維向量式在幾何上代表兩個向量夾起來的平行四邊形的面積。不過這個面積有正有負，簡單地講，在 Pixi 的平面上，第一個向量轉向第二個向量是順時針為正，逆時針為負；嚴謹一點的說法，行列式的正負號與兩個向量夾角的正弦值同號。

這個運算在遊戲中也有可能用到，比如要檢查兩個線段有沒有相交，用行列式來計算最有效率。

本書不會用到二維向量的行列式，同學若有興趣研究，可上 Youtube 參考拙作《射擊遊戲必學（下）：將子彈一刀兩斷的居合斬向量公式！》

▷ 5-5 PointUtils 的測試

有了 PointUtils.ts，自然要加一些測試工作。新增檔案 **src/test/PointUtils.test.ts**，先寫個 length() 的測試。

```
import '../lib/PointUtils'
import { ObservablePoint, Point } from 'pixi.js'
import { test, expect } from 'vitest'

test(' 兩種 IPoint 類別的向量長度 ', () => {
    let point = new Point(3, 4);
    let obPoint = new ObservablePoint(
        () => { }, // 座標改變時的回呼函式
        null,      // 回呼函式的 this 主體
        13500,
        12709
    );
    expect(point.length()).toBe(5);
    expect(obPoint.length()).toBe(18541);
})
```

跑一下 **npm run test** ，很順利地通過測試。

那麼繼續再加點測試工作。

```
...
test(' 向量正規化 ', () => {
    let point = new Point(3, 4);

    expect(point.normalize(100)).toBe(5);
    expect(point.length()).toBe(100);
})
```

上面測試一個長度為 5 的向量，正規化到長度 100，看看函式是不是有正確地運作。

繼續下個測試。

```
...
test(' 向量加減 ', () => {
    let point = new Point(3, 4);

    point = point.add(new Point(10, 10));
    expect(point).toEqual(new Point(13, 14))

    point = point.sub(new Point(1, 1));
    expect(point).toEqual(new Point(12, 13))
})
```

上面測試向量相加與相減後的結果是不是符合計算結果。

這邊用到了新的測試函式 **toEqual()** ，這個方法和之前的 **.toBe()** 不一樣，並不是直接去檢查 expect() 中的值是不是和 toEqual() 中的一模一樣，而是去檢查兩個物件中的所有屬性，看看他們的屬性是不是相同。在這裡的例子，toEqual() 會去檢查兩個座標裡面的 x 和 y 值是否完全相同。

接著再來測試向量旋轉。

```
...
test(' 向量旋轉 ', () => {
    let point = new Point(3, 4);
    point.rotate(Math.PI / 2);

    expect(point.x).toBe(-4)
    expect(point.y).toBe(3)
})
```

測試順利…咦！打臉了！

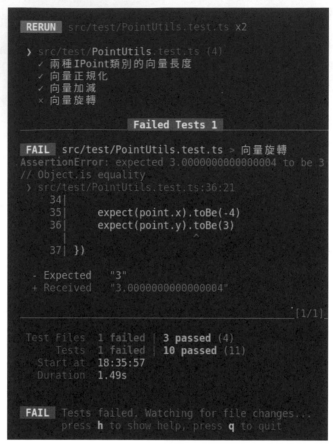

```
RERUN  src/test/PointUtils.test.ts x2

❯ src/test/PointUtils.test.ts (4)
  ✓ 兩種IPoint類別的向量長度
  ✓ 向量正規化
  ✓ 向量加減
  ✗ 向量旋轉

             Failed Tests 1

 FAIL  src/test/PointUtils.test.ts > 向量旋轉
AssertionError: expected 3.0000000000000004 to be 3
// Object.is equality
❯ src/test/PointUtils.test.ts:36:21
    34|
    35|        expect(point.x).toBe(-4)
    36|        expect(point.y).toBe(3)
                               ^
    37| })

 - Expected    "3"
 + Received    "3.0000000000000004"

                                              [1/1]

 Test Files  1 failed | 3 passed (4)
      Tests  1 failed | 10 passed (11)
   Start at  18:35:57
   Duration  1.49s

 FAIL  Tests failed. Watching for file changes...
       press h to show help, press q to quit
```

▲ 圖 5-14　向量旋轉測試失敗

我們依照向量旋轉的公式，用筆算旋轉 90 度（等於一半的 π），由於
cos90°=0, sin90°=1，因此得到一個很酷的向量旋轉 90 度的公式。

$x' = -y$

$y' = x$

測試裡寫的 **expect(point.y).toBe(3)** 應該是對的，但是測試告訴我們錯
了。我們期待 point.y 是 3，但實際上的 point.y 是 3 點零零零零⋯ 4。

　　會出現這問題，是因為 π 是個無限不循環小數，而瀏覽器的 V8 引擎裡所定義的 π 只精確到小數點以下 15 位，所以用一個有誤差的 π 去計算，其結果自然也會有那麼一丁點兒的誤差。

　　還好 Vitest 有提供 **toBeCloseTo()** 來代替 toBe() 檢查兩個數字是不是差異極小，剛好可以在這裡派上用場，幫我們檢查向量旋轉後的座標。

　　改寫後的測試碼變成下面這樣。

```
...
test(' 向量旋轉 ', () => {
    let point = new Point(3, 4);
    point.rotate(Math.PI / 2);

    expect(point.x).toBeCloseTo(-4)
    expect(point.y).toBeCloseTo(3)
})
```

　　這次 **PointUtils.test.ts** 就真的順利通過測試了。

　　好了，測試工作就先在此打住，一直測下去，同學要吃不消了。我們還是快來寫點有趣的吧。

本章網址匯總

◢ https://youtu.be/wScvWemS-8Y
圖 5-15　影片：行列式在幾何上的意義與應用

第 **6** 章

小樹枝上開朵花

從這一章開始，終於要實際做點會在螢幕上動的東西了。

本章要利用一個很簡單的分支演算法，畫一顆隨機生成的樹。我們將在實作的過程中學會用 Pixi 畫基本圖形，以及製作動畫的方法。

▷ 6-1 行前計畫

先來想一想樹木的生長方式大概是什麼樣子。

1.　一開始從地平面往上長出主幹（trunk），我們會給這個主幹兩個參數：

  • 樹幹的粗細。

  • 樹幹的高度。

2.　主幹長完後停止生長。

3.　停止生長的樹幹會生出下一段樹枝（branch），而生出樹枝時會有三個參數：

  • 分支的數量是一個、兩個還是沒有下一段樹枝。

  • 樹枝生長的方向。

  • 分支為二的情況下，兩個分支之間的夾角。

4.　樹枝的生長和主幹一樣，也會有粗細與長度兩個參數，不過這兩個參數會有一些規則：

  • 樹枝的粗細要比前一段樹枝再細一點

  • 樹枝的長度由粗細來決定（越細越短）

5.　當樹枝的粗細剩 1，那尾端就不再生出新的樹枝，改生一朵花。

6.　當樹枝的粗細為 4 或更細，那要沿著樹枝長出樹葉。

這邊先貼一張最後畫出來的樹，讓同學在寫程式的時候，比較容易想像每行程式產生的效果。

▲ 圖 6-1　樹木自動生成示範

上面那兩顆樹是用同一個演算法畫出來的，如果加上更多參數，我們還能畫出更多奇形怪狀的植物。

接著我們就來看看這個樹木生成器的程式是怎麼寫的吧。

▷ 6-2　TreeGenerator 程式入口

☻ 遊戲的程式入口 ▶

首先新增一個資料夾 **src/tree-generator** 來放這個遊戲的程式，然後在這個資料夾內新增 **TreeGenerator.ts** 作為遊戲的程式入口。

```
import { Application } from "pixi.js";

export class TreeGenerator {

    constructor(public app: Application) {

    }
}
```

接著在 **src/main.ts** 裡載入這個模組，並建立 TreeGenerator 的實體。

打開 **src/main.ts**，在檔案的最後新增一行 **new TreeGenerator(app)** 來建立我們的種樹遊戲。

```
...
new TreeGenerator(app);
```

我們把 Pixi 的 app 傳進去它的建構子，到時會需要 app 裡的一些功能，並在 app 的舞台（app.stage）上畫東西。

這時在 Problems 面板看到一個 TypeScript 的錯誤，表示它不知道 **TreeGenerator** 是什麼東西。

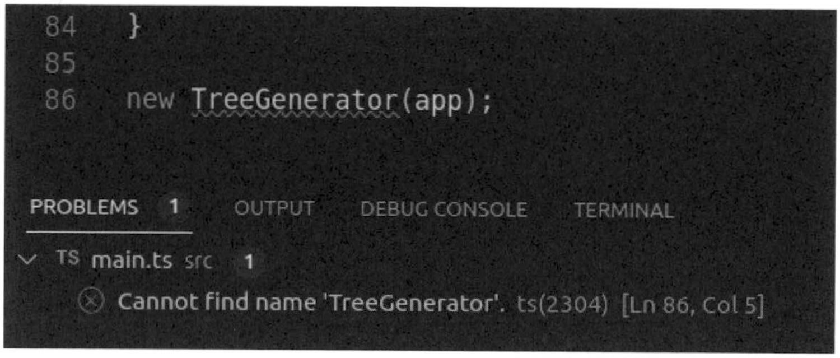

▲ 圖 6-2　使用到的類別沒有被 import 的錯誤

我們把游標移到 TreeGenerator 的最後一個字元，然後利用快捷鍵 **Ctrl + 空白鍵** 讓 VS Code 幫我們補上載入模組的程式碼，或是點擊藍色氣球以開啟快速修正視窗（Quick Fix），再選擇 VS Code 提供的修正選項。

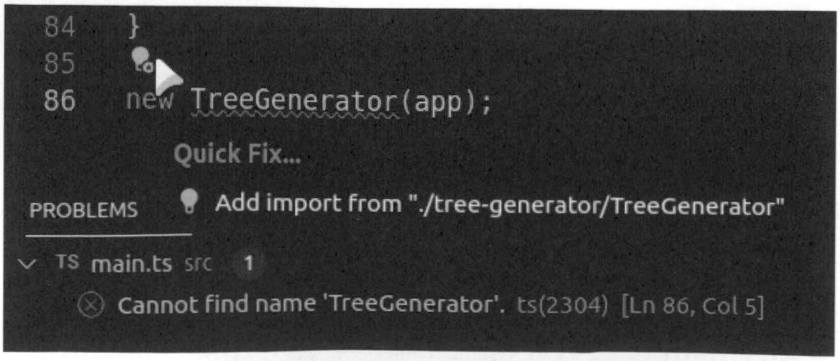

▲ 圖 6-3　VScode 的自動 import

在 VS Code 幫我們修正後，就可以看到檔案的開頭多了這一行程式。

```
...
import { TreeGenerator } from './tree-generator/TreeGenerator';
...
```

當然了，如果不想靠 VS Code 的幫忙，自己打上這一行也是可以的，
只不過聰明的你應該知道什麼樣的寫作習慣才是更有效率的吧。

那麼我們接著看看 TreeGenerator 裡要寫些什麼。

植樹參數

首先在 TreeGenerator 中加入植樹的過程中需要的參數。

```
...
export class TreeGenerator {
    // 植樹參數
    options = {
        seed: 1,                // 亂數種子
        trunkSize: 10,          // 主幹粗細
        trunkLength: 120,       // 主幹長度
        branchRate: 0.8,        // 分支機率
        drawSpeed: 3,           // 樹的成長速度
        leafBranchSize: 4,      // 這個粗細以下的樹枝會長葉子

        branchColor: 0xFFFFFF,  // 樹枝顏色
        leafColor: 0x00AA00,    // 葉子顏色
        flowerColor: 0xFF6666,  // 花的顏色
    }

    constructor(public app: Application) {

    }
}
```

這些參數都很容易理解，其中的「亂數種子」是用來建立亂數產生器，
提供一顆樹在成長過程中需要的亂數數列。

　　至於這些參數的預設數值，就當作是我猜的。這一章遊戲製作的最後會建立一個調整參數的界面，讓玩家可以自行嘗試調整參數，種出不同個性的植物。

　　我們將使用在第四章自製的亂數產生器，這樣就可以確保在亂數種子不變的條件下，樹木會獲得一樣的亂數數列。換句話説，同樣的亂數種子會種出一模一樣的樹，換一顆種子就可以種出全然不同的樹。

▷ 6-3　Branch 樹枝類別

　　要畫樹，先要有樹枝。把 TreeGenerator 放一邊，我們先新增檔案 **src/tree-generator/Branch.ts** 來設計樹枝的生長邏輯。

建構子

```
import { Graphics, Point } from "pixi.js";
import { RandomGenerator } from "../lib/RandomGenerator";
import { TreeGenerator } from "./TreeGenerator";

export class Branch {
    // 亂數產生器
    rng: RandomGenerator;
    // 子枝陣列
    children: Branch[] = [];
    // 繪圖器
    graphics = new Graphics();

    constructor(
        public tree: TreeGenerator,
        public options: {
            position: Point, // 出生位置
            angle: number,    // 生長方向
            size: number,     // 粗細
            length: number,   // 長度
            seed: number,     // 亂數種子
            color: number,    // 顏色
        }
    ) {
```

```
        this.rng = new RandomGenerator(options.seed);
        // 將 graphics 加到 Pixi 的舞台上
        tree.app.stage.addChild(this.graphics);
    }
}
```

建立一根樹枝時,除了需要知道這根樹枝是從哪個位置開始長(options.position),還要給它生長方向、粗細、長度及亂數種子等參數。類別中還需要一個儲存子枝的陣列(children),以及 Pixi 提供給我們用來畫圖的 Graphics 繪圖器。

在建構子中以參數給的種子建立這根樹枝的亂數產生器,讓它在生長過程中有亂數數列可以取用。此外,還要把 graphics 繪圖器加進 Pixi 的舞台,等一下才能在畫面上看到在 graphics 上畫出來的圖。

⬤ 解構函式 ▶

同學要養成一個習慣,在寫完建構子之後要接著寫一個相對的解構函式,當這個物件要被丟棄不用時,記得一定要呼叫這個函式把相關的物件銷毀,避免留下記憶體漏洞。

```
...
/**
 * 解構函式
 */
destroy(): void {
    this.graphics.destroy();
    this.children.forEach(child => child.destroy());
}
...
```

這邊可以注意一下,解構函式中會讓它的子枝也進行解構,這樣的呼叫方式是一種遞迴的精神,因為子枝在進行解構時,也會呼叫子枝的子枝的解構函式,這樣一層一層傳下去,就可以把一顆樹從主幹到最尾端的細枝一起銷毀。

╣ 計算樹枝尾端的位置 ▶

另外，我們要再寫一個工具函式，用來計算樹枝尾端的位置，這個位置可由出生位置、生長方向以及樹枝長度計算出來。

```
...
/**
 * 計算樹枝尾端的位置
 */
getEndPosition(): Point {
    const options = this.options;
    // 轉換生長角度為弧度
    const radians = options.angle / 180 * Math.PI;
    // 計算樹枝頭尾的向量
    let vector = new Point(options.length).rotate(radians);
    // 尾端 = 起點 + 生長向量
    return options.position.add(vector);
}
...
```

哇，上一章寫的函式庫，馬上就在這裡大展神威，太值得了。

╣ 建立子枝 ▶

這是 Branch 最重要的函式，用來產生接在這根樹枝尾端的子枝，行前計畫中的主要邏輯都會在這個函式中完成。

我們先把這個函式的架構寫好，再慢慢把細節補起來。

```
...
/**
 * 產生接在這根樹枝尾端的子枝
 */
createChildren(): void {
    const options = this.options;
    const treeOps = this.tree.options;
    const rng = this.rng;
    // 粗細比 1 大才會生出子枝
```

```
    if (options.size > 1) {
        // 亂數決定下一段是單枝還是要分兩枝
        if (rng.next() < treeOps.branchRate) {
            // 要分兩枝
            this.children = this.createTwoBranches();
        } else {
            // 只要單支
            this.children = this.createOneBranch();
        }
        // 讓子枝再去生孩子
        this.children.forEach(child => child.createChildren());
    } else {
        // 最細的樹枝尾端要長花
        let petals = this.createPetals();
        // petal 也是一段 Branch，只是參數不同
        this.children = this.children.concat(petals);
    }

    // 如果這個樹枝夠細，就讓它長葉子
    if (options.size <= treeOps.leafBranchSize) {
        let leaves = this.createLeaves();
        // leaf 也是一段 Branch，只是參數不同
        this.children = this.children.concat(leaves);
    }
}
...
```

　　寫完這個函式後，Problems 面板應該會多出四個錯誤訊息，因為我們在這裡用了四個尚未定義的函式。

```
createOneBranch()   // 從尾端長出一根分枝
createTwoBranches() // 從尾端長出兩根分枝
createPetals()      // 從尾端長出一團花瓣
createLeaves()      // 沿枝幹長出許多樹葉
```

　　先寫主體架構，把細節放到別的函式來實作，這種編輯程式的方法不但能幫助我們思考邏輯的大方向，保持思路的清晰，而且能事先把工作拆分成許多小工作，方便我們將難題簡化，也避免過長難讀的程式碼。

　　這段程式的一開始先檢查樹枝的粗細，因為子枝的粗細要更小，所以只有比 1 粗的樹枝才能在尾端生出更細的子枝。按這個邏輯，整顆樹的最外圍的枝幹尾端就會都是粗細為 1 的細枝，這些樹枝會用 createPetals() 在其尾端接上花瓣。

　　接著看要長新枝的部分。這裡要先用亂數決定要長出單枝還是雙枝，然後依決定使用 createTwoBranchs（生雙枝）或是 createOneBranch（生單枝）來產生子枝，並用屬性 children 將子枝存起來。

　　其 中 **rng.next() < treeOps.branchRate** 的 branchRate 是 定 義 在 TreeGenerator 的屬性參數，預設值是 0.8。

　　那 **rng.next() < treeOps.branchRate** 的機率問題是怎麼算的呢？我們先假設有一顆骰子，這顆骰子比較大顆，它的總面數有 100 面，這顆骰子擲出來從 1 到 100 每個面數的機率是平均的，都是 1% 的機率。那麼擲出數點為 2 或更小的機率就是點數 1 的 1% 加上點數 2 的 1%，共 2%。以此類推，擲出點數為 3 或更小的機率就是 3%，擲出點數為 4 或更小的機率就是 4%，擲出點數為 80 或更小的機率就是 80%。

　　我們把上面這個例子原封不動地整個縮小尺度 100 倍，那麼用 **rng.next()** 產出一個 0 到 1 的數字，就不難理解這個數字比 0.8 小的機率就是 80%。

　　搞懂這個機率問題後，我們再來看**讓子枝再去生孩子**的下一行。哇！居然在 createChildren 函式中，再次呼叫 createChildren()，讓所有的子枝也去產生它們各自尾端要連接的孫枝。這種在一個函式裡呼叫同一個函式的方法，我們稱為遞迴（Recursion）。

　　遞迴是程式設計中一種程式寫作的方法，藉由在一個函式裡呼叫自己的技巧，將複雜的邏輯簡化。以下舉一個簡單的演算法來快速認識遞迴。

　　現在來寫個函式，幫助我們在一串數字的陣列中找出最大的數字。一般不用遞迴的方法，就需要使用迴圈比對每筆資料，最後回傳最大的數值。

```typescript
function findBiggest(nums: number[]): number {
    // 預設第一筆資料為最大值
    let biggest = nums[0];
    // 從第二筆資料開始迴圈比對
    for(let i = 1; i < nums.length; i++) {
        if(nums[i] > biggest) {
            // 如果找到更大的數字，就替換 biggest
            biggest = nums[i];
        }
    }
    return biggest;
}
```

改用遞迴函式，就可能會變成下面這樣。

```typescript
function findBiggest(nums: number[]): number {
    // 若陣列不到兩個數字，就回傳第一個數字
    if(nums.length <= 1) {
        return nums[0];
    }
    // 用 findBiggest() 去找陣列第二筆到最後之間最大的數字
    // 再用這個找到的數字和第一個數字比大小，取大的回傳
    return Math.max(nums[0], findBiggest(nums.slice(1)))
}
```

　　使用遞迴的最大好處是保持函式邏輯的易讀性，而壞處則是較為消耗記憶體。遞迴的過程中就好像兩面鏡子互照的感覺，第一層函式在結束前就呼叫自己進入第二層遞迴，並在第二層結束前呼叫自己進入第三層，所有的函式都在等下一層函式結束才能繼續下去。

　　每一層被呼叫的函式產生的區域變數，在遞迴結束前都會留在記憶體。如果遞迴的層數太多，就會造成系統無法負荷，因此每個語言的執行環境都會設定一個遞迴層數的限制，如果超過這個限制，系統就會拋出「堆疊溢位（Stack Overflow）」的錯誤。

　　早期 IE6 大約超出一千層的函式堆疊就會造成堆疊溢位，而現今（2023年）較新瀏覽器的堆疊限制都已經超出一、兩萬層了。

另外，在電腦科學中已經證明，所有的遞迴函式都能用迴圈的方式來改寫，所以有些程式設計師在最後程式優化的階段，會把先前用遞迴寫的東西都以迴圈的方式改寫。

回到 createChildren() 的最後，檢查樹枝若是夠細（即 **options.size** 小於或等於 **treeOps.leafBranchSize** ），就讓這枝長上一排葉子。

看懂了這函式的思路，接著就要來實作那四個我們預支使用但還沒定義的函式。

♦ createOneBranch()

首先來寫個簡單的，產生下一根單獨的子枝。

```
/**
 * 從尾端長單枝
 */
createOneBranch(): Branch[] {
    const options = this.options;
    const treeOps = this.tree.options;
    const rng = this.rng;
    // 計算新枝的生長方向
    let angle = options.angle + rng.nextBetween(-20, 20);
    // 新枝要變細一點
    let size = options.size - 1;
    // 長度是用 size 去計算的 ( size 越小，長度越短 )
    let length = (size + 3) / (treeOps.trunkSize + 3) * 80;
    // 再把長度加一點亂數調味
    length *= rng.nextBetween(0.5, 1);
    // 創造新枝
    let branch = new Branch(
        this.tree,
        {
            position: this.getEndPosition(),
            angle: angle,
            size: size,
            length: length,
```

```
            seed: rng.nextInt(999999),
            color: options.color, // 枝幹同色
        }
    );
    // 以陣列的方式回傳這一根新枝
    return [branch];
}
```

創造新枝的工作主要就是計算新枝的各個參數。這些計算方式是依我的直覺寫出來的，同學也可以自己試試別的計算式，看看有沒有更合心意的計算結果。

◆ createTwoBranches()

創造雙枝的方法和單枝其實一樣，只是我們要加上兩個分枝之間要分開的角度。

```
/**
 * 從尾端長雙枝
 */
createTwoBranches(): Branch[] {
    const options = this.options;
    const treeOps = this.tree.options;
    const rng = this.rng;
    let branches: Branch[] = [];
    // 計算新枝的生長大方向
    let angleAvg = options.angle + rng.nextBetween(-20, 20);
    // 兩根樹枝的夾角在 30 度到 90 度之間
    let angleInBetween = rng.nextBetween(30, 90);
    // 計算兩根樹枝的生長方向
    let angles = [
        angleAvg - angleInBetween / 2,
        angleAvg + angleInBetween / 2,
    ];
    // 新枝要變細一點
    let size = options.size - 1;
    // 長度是用 size 去計算的（size 越小，長度越短）
```

```
let length = (size + 3) / (treeOps.trunkSize + 3) * 80;
// 迴圈以創造新枝
for (let angle of angles) {
    let branch = new Branch(
        this.tree,
        {
            position: this.getEndPosition(),
            angle: angle,
            size: size,
            length: length * rng.nextBetween(0.5, 1),
            seed: rng.nextInt(999999),
            color: options.color, // 枝幹同色
        }
    );
    branches.push(branch);
}
return branches;
}
```

從這段程式可以看到，生雙枝和生單枝的邏輯幾乎一樣，只是在加亂數調味時，要分開使用不同的亂數。

◆ createPetals()

從最細枝長出花朵的函式。這函式的邏輯是在樹枝的尾端長出一圈花瓣，而這些花瓣也是使用 Branch 來實作，只是我們客製它們的粗細及長度，並附上 TreeGenerator 所定義的花瓣顏色。

```
/**
 * 從尾端長花瓣
 */
createPetals(): Branch[] {
    const options = this.options;
    const treeOps = this.tree.options;
    const rng = this.rng;
    let petals: Branch[] = [];
    // 花瓣構成的圓的總角度
    let anglesTotal = 240;
```

```
    // 花瓣數量
    let count = 8;
    // 花瓣之間的夾角
    let angleInterval = anglesTotal / (count - 1);
    // 第一片花瓣的角度
    let startAngle = options.angle - anglesTotal / 2;
    // 迴圈 count 次，生出所有花瓣
    for (let i = 0; i < count; i++) {
        let petal = new Branch(
            this.tree,
            {
                position: this.getEndPosition(),
                angle: startAngle + i * angleInterval,
                size: 4,     // 花瓣的粗細
                length: 10, // 花瓣的長度
                seed: rng.nextInt(999999),
                color: treeOps.flowerColor,
            }
        );
        petals.push(petal);
    }
    return petals;
}
```

　　從 createChild() 的函式流程中，我們可以看到這些花瓣並不會執行
createChild()，所以花瓣尾端不會再生出別的東西。

♦ createLeaves()

　　長葉子就比較複雜一點了，我們要沿著樹枝的左右兩側，以一個間距長
出葉子，這些葉子與樹枝之間要保持一個夾角。

```
/**
 * 沿樹枝長葉子
 */
createLeaves(): Branch[] {
    const options = this.options;
    const treeOps = this.tree.options;
```

```
const rng = this.rng;
let leaves: Branch[] = [];
// 沿樹枝，每 6 個單位長度長一片葉子
let interval = 6;
// 轉換樹枝方向的單位為弧度，等一下計算向量時需要用
const radians = options.angle / 180 * Math.PI;
// 葉子與樹枝之間的夾角
let angleToLeaf = 60;
// 從離起點 0 距離開始，每次迴圈加點距離，直到超出樹枝範圍時離開
for (let dist=0; dist < options.length; dist+=interval) {
    // 計算葉子離起點的向量
    let vector = new Point(dist).rotate(radians);
    // 葉子的出生位置 = 樹枝起點 + 距離向量
    let leafPos = options.position.add(vector);
    // 隨機選擇葉子在樹枝的左邊還是右邊 (50% 左 ,50% 右 )
    let rightSide = rng.next() > 0.5;
    // 計算葉子的生長角度
    let leafAngle = options.angle + (
        rightSide ? angleToLeaf : -angleToLeaf
    );
    // 造一片葉子
    let leaf = new Branch(
        this.tree,
        {
            position: leafPos,
            angle: leafAngle,
            size: 3,
            length: 5 + options.size,
            seed: rng.nextInt(999999),
            color: treeOps.leafColor,
        }
    );
    leaves.push(leaf);
}
return leaves;
}
```

　　基本邏輯就是以樹枝的起點開始，從零距離依樹枝的方向逐步移動，一片一片地加葉子，直到距離超過樹枝的長度就停止迴圈。

在長葉子的時候，會以各 50% 的機率選擇要長在樹枝的左邊或是右邊。機率的控制和分支的機率一樣，使用 `rng.next() > 0.5` 就會有 50% 的機率讓 **rightSide** 為真，然後利用這個結果來計算葉子的生長角度。

其中 **rightSide ? angleToLeaf : -angleToLeaf** 這行程式中使用了**三元運算子（ternary）**。三元運算子包括一個問號和一個冒號，如果問號左側的判斷式為真，則使用冒號左邊的值，否則使用冒號右邊的值。

這一段程式如果換成一般的 if else 條件式，就會是下面這樣的感覺。

```
let leafAngle = options.angle;
if (rightSide) {
    leafAngle += angleToLeaf;
} else {
    leafAngle -= angleToLeaf;
}
```

畫樹函式

我們有了建立子枝的函式後，那麼主幹、枝葉及花朵都能跟著生出來，只要應用這個函式就能讓 TreeGenerator 種出一顆樹。

但是缺了樹木的繪圖函式，即使樹長出來了也看不見。所以我們還是乖乖把畫樹用的函式一鼓作氣地寫完吧。

draw(percent)

這個 draw(percent) 函式要使用 Pixi 提供的 Graphics 繪圖器畫出代表枝幹的線，呼叫時要給一個參數決定要畫多少進度，如果是 percent 是 0，代表還不要畫，如果 percent 是 0.5，就從起點畫到離終點一半的位置，如果 percent 是 1，則畫好畫滿。

在動筆之前，我們要先為 Branch 加上一個屬性，用來記錄我們畫到什麼進度了。

```
...
export class Branch {
    ...
    /**
     * 用一個屬性來記錄目前我們畫到什麼進度
     */
    drawnPercent = 0;
    ...
```

接著上一行程式，我們來寫畫樹的函式。

```
...
/**
 * 畫圖函式
 * @param percent 完成度的百分比 (0-1)
 */
draw(percent: number): void {
    if (this.drawnPercent == percent) {
        // 如果我們剛剛就是畫到這個百分比，那就不用重畫了
        return;
    }
    const options = this.options;
    const start = options.position;
    // 樹枝生長方向的向量 = 生長終點 - 起點
    let vector = this.getEndPosition().sub(start);
    // 在生長到 percent 時的終點
    let end = new Point(
        start.x + vector.x * percent,
        start.y + vector.y * percent
    );
    // 準備畫線，先清除之前畫的東西
    this.graphics.clear();
    // 設定畫線筆刷
    this.graphics.lineStyle({
        width: options.size,
        color: options.color,
    });
    // 移動筆刷到起點 ( 這行不會畫出線條 )
    this.graphics.moveTo(start.x, start.y);
```

```
// 畫線到終點
this.graphics.lineTo(end.x, end.y);
// 記錄我們現在畫到哪兒了
this.drawnPercent = percent;
}
```

◖ 遞迴畫出完整一顆樹 ◗

　　接下來寫另一個 Branch 的畫圖函式，但是這個函式會使用遞迴的方式，除了用 draw() 把自身畫完，還會呼叫子枝（children）去畫它們自己。那些子枝在畫自己時，又會再呼叫子枝的子枝，這樣一棒一棒傳下去，我們只要呼叫最粗主幹的畫圖函式，就能畫完一整顆樹。

```
...
/**
 * 遞迴式畫圖函式
 * @param timepassed  給我畫圖的時間
 */
drawDeeply(timepassed: number): void {
    const options = this.options;
    const treeOps = this.tree.options;
    // 畫完本枝需要的時間 = 本枝長度 / 畫圖速度
    let timeToComplete = options.length / treeOps.drawSpeed;
    // 需要畫出來的進度，限制進度最大到 1( 即 100%)
    let percent = Math.min(1, timepassed / timeToComplete);
    // 畫出本枝
    this.draw(percent);
    // 把經過時間減掉畫完本枝需要的時間
    timepassed -= timeToComplete
    // 若時間還有剩，就把這時間丟給子枝們去畫
    if (timepassed > 0) {
        this.children
            .forEach(child => child.drawDeeply(timepassed));
    }
}
```

　　等會兒我們會利用這個遞迴式的畫圖函式，來製作樹木生長的動畫。

所謂動畫，就是依時間的流動，變化遊戲的畫面，所以這個函式必須有一個感知時間流動的參數，也就是參數 timepassed，畫圖的時間點。

如果 timepassed 是 0 或負數就代表還沒有到動筆的時間。隨著 timepassed 越來越大，函式內就要畫出越完整的枝幹全貌。

當時間多到畫完枝幹全貌還有剩的時候，就把剩餘時間傳給子枝們去畫圖，這樣就能描繪出整顆樹的成長動畫。

好了，Branch 的設計已經完成，我們可以回頭去 TreeGenerators 裡加寫程式碼了。

▷ 6-4　大樹生長的準備工作

打開 **src/tree-generator/TreeGenerator.ts** ，準備要種一顆大樹嘍。

首先在 TreeGenerator 裡再加一個製作動畫用的資料屬性。

```
...
export class TreeGenerator {
    ...
    // 畫圖時用的資料
    drawingData?: {
        mainTrunk: Branch  // 樹的主幹
        timepassed: number // 畫圖的經過時間
    }
```

這個資料是一個由主幹與經過時間組成的物件。如果 Problems 面板告訴你要載入 Branch 模組，那就使用我們先前教過的技巧，讓 VSCode 幫我們在檔案的頂端加上載入模組的程式。

```
import { Branch } from "./Branch";
```

方法一：在 Branch 的尾端，使用快捷鍵 Ctrl + 空白鍵
方法二：按藍色氣球，開啟快速修正視窗 (Quick Fix)

這邊要注意一下 drawingData 後面的問號（?）。同學可以試試把這個問號拿掉，那麼 Problems 面板就會給你一個錯誤。

```
Property 'drawingData' has no initializer and is not definitely assigned in
the constructor.
```

這則錯誤是說，我們宣告了一個屬性，但是沒有給它一個初始值，也沒有在建構子中指定一個物件給它。

如果在屬性的後面加上一個問號 **drawingData?**，那麼就是告訴 TypeScript，這個屬性可以是未定義（undefined）的，不一定非得給它初始值不可。

那麼這個動畫資料裡面的兩個屬性有什麼用呢？

首先，mainTrunk 是大樹的第一根主幹，因為主幹裡有著支幹的資料（children），而每個支幹也儲存著它們各自的子枝，所以只要拿著主幹，就等於擁有整顆樹的資料。

其次是 timepassed 這個數字資料。看字義就知道這是個時間相關的屬性，在稍後畫圖時，我們會需要這個資料來記憶已經畫了多久，並由這個經過時間來決定樹要畫到什麼進度。

建立新樹及動畫資料

接著我們去 TreeGenerator 的建構子加點程式。

```
export class TreeGenerator {
    ...
    constructor(public app: Application) {
        // 建立一顆新樹
        this.newTree();
    }
```

在建構子中，我們用 newTree() 來建立一顆新樹，但這個函式還沒定義。不用擔心，我們馬上接著寫。

```
/**
 * 種一顆新樹
 */
newTree(): void {
    if (this.drawingData) {
        // 如果之前有舊的樹，把舊的樹砍了
        this.drawingData.mainTrunk.destroy();
    }
    const treeOps = this.options;
    const stageSize = getStageSize();
    // 計算舞台左右置中的底部位置，作為主幹的出生位置
    let treePos = new Point(
        stageSize.width / 2,
        stageSize.height
    );
    // 種一顆新樹
    let mainTrunk = new Branch(
        this,
        {
            position: treePos,
            angle: -90,
            size: treeOps.trunkSize,
            length: treeOps.trunkLength,
            seed: treeOps.seed,
            color: treeOps.branchColor,
        }
    );
    // 讓主幹去開枝散葉
    mainTrunk.createChildren();
    // 初始化繪圖動畫需要的資料
    this.drawingData = {
        mainTrunk: mainTrunk,
        timepassed: 0,
    };
}
```

種新樹，要先把舊樹砍了，然後依參數去建立新的大樹。其中新樹的位置參數，我們設在舞台底部且左右置中的位置。這裡用到從 main.ts 匯出的 getStageSize()，所以需要在檔案開頭匯入 main.ts 模組。

```
import { getStageSize } from "../main";
```

新樹的生長方向為 -90 度。角度 0 度是 x 為正且 y 為 0 的方向，然後順時針角度為正，逆時針角度為負，因此 -90 度就是正上的方向。

角度會有這些規則跟座標系有關，在 Pixi 的畫布上，原點在左上角，橫向的 x 軸由左往右變大，縱向的 y 軸由上往下變大，和一般在迪卡爾平面上的 y 軸相反，所以旋轉角度的正負可能和同學以前在課本上學到的不一樣，這邊要特別注意。

把樹的出生位置放在舞台底部置中，再把生長方向指定向上，這樣就會符合我們讓樹從土地向上生長的期待了。

整顆樹的資料都有了，接下來要讓這顆樹以動畫呈現從主幹長到最後花朵的過程。

❂ 動畫的幀 (frame)與 FPS ❂

這裡先介紹一些動畫的詞彙，以利接下來的討論。

幀（frame）：畫面上每次的變動，就是一幀畫面。動畫就好像一疊厚厚的畫面疊在一起，然後再一幀一幀地抽掉，從觀眾的角度來看，就好像畫面裡的東西動了起來。

FPS（frame per second）：FPS 又稱 Frame Rate，即我們抽換每幀畫面的速度，單位是「每秒抽幾幀畫面」，這和每幀畫面停留在畫面上的時間成反比。FPS 越大，動畫速度越快，越能展現精緻的動畫細節。

日本動畫的 FPS 從每秒 8 幀到 24 幀都有；電影則是每秒 24 幀或 30 幀；遊戲的話比較不一定，通常都是每秒 60 幀以上。

不過由於遊戲中可能有大量的邏輯運算，所以不像動畫或電影容易保持固定的 FPS，當畫面上的敵人太多，或是 AI 需要思考的邏輯太複雜，那麼 FPS 就可能中途降低再回升。

遊戲在 FPS 不穩定的狀況下，要如何讓玩家仍然感覺遊戲流速的穩定，那就是一門學問了。

動畫的更新循環

要實作動畫，就要掌握時間的流動。如果我們可以每一小段時間執行一個更新圖案的函式，相當於每一小段時間都製作一幀的畫面取代舊的那幀，那麼在螢幕上就會看到圖案動了起來。

要怎麼做才能讓我們的函式能夠每一小段時間就被執行一次呢？瀏覽器提供了一些方法。

◆ setTimeout(fn, delay, param1, param2, …)

這個函式告訴瀏覽器，在一段時間後（delay 毫秒）要執行指定的函式（fn），並且還可以附上執行函式時要給的參數（param1, param2,…）。

我們在 main.ts 的最後寫下這段程式來測試。

```
function print(something: string) {
    let now = new Date().toLocaleTimeString()
    console.log(now + ": " + something);
}
// 馬上印出第一個字
print("Hello");
// 十秒後再印出第二個字
setTimeout(print, 10000, "World!")
```

```
// 執行結果
10:29:47: Hello
10:29:57: World!
```

從 Console 中可以看到，"World!" 出現在 "Hello" 的十秒之後。記得測完後，把這段程式給刪了。

另外補充一點，setTimeout() 就好比向瀏覽器預約一項服務，瀏覽器會回傳一個數字作為收據。如果在瀏覽器執行指定的函式之前，想要取消這次的預約，可以使用 **clearTimeout(receipt)**，其中的 receipt 就是 setTimeout() 函式回傳的收據。

◆ setInterval(fn, delay, param1, param2, …)

這個函式和 setTimeout() 非常相像，不過使用 setInterval() 後，函式（fn）不但會在 delay 毫秒後被執行，而且之後每隔 delay 毫秒，函式（fn）都會持續地被呼叫。

我們再次在 main.ts 的最後寫段測試。

```
// 初始計數值
let count = 5;

function countDown() {
    let now = new Date().toLocaleTimeString()
    console.log(now + ": " + count--);
    if(count == 0) {
        console.log("時間到!");
        clearInterval(receipt);
    }
}
console.log("倒數計時: " + count--);
// 每秒呼叫一次 countDown()
let receipt = setInterval(countDown, 1000)
```

這段程式會設定一個持續被瀏覽器呼叫的函式，countDown()，每次被呼叫的時候，會印出時間及計數值，並且把計數值減一。

count-- 這種寫法在眾多語言中都很常見。先讀取 count 的值，再將 count 本身的值減一。相對的，--count 則是先將 count 的值減一，再讀取 count 的值。

在 count 降到 0 的時候，使用 **clearInterval(receipt)** 把瀏覽器持續幫我們呼叫函式的服務關掉。

```
// 執行結果
倒數計時：5
11:13:01：4
11:13:02：3
11:13:03：2
11:13:04：1
時間到！
```

這個方法在遊戲製作上有一個大問題──無法保持 FPS 的穩定。

使用 setInterval() 雖然可以讓函式每隔一段時間就執行一次，但它不會記得每次執行時遲到的時間，導至每幀本該執行的時間和實際被執行的時間差距越來越大。

舉例來說，假設我們設定 **FPS=60** ，那麼每一幀要停留的時間為 **1/60 ≈ 16 毫秒** ，那麼我們就可以用 **setInterval(fn, 16)** 來預約函式 fn 以每秒 60 次的頻率被執行。

不過瀏覽器執行預約函式的時間不是那麼準確，第一次執行函式 fn 可能發生在第 20 毫秒。瀏覽器在執行完 fn 之後，會安排第二幀執行 fn 的時間為 **20 + 16 = 第 36 毫秒** ，這樣同學能看出潛在的問題了嗎？對遊戲而言，我們期待第二幀會發生在 **16 + 16 = 第 32 毫秒** ，和實際狀態差了 4 個毫秒。這樣還沒完，雖然第二幀被安排在第 36 毫秒，但瀏覽器再次遲到，在第 40 毫秒才被執行，然後接著安排第三幀在第 **40 + 16 = 第 56 毫秒** ，這和遊戲預期的第三幀 **16 * 3 = 第 48 毫秒** 有 8 個毫秒的時間差。

這樣繼續玩下去，就會發現理想和實際的幀數越差越大，在一般網頁應用上可能不是那麼要緊，但是遊戲中的感覺就會比較明顯。如果是競速類的遊戲，或是需要網路連線同步的遊戲，那麼這個幀數的時間差造成的影響就會更大了。

⬥ requestAnimationFrame(fn)

requestAnimationFrame() 和 setTimeout() 很像,都是向瀏覽器預約一次函式的呼叫。

不同的是,requestAnimationFrame() 沒有設定延遲呼叫的時間長度,而是直接預約在下次最快能呼叫的時候去執行它。這裡的重點就是「下次最快能呼叫的時候」是什麼時候。

由於瀏覽器最重要的工作之一,就是在畫面上繪製所有的顯示物件。如果瀏覽器正繪圖到一半的時候,我們插嘴說這裡要改、那裡要改,那麼就很可能出現繪製錯誤的問題。

requestAnimationFrame() 就是專為解決這個問題而生的,用它去預約函式執行,其執行的時機一定會在下次畫面繪製完成之後,因而解決了 setTimeout() 以及 setInterval() 可能造成的畫面同步問題。

‖‖ 畫面同步(display sync)的問題,牽涉到硬體、瀏覽器與各種設定之間的配合,因此不一定所有的電腦上都會有這個問題。

不過使用這個方法,就需要靠我們自己計算每幀的時間間隔,自己管理函式的呼叫時機。我們再次在 main.ts 的最後寫段測試。

```typescript
// 定義 fps=2(每秒 2 幀)
let fps = 2;
// 換算每幀多少毫秒
let msPerFrame = 1000 / fps;
// 目前是第幾幀
let frame = 0;
// 下一幀應該要在什麼時候
let nextFrameTime = performance.now() + msPerFrame;

function frameUpdate(now: number) {
    // 檢查是否要進入下一幀
    if (now >= nextFrameTime) {
```

```
    // 前進一幀
    frame++;
    // 推進下一幀應該要發生的時間
    nextFrameTime += msPerFrame;
    // 顯示目前幀數
    console.log(' 第 ${frame} 幀：${now}');
  }
  // 再次預約 frameUpdate 的執行
  requestAnimationFrame(frameUpdate);
}
// 預約 frameUpdate 的執行
requestAnimationFrame(frameUpdate);
```

上面的範例會安排一個每秒更新兩次（FPS=2）的函式。這邊值得注意的是，requestAnimationFrame() 只會預約下一次的函式執行，所以每次執行 frameUpdate() 時，都要再次使用 requestAnimationFrame() 來預約再下次的函式執行。

另外在瀏覽器按約定去執行 frameUpdate(now) 的時候，會給函式一個目前時間的參數（now），這個參數也可以從 **performance.now()** 取得，代表從網頁程式開始執行至今所經過的毫秒數。

最後補充一點，和 setTimeout() 一樣，requestAnimationFrame() 也會回傳預約執行的收據，我們可以依這個收據取消預約。

```
// 示範用的空函式
function frameUpdate(now: number) { }
// 預約執行函式，並取得收據
let receipt = requestAnimationFrame(frameUpdate);
// 取消執行
cancelAnimationFrame(receipt);
```

◆ Pixi.Ticker

除了上述三種瀏覽器內建的循環更新方式，Pixi 為了讓遊戲開發者有更好的工具可以使用，提供了 **Pixi.Ticker** 這個管理時間的類別。我們可以在遊戲中自己新增 Ticker，也可以拿 **Pixi.Application** 裡面已經造好的 Ticker 出來使用。

`Pixi.Ticker` 的內部使用了 requestAnimationFrame() 來預約執行它內部的更新函式，所以 Ticker 的效果和 requestAnimationFrame() 幾乎一樣，只不過以 Ticker.add(fn) 來預約執行函式，這個函式會持續被執行，不需要像 requestAnimationFrame() 每次執行函式時都要再次預約。

Ticker 除了執行我們預約的函式之外，還會幫忙計算幀數以及目前實際的 FPS，有時我們會依據目前實際的 FPS 和理想中 FPS 作比較，來改變遊戲的邏輯運算方法，比如當我們發現 FPS 降到一個程度時，就可以考慮減少特效的數量或降低圖像的解析度，看看能不能把 FPS 給拉回來。

我們在 main.ts 的最後寫段程式來示範 Ticker 的使用方式。

```
let frame = 0;
/** Ticker 會給的參數：自上次執行以來經過多少幀 */
function frameUpdate(dframe: number) {
    let now = performance.now();
    frame += dframe;
    console.log(
        `第 ${frame} 幀，` +
        `FPS: ${Math.round(app.ticker.FPS)}, ` +
        `經過：${Math.round(now)}ms`
    );
    if (frame >= 5) {
        // 只更新到第五幀
        app.ticker.remove(frameUpdate);
    }
}
app.ticker.add(frameUpdate);
```

範例中使用 **app.ticker.add(fn)** 來註冊想要持續被執行的函式，而函式被執行的時候會給我們自上次執行以來所經過的幀數。這個幀數是以 FPS=60 的速度來計算的。換句話說，如果 **dframe == 1**，就代表距離上次函式被執行，過了 1 秒 /60 ≈ 16 毫秒。

```
// 執行結果
第 0.9589200000000017 幀，FPS: 63，經過 378ms
第 1.9756800000000032 幀，FPS: 59，經過 395ms
第 2.9871000000000016 幀，FPS: 59，經過 411ms
第 4.001160000000002 幀，FPS: 59，經過 428ms
第 5.0017200000000015 幀，FPS: 60，經過 445ms
```

　　我們可以從結果看到，FPS 不是那麼穩定，但是我們可以藉由幀數來判斷現在動畫中每個物件應該要移動的距離。可能有人會問，如果只是這樣的話，那麼我們用 requestAnimationFrame() 不是一樣可以達到同樣的效果嗎？

　　沒錯是沒錯，但 Ticker 其實還提供了控制時間流速的功能，方便我們快速實現遊戲的慢動作、快轉等功能。

```
let frame = 0;
function frameUpdate(dframe: number) {
    frame += dframe;
    let now = performance.now();
    console.log(
        ` 第 ${frame} 幀，` +
        ` FPS: ${Math.round(app.ticker.FPS)}, ` +
        ` 經過：${Math.round(now)}ms`
    );
    if (frame > 8) {
        // 停在第八幀
        app.ticker.remove(frameUpdate);
    } else if (frame > 4) {
        // 第四幀之後速度減半
        app.ticker.speed = 0.5;
    }
}
app.ticker.add(frameUpdate);
```

```
// 執行結果
第 1.3669799999999992 幀，FPS: 44，經過：253ms
第 2.367539999999998 幀，FPS: 60，經過：269ms
第 3.3551400000000005 幀，FPS: 61，經過：286ms
第 4.3557 幀，FPS: 60，經過：302ms
```

```
第 4.855979999999999 幀 , FPS: 60, 經過 : 319ms
第 5.370539999999998 幀 , FPS: 58, 經過 : 336ms
第 5.867969999999999 幀 , FPS: 60, 經過 : 352ms
第 6.343049999999999 幀 , FPS: 63, 經過 : 369ms
第 6.843329999999998 幀 , FPS: 60, 經過 : 385ms
第 7.329449999999999 幀 , FPS: 62, 經過 : 401ms
第 7.829459999999997 幀 , FPS: 60, 經過 : 418ms
第 8.338709999999999 幀 , FPS: 59, 經過 : 434ms
```

Ticker 在第四幀之後的速度減半，從輸出結果中可以看到，在第四幀之後，每兩次更新才會前進一個幀數。

如果我們的遊戲嚴格依賴幀數來控制所有遊戲的進程，那麼透過設定 Ticker.speed 的方式，不必調整遊戲裡的邏輯也能輕鬆改變遊戲的流速。

▷ 6-5　建立大樹的生長動畫

回到 **TreeGenerator.ts** ，在建構子中以 Ticker 預約繪圖的更新函式。

```
...
export class TreeGenerator {
    ...
    constructor(public app: Application) {
        ...
        // 預約動畫更新函式
        app.ticker.add(this.drawUpdate, this);
    }
```

如此一來，瀏覽器每次到了可以更新動畫的時候，就會呼叫 drawUpdate()。我們接著來寫 drawUpdate()，讓樹隨著時間越畫越完整。

```
/**
 * 畫圖用的更新函式
 * @param deltaTime
 */
drawUpdate(deltaTime: number): void {
    const data = this.drawingData;
```

```
    if (data) {
        data.timepassed += deltaTime;
        data.mainTrunk.drawDeeply(data.timepassed);
    }
}
```

　　首先檢查 drawingData 是不是空的，如果是空的就什麼都不必畫。以我們現在的程式來說，建構子中執行 **this.newTree()** 的時候就會準備好 drawingData，因此實際上不會遇到 drawingData 是空的狀況，不過我們在定義 drawingData 時用了？（問號），意指這個參數可以是空的，因此為了支援未來在某些情況下可以讓這個屬性為空值，我們還是多加這個檢查比較妥當。

　　下一行是讓繪圖資料裡的 **timepassed** 增加上一幀到這一幀的經過時間，然後我們把這個累積的繪圖時間傳給主幹的 **drawDeeply(timepassed)**，依經過時間去遞迴畫出整顆樹應該成長到的進度。

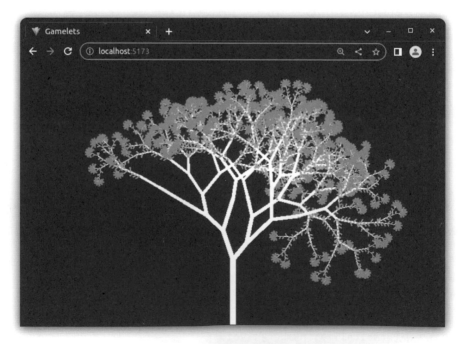

▲ 圖 6-4　自動生成樹木成果

如果沒出意外的話，在瀏覽器上看到的應該會和上圖一模一樣，因為這顆樹是用預設的亂數種子 **seed: 1** 所種出來的，一樣的種子就會種出一樣的樹。

▷ 6-6 　參數調整介面

雖然這顆樹長得很好看，但我們還是希望能有一個方便的介面讓我們快速進行調整，看看不同參數能種出什麼樣不同的樹。

在遊戲開發階段，能快速調整遊戲參數，並即時看到相應的變化是很重要的，越方便的工具才能試出更多可能性。

▶ 安裝 dat.gui ▷

在網頁應用程式的領域，dat.gui 是最常見的開發工具之一，因為他安裝簡單、功能強大而且不影響遊戲版面。

安裝方法很簡單，與第二章安裝 Pixi 的方法一樣，只要在 VSCode 的終端機（Terminal）裡執行安裝指令即可。

```
npm install dat.gui
```

如果終端機正在執行開發用伺服器 **npm run dev** ，那麼可以先以 **Ctrl + C** 來中斷任務，然後安裝完 dat.gui 再重新將伺服器打開。

安裝完畢後，package.json 裡的 dependencies 應該會多出 dat.gui 那一行。

```
...
"dependencies": {
    "dat.gui": "^0.7.9",
    "pixi.js": "^7.0.4"
}
...
```

這樣 dat.gui 就會出現在我們可以用的函式庫裡了 (node_modules)。

不過 dat.gui 是以純 JavaScript 打造，並沒有提供 TypeScript 的型別，所以這樣用起來很不稱手。好在 github 上什麼都有，有人幫我們把 dat.gui 提供的函式、類別、常數等寫成 DTS，也就是專門給 TypeScript 用的函式庫內容定義檔，安裝後即可使用。因為附檔名為 .d.ts，所以通稱 DTS。

在終端機裡再安裝 dat.gui 的 DTS 模組。

```
npm install -D @types/dat.gui
```

這行指令中 **@types/dat.gui** 是模組的名字，前面還跟了一個參數 **-D**，表示這個模組要儲存在開發中才需要的模組列表。安裝完畢後，package.json 裡的 devDependencies 應該變成這樣。

```
...
"devDependencies": {
    "@types/dat.gui": "^0.7.7",
    "typescript": "^4.6.4",
    "vite": "^3.2.3",
    "vitest": "^0.25.3"
},
...
```

安裝完畢，我們可以進程式裡寫東西了。

🟡 建立參數面板 ▶

首先在 **src/tree-generator/** 目錄裡建立一個新檔案 **OptionsEditor.ts** 放參數面板的類別。

```
import { GUI } from "dat.gui";
import { TreeGenerator } from "./TreeGenerator";

export class OptionsEditor {
```

```
// 建立參數面板
gui = new GUI();

constructor(public generator: TreeGenerator) {

}
}
```

建構子需要給我們寫好的樹木產生器，等一下我們就是要調整樹木產生器裡的參數。

參數面板的類別基礎架好後，我們要回到 **TreeGenerator.ts**，建立這個類別的實體。

首先匯入 OptionsEditor 類別。

```
import { OptionsEditor } from "./OptionsEditor";
```

然後在 **TreeGenerator** 的建構子中，建立參數面板的實體。

```
...
export class TreeGenerator {
    ...
    constructor(public app: Application) {
        ...
        // 建立參數面板
        new OptionsEditor(this);
    }
}
```

這時在開發用的瀏覽器已經可以看到畫面右上角有一個小小的面板，上面寫著 Close Controls。

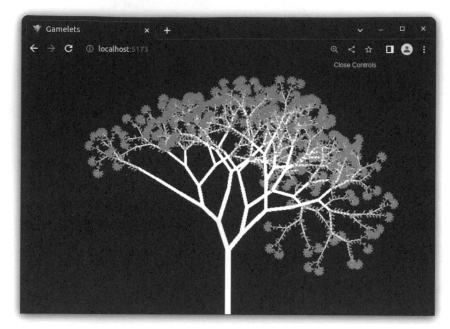

▲ 圖 6-5　空的控制面板

現在看不太明顯，因為這個面板的背景色是黑的，而且目前沒有任何參數可以調整，只有一個「Close Controls」的按鈕，可以把面板最小化。

回到參數面板的類別，加個調整參數的介面來看看。

🟡 gui.add(object, property, [min], [max], [step]) ▶

使用 **gui.add()** 來加入參數控制器。這個函式的參數如下：

- **object**：參數所屬的物件。
- **property**：參數的名字。
- **min**：參數的最小值。
- **max**：參數的最大值。
- **step**：調整參數時，數值變動的大小。

同學可能看完説明還是不知道怎麼使用這個函式。不過別擔心，現在馬上展示這個函式要怎麼用。

首要來建立亂數種子（options.seed）的參數控制器。 **seed** 參數是 TreeGenerator 裡 **options** 中的其中一個屬性。我們規定它的最小值為 1，最大值為 99999，並且一定要是整數，也就是說在調整這個參數時，變動的大小要定為 1。

依照上面的想法，我們在 **OptionsEditor** 的建構子裡加入這一行來建立亂數種子的控制器。

```
...
export class OptionsEditor {
    ...
    constructor(public generator: TreeGenerator) {
        let options = generator.options;
        this.gui.add(options, 'seed', 1, 99999, 1);
    }
```

完成後，在瀏覽器右上角就可以看到參數面板多了一個可以調整 seed 的控制器。

▲ 圖 6-6　調整種子的參數面板

```
this.gui.add(options, 'seed', 1, 99999, 1);
```

上面這行程式，是建立一個控制面板以控制 options 物件裡的 seed 屬性，並規定其範圍介於 1 到 99999 之間，而且變動量是 1 的倍數。

不過因為現在樹已經長完了，即使 **seed** 的值被我們改變，畫面上也看不出有任何變化。

建立 gui 按鈕

我們需要一個讓樹重新生長的按鈕。馬上著手辦理！

首先在 **OptionsEditor** 裡寫一個讓樹重新生長的函式。

```
...
export class OptionsEditor {
    ...
    onButtonGrow() {
        this.generator.newTree();
    }
}
```

然後回建構子，再次使用 **gui.add()** 來加一個按鈕。

```
...
export class OptionsEditor {
    ...
    constructor(public generator: TreeGenerator) {
        ...
        this.gui.add(this, 'onButtonGrow');
    }
}
```

從這裡可以看到 **dat.gui** 有多聰明。這一行乍看之下是要調整 **this** 物件裡一個名叫 **onButtonGrow** 的屬性。不過 dat.gui 發現 **this.onButtonGrow** 是一個函式而不是個放數字的屬性，因此它決定要用按鈕來取代原本的參數調整器，並且在這個按鈕被按下去的時候呼叫 **this.onButtonGrow()**。

▲圖 6-7　控制面板上的按鈕

現在可以試著把 seed 改為 2，然後再按下 onButtonGrow。

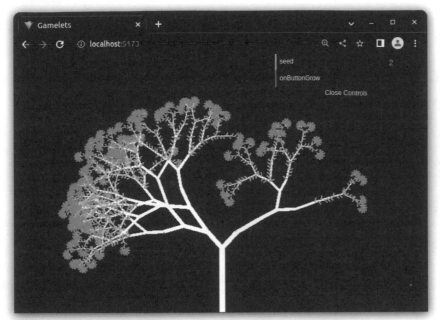

▲ 圖 6-8　不同種子所種出來的樹

一顆長得完全不同的樹就從土裡長出來了。

如果覺得 **onButtonGrow** 這個按鈕的名字不漂亮，我們可以先把 **gui.add()** 產生的控制器用一個變數存下來，然後以 **.name()** 來改變按鈕的名字。

```
let button = this.gui.add(this, 'onButtonGrow');
button.name(" 重新生長 ");
```

這兩行也可以合成一行，讓程式碼更好看一點。

```
this.gui.add(this, 'onButtonGrow').name(" 重新生長 ");
```

🟡 gui.updateDisplay() ▶

每次都要先改 seed 再按按鈕重新長樹，這樣太麻煩了。我們再來寫個「下一顆樹」的按鈕。

```
this.gui.add(this, 'onButtonNext').name(" 下一顆樹 ");
```

並且在類別裡加上函式 **onButtonNext()** 。

```
onButtonNext() {
    this.generator.options.seed++;
    this.generator.newTree();
}
```

現在請試試這個按鈕，是不是每按一次，就會長出一顆新樹。

我們發現一個問題。雖然每次長出來的樹都不一樣，代表亂數種子（seed）發生了改變，不過參數面板上的 seed 卻沒變，一直顯示著 1。

這個問題是因為我們手動改變了參數 seed，而 gui 並不知道這個參數發生了變動，因此在手動改變參數後，需要呼叫 **gui.updateDisplay()** ，讓 gui 更新參數最新的值。

```
onButtonNext() {
    this.generator.options.seed++;
    this.generator.newTree();
    this.gui.updateDisplay();
}
```

加上這些改變，「下一顆樹」的按鈕行為就完美了。

🟣 加入所有參數控制器 ▶

現在我們知道如何加入參數控制器了，那就把 **options** 裡的所有屬性都加進面板吧。

```
this.gui.add(options, 'trunkSize', 1, 10, 1)
    .name("主幹粗細");
this.gui.add(options, 'trunkLength', 1, 200, 1)
    .name("主幹長度");
this.gui.add(options, 'branchRate', 0, 1, 0.1)
    .name("分支機率");
this.gui.add(options, 'drawSpeed', 1, 20, 1)
    .name("生長速度");
this.gui.add(options, 'leafBranchSize', 1, 10, 1)
    .name("長葉支幹粗細");
```

　　這樣就能非常方便地調整遊戲的各項參數，並能快速看到參數改變造成的效果。

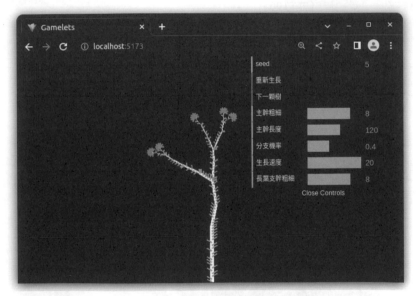

▲ 圖 6-9　功能完整的參數控制面板

　　想想看，這個 dat.gui 在遊戲的設計階段，能多麼方便地幫助設計師找到適合的參數，又或者能幫助程式設計師在製作各種編輯器時，省掉多少工作。

gui.addColor(object, property)

幾乎所有的參數都加到參數面板了，不過也許同學注意到了， **options** 的最後三個參數還沒放進去，因為這三個參數是顏色，需要特別的控制器。

顏色控制器可以由 **gui.addColor()** 來建立。這函式只需要兩個參數，即參數所屬的物件和參數的名字。

我們用這個函式把最後三個參數加進面板。

```
this.gui.addColor(options, 'branchColor')
    .name(' 枝幹顏色 ');
this.gui.addColor(options, 'leafColor')
    .name(' 樹葉顏色 ');
this.gui.addColor(options, 'flowerColor')
    .name(' 花朵顏色 ');
```

實際上操作顏色控制器就是如下的畫面。是不是很方便呀！

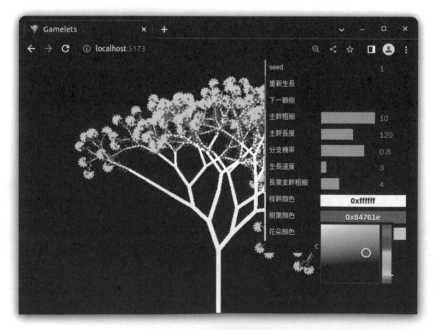

▲ 圖 6-10　顏色的控制面板

▷ 6-7　回顧與展望

我們在這一章「樹木產生器」的製作中，學會了：

- 樹木生長的基礎邏輯。
- 使用 PIXI 的 Graphics 繪圖。
- 以遞迴概念簡化複雜問題。
- 使用 PIXI 的 Ticker 產生動畫。
- 使用 dat.GUI 製作參數面板。

如果想在目前的基礎上，尋找更進一步的實驗方向，那麼以下提供一些有趣的主意給同學參考。

● 改變樹葉與花朵的繪製方法 ▶

目前我們只使用了 Graphics.moveTo 與 Graphics.lineTo 畫線，但其實 Graphics 還有許多繪製基本圖形的方法，如畫圓、畫方、畫多邊形等工具。

- 畫圓可以用 Graphics.drawCirle(x, y , radius)
- 畫方可以用 Graphics.drawRect(x, y, width, height)
- 畫多邊型用 Graphics.drawPolygon(⋯points)

另外在畫圖的時候，還可以選擇要畫邊、要填色或兩者都要。下面舉一個畫邊也填色的例子。

```
// 建立繪圖器
let graphics = new Graphics();
// 放進舞台
app.stage.addChild(graphics);
// 畫邊的參數
graphics.lineStyle({
    width: 2,        // 粗細
    color: 0xFF0000 // 顏色
});
```

```
// 開始填色
graphics.beginFill(0xFF9900);
// 以 (300,300) 為圓心，畫一個半徑為 60 的圓
graphics.drawCircle(300, 300, 60);
// 結束填色
graphics.endFill();
```

更多生長亂數

目前只有在分支機率、生長方向、枝幹長度使用亂數，但其實還有更多地方可以導入亂數，比如樹葉與花瓣的大小、顏色的變化、葉子的種類、水果、氣根、樹洞等等。

生長方向的邏輯

目前分支的生長方向是純亂數決定的，但真正的樹要往哪個方向生長，其實是有更深刻的隱藏邏輯。以下舉兩個例子供同學參考。

- 樹枝會想往枝葉比較稀疏的空曠處生長。
- 樹枝在接近地面時，會傾向往上生長。

第 **7** 章

經典小蜜蜂

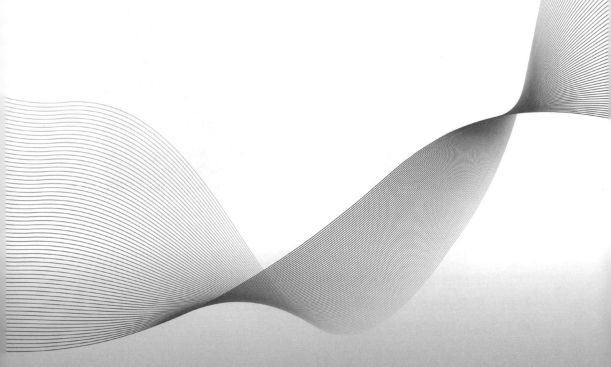

這一章來做個複雜一點點的小遊戲，除了學習把圖片畫進遊戲裡，也會包含鍵盤的操作，以及一點點的 AI 設計。

▷ 7-1　行前計畫

小蜜蜂（Space Invaders）是日本的太束（Taito）於 1978 年推出的街機遊戲，由遊戲設計師西角友宏所製作。

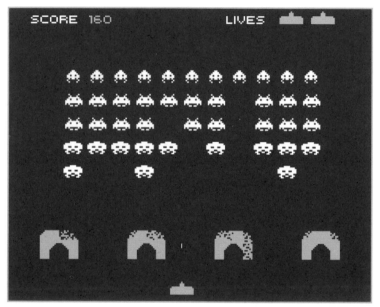

▲ 圖 7-1　Taito 的經典小蜜蜂

❝ 遊戲設計 ❞

玩家控制位於畫面下方的砲台，左右移動，瞄準射擊。在大砲的上方一點點，相當於大氣層的高度有數個類似護罩的東西，可以抵擋來自太空的攻擊，同時也阻擋玩家發射的飛彈。

入侵地球的外星生物在畫面上方成群地左右徘徊，並時不時朝下發射子彈。在群體飛行到畫面邊緣準備轉向時，會整體往下移動一小段距離，如此慢慢地向地球逼近。玩家必需在敵群降到地面前把它們全部打爆才行。

另外，外星生物還會隨著時間經過，漸漸加快飛行速度，除了營造緊張感，也增加瞄準的困難度。

敵機的 AI

經典小蜜蜂的外星生物不算有 AI 智能，它們的行為是依照一個固定的軌跡移動，並不會依玩家所在位置有所改變。

不過現在已經是二十一世紀了，當然要在經典裡加點新意。我們的計畫是設計兩種外星生物，其中一種用來復刻固定軌跡的敵機，另一種設計來追擊玩家的外星魔王。

程式架構

我們大概會把程式分成幾個檔案來實作。

1.　**Game**：遊戲容器，用來管理砲台、敵機、子彈、分數、剩餘砲台等。

2.　**PlayerCannon**：玩家所控制的砲台。

3.　**Invader**：在太空徘徊的敵機。

4.　**Cannonball**：由砲台發射出來的砲彈。

5.　**UI**：顯示分數及剩餘砲台的介面。

6.　**Sandbag**：用來擋子彈的沙包。

7.　**Boss**：擁有 AI 的敵方魔王。

同學可以在繼續之前，先花點時間在腦海裡整理一下，想想上面這一排類別彼此之間的關係，以及該如何規畫實作的順序。

在規模較大的專案中，一般思考優先實作的順序時，會有兩種出發點：

1.　先處理相對比較獨立的元件

2.　先實作有可能是整個專案的瓶頸

先處理比較能獨立出來的元件，是個很好的想法。當專案中的許多功能都有雛形後，接著設計較為複雜的系統，或將不同元件串接在一起時，通常就會比較順利。

先實作可能是瓶頸的元件，也是一個常見的作法，尤其是在設計一個比較創新的系統時，能先確認關鍵技術不會出差錯，之後再繼續開發專案的其他部分就會較有底氣。

▷ 7-2　遊戲容器

我們一樣在 gamelets 專案中建個新資料夾來放這個遊戲。

建立遊戲資料夾 **src/space-invaders/** ，並在這個資料夾新增檔案 **SpaceInvadersGame.ts** 。

```typescript
import { Application } from "pixi.js";

export class SpaceInvadersGame {

    constructor(public app: Application) {

    }

    destroy() {

    }
}
```

和上一章的 TreeGenerator 一樣，在 SpaceInvadersGame 裡面也需要 Pixi 的繪圖工具 **app** 作為建構子的參數，因為等會兒需要把圖都放進 app. stage，還要利用 app.ticker 來開啟循環更新。

然後我們就可以在 **src/main.ts** 改變我們要建立的遊戲，把先前的樹木產生器註解掉，換上小蜜蜂遊戲。打開 main.ts，在最底端把遊戲換成小蜜蜂。

```
...
// new TreeGenerator(app);
new SpaceInvadersGame(app);
```

然後在 main.ts 的最上方，也要把匯入 TreeGenerator 的那行程式也註解掉。

```
...
//import { TreeGenerator } from './tree-generator/TreeGenerator';
import { SpaceInvadersGame } from './space-invaders/SpaceInvadersGame';
...
```

遊戲容器先寫到這就好，我們需要先完成其他的類別才能繼續下去。

▷ 7-3 玩家砲台

在遊戲的資料夾 **src/space-invaders/** 裡新增檔案 **PlayerCannon.ts** ，用來寫玩家砲台的類別。

在類別裡先寫一些我們現在想得到的必要資料。除了建構子中的遊戲容器，還需要用來顯示砲台的圖、砲台的移動速度以及限制玩家射擊速率的冷卻時間。

```
import { Point, Sprite } from "pixi.js";
import { SpaceInvadersGame } from "./SpaceInvadersGame";

export class PlayerCannon {
    // 砲台的圖
    sprite = new Sprite();
    // 砲台移動速度 ( 像素 /tick)
    moveSpeed = 1;
    // 射擊冷卻時間 ( 幀 )
    shootCooldown = 0;

    constructor(public game: SpaceInvadersGame) {

    }
```

```
destroy(): void {
    this.sprite.destroy();
}
}
```

請注意我們儘量幫所有的類別都加上 **destroy()**，讓我們從設計類別的一開始就考慮到這個物件要被丟棄時，應該要做些什麼清理工作。

類別中的 **shootCooldown** 屬性，是射擊飛彈的冷卻時間。什麼是冷卻時間呢？就是發射飛彈後，距離能夠發射下一發飛彈之間的時間。如果沒有冷卻時間的機制，那麼代表發射飛彈的頻率沒有限制，鍵盤按得越快就能發射越多飛彈，這讓玩家在 FPS 為 30 的電腦上，最高射速只能有一秒 30 發，而在 FPS 達 100 的電腦上，最高射速能高達一秒 100 發。

加入冷卻時間的射速限制，就可以消除這種設備上的不公平。

⬤ Sprite: 繪制圖片的元件 ▶

在上一章的遊戲中，所有的幾何圖形都是利用 Graphics 來畫的，不過在更多的遊戲中是直接把畫好的圖片放進畫面上操縱。因此接著我們來看看 Pixi 是如何把圖片放進遊戲畫面上的。

我們先把砲台的圖片 **cannon.png** 放到專門放圖片的資料夾裡。

專案所有用到的圖片都可以在這兒找到：
https://github.com/haskasu/book-gamelets/tree/main/src/images/

把圖片儲存到這個位置：**src/images/cannon.png**，然後在 PlayerCannon.ts 裡加上這行匯入圖片的網址。

```
...
import cannonImage from '../images/cannon.png';
...
```

在第三章的時候，我們曾用 **Sprite.from(cannonImage)** 載入圖片並貼到畫面上，不過其實在 Pixi 裡貼圖片不是這麼單純靠一個 Sprite 就可以完成的，這其中牽涉到 **BaseTexture**、**Texture**、**Sprite** 這三個 Pixi 提供的類別。

- **BaseTexture** 材質基底：是實際掌握圖片每個像素的資料擁有者。
- **Texture** 材質：由一個 BaseTexture 以及一個矩形範圍組成的物件，代表材質基底上的某一塊區域。
- **Sprite** 精靈圖：內含一個 Texture，用來將材質畫到畫布上的繪圖器。

可能同學想抗議「在第三章明明用一行 **Sprite.from(cannonImage)** 就可以載入圖片啊！」

沒有錯，的確用一行就可以載入圖片，因為 Pixi 不只有基本流程需要的函式，也提供了許多方便程式設計師使用的捷徑函式，Sprite.from() 就是一個例子，這個函式裡其實已經把圖片載入、材質建立等步驟隱藏其中了。

我們把 Sprite.from() 裡的邏輯翻開，使用上述三個類別，把載入圖片的步驟拆解給同學看。

```
...
export class PlayerCannon {
    ...
    constructor(public game: SpaceInvadersGame) {
        // 載入圖片
        let baseTexture = BaseTexture.from(cannonImage);
        // 建立材質
        let texture = Texture.from(baseTexture);
        // 新增精靈圖
        this.sprite.texture = texture;
        // 把精靈圖放到舞台上
        game.app.stage.addChild(this.sprite);
    }
    ...
```

在建立 BaseTexture 或 Texture 時，儘量使用 .from() 函式，因為 .from() 函式會幫我們管理材質的快取，降低記憶體的使用率。

有了砲台的類別雛形，我們回遊戲容器裡，建立玩家砲台的實體。

打開 **SpaceInvadersGame.ts**，加上砲台屬性，並在建構子中建立實體，也別忘了在 destroy() 裡把砲台清掉。

```
import { Application } from "pixi.js";
import { PlayerCannon } from "./PlayerCannon";

export class SpaceInvadersGame {

    cannon: PlayerCannon;

    constructor(public app: Application) {
        this.cannon = new PlayerCannon(this);
    }

    destroy() {
        this.cannon.destroy();
    }
}
```

這時看看遊戲畫面，應該就能看到一座綠色砲台出現在畫面的左上方。

Sprite 的軸心

回到 **PlayerCannon.ts**，我們把砲台移到畫面底部的正中央吧！

```
...
export class PlayerCannon {
    ...
    constructor(public game: SpaceInvadersGame) {
        ...
        let stageSize = getStageSize();        // 記得從 main.ts 加載這個函式
        this.sprite.position.set(
            stageSize.width / 2,
            stageSize.height
        );
    }
    ...
```

▲圖 7-2　錯誤的砲台位置

咦！位置好像不太對，圖片既不置中，還往下超出了遊戲的畫面範圍。

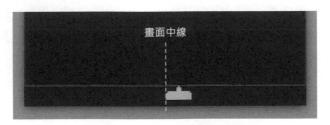

▲圖 7-3　畫面中線的位置

　　為什麼會這樣呢？因為代表圖片位置的點，預設是在圖片的左上角，所以我們將圖片的位置放在畫面底部的正中央，那麼砲台圖片的左上角就會跑到畫面底部的正中央，這樣一看就都合理了。

　　代表圖片位置的點叫軸心（pivot），圖片的位置、旋轉的圓心、縮放大小的基準都在這一點。好消息是 Pixi 的軸心可以自由設定，我們把軸心也設定在砲台的底部中心，那麼砲台在畫面上應該就會跑到正確的位置了。

首先我們要知道這張圖片的寬與高，這樣才有辦法算出圖片的底部中心在哪。我們在建構子的最後一行加上一個 console.log() 來看看圖的尺寸。

```
...
export class PlayerCannon {
    ...
    constructor(public game: SpaceInvadersGame) {
        ...
        console.log('width = ' + this.sprite.width);
        console.log('height = ' + this.sprite.height);
    }
```

結果在 DEBUG CONSOLE 面板上看到的是

```
width = 1
height = 1
```

太詭異了吧！畫面上顯示的圖片明明就不是一個點呀！

其實仔細想想就會知道，發生這個現象並不奇怪，因為在呼叫 **BaseTexture.from()** 來載入圖片需要一小段時間才會完成，在圖片載入完成之前，材質基底、材質、精靈圖都只會是 Pixi 預設的最小尺寸，也就是 1x1，並無法反應真實圖片的大小。

載入完成的事件監聽

在我們要求 BaseTexture 去載入圖片後，它會想辦法分析 cannonImage 是什麼東西，用對應的方法載入圖片資料，並轉換成材質需要的格式。

在 BaseTexture 完成任務後，它會播報一個「載入完成」的事件，我們只要監聽這個事件的播報，就能在圖片載入完成後，取得正確的圖片大小。

```
...
export class PlayerCannon {
    ...
```

```
constructor(public game: SpaceInvadersGame) {
    ...
    baseTexture.on('loaded', () => {
        console.log('width = ' + this.sprite.width);
        console.log('height - ' + this.sprite.height);
    });
}
```

在 Console 面板可以看到正確的圖片尺寸。

```
width = 60
height = 32
```

瞭解材質載入的流程後，我們先為 PlayerCannon 寫一個讓軸心置中沉底的函式。

```
...
export class PlayerCannon {
    ...
    /**
     * 調整圖片的軸心位置（底部 / 置中）
     */
    private adjustPivot() {
        this.sprite.pivot.set(
            this.sprite.width / 2,
            this.sprite.height
        );
    }
}
```

然後回到建構子的最後，把之前 **baseTexture.on('loaded')** 那一整段先刪掉，我們要重寫。

```
...
constructor(public game: SpaceInvadersGame) {
    ...
    // 依流程調整圖片軸心
```

```
    if (baseTexture.valid) {
        this.adjustPivot();
    } else {
        baseTexture.once('loaded', () => {
            this.adjustPivot();
        });
    }
}
```

上面的程式碼先檢查 baseTexture 是不是先前就已載入完畢（valid），如果是的話就直接調整軸心位置，否則的話就監聽載入完成（loaded）的事件，並在事件發生後去調整軸心。

這裡我們用了 **.once(...)** 而不是 **.on(...)**，這兩個函式其實幾乎一樣，差別在於 **once** 只會監聽一次，在接收到第一次事件的發生後，就不會再起作用。這個方法很適合監聽一次性的事件，就像這裡的材質載入。

♦ EventEmitter

幾乎所有 Pixi 提供的類別都擴展自 EventEmitter 這個事件播報器的類別。

EventEmitter 是 github 上非常熱門的事件播報函式庫，它的功用就是提供類別一個播報事件的方法，並提供其他物件監聽其事件的函式。

下面用一段簡單的示意碼來介紹它的用法。我們設計一個小狗的類別，在小狗肚子餓的時候，會發出一個 **hungry** 的事件。

```
class Puppy extends EventEmitter {
    isHungry = false;
    /** 設定小狗肚子餓 */
    setHungry() {
        this.isHungry = true;
        // 用 EventEmitter 提供的 emit() 發布事件消息
        this.emit('hungry');
    }
```

```
/** 設定小狗飽了 */
setFull() {
    this.isHungry = false;
    this.emit('full');
}
}
```

然後再設計一個飼主的類別，並實作一個餵食物的函式。

```
class Owner {
    /** 餵小狗 */
    feed(puppy: Puppy) {
        puppy.setFull();
    }
}
```

那我們來寫一個情境程式碼，讓飼主聽到小狗肚子餓的時候就自動去餵牠。

```
let puppy = new Puppy();
let owner = new Owner();
/**
 * 用 EventEmitter 提供的 .on() 函式監聽事件
 * .on() 的第二個參數是當事件發生時要執行的函式
 */
puppy.on('hungry', function() {
    console.log(' 乖狗狗餓了！');
    console.log(' 快來吃飯唷！');
    owner.feed(puppy);
});
// 現在讓小狗肚子餓
puppy.setHungry();
// 看看小狗有沒有被餵飽
console.log('is puppy hungry? ' + puppy.isHungry);
```

```
// 執行結果
乖狗狗餓了！
```

```
快來吃飯唷！
is puppy hungry? false
```

因為雖然在 **puppy.setHungry()** 時，小狗的 isHungry 會被設定為 true，但是在小狗一發出飢餓事件後，飼主會馬上監聽到這個事件，並進行餵食，讓牠的 isHungry 又變回 false。

回來看 PlayerCannon，我們只要使用 baseTexture.on(event, fn)，就可以監聽 baseTexture 發出來的事件，並在事件發生時執行指定的函式 fn。

經過上面一番折騰，玩家的砲台應該已經跑到正確的位置上了。

▲ 圖 7-4　正確的砲台位置

▷ 7-4 　鍵盤管理員

接著是一項大工程，我們要用鍵盤的左右鍵讓砲台動起來。

為了實現這個需求，我們要補充我們的函式庫，把管理鍵盤的功能放在 **src/lib/** 裡，因為鍵盤的管理幾乎是每個遊戲都用得到的，把它寫在共享的函式庫就能增加未來寫遊戲的效率。

新增資料夾 **src/lib/keyboard/**，然後在裡面新增檔案 **KeyboardManager. ts**，放我們的鍵盤管理員。

```
import { EventEmitter } from "eventemitter3";

export class KeyboardManager extends EventEmitter {

  constructor() {
```

```
        super();
    }
}

export const keyboardManager = new KeyboardManager();
```

注意最後一行匯出了一個 KeyboardManager 的實體。

在一般狀況下，鍵盤只有一個，我們也只需要一個鍵盤管理員，幫我們記錄目前鍵盤的狀態。之後在遊戲設計的途中，我們可以拿出這個鍵盤管理員的實體來用，不需要每過一關都建立一個新的。

鍵盤管理員和很多 Pixi 的類別一樣繼承了 **EventEmitter** 這個用來發報事件的類別。我們會讓它在鍵盤上的鍵按下去或提起來的時候，發送對應的事件，讓遊戲可以監聽這些事件來反應玩家的操作。

接著寫個 listenToEvents() 來接收瀏覽器視窗發報的鍵盤事件，並在建構子呼叫這個函式。

```
...
export class KeyboardManager extends EventEmitter {

    constructor() {
        super();
        this.listenToEvents();
    }
    private listenToEvents(): void {
        window.addEventListener('keydown', this.onKeyDown);
        window.addEventListener('keyup', this.onKeyUp);
    }
    /**
     * 在鍵盤按下去時的處理函式
     * @param event window 發出來的事件
     */
    private onKeyDown(event: KeyboardEvent) {

    }
```

```
/**
 * 在放開鍵盤上的鍵時的處理函式
 * @param event window 發出來的事件
 */
private onKeyUp(event: KeyboardEvent) {

}
```

window 是瀏覽器提供的物件，代表遊戲的視窗。這個物件也類似 EventEmitter，是個可以收發事件的物件，不同的是它用來收發事件的函式名稱不太一樣。

瀏覽器上用來收發事件的物件都會繼承類別 **EventTarget**，主要提供兩個函式收發事件。

- **EventTarget.dispatchEvent(event)**：發送事件。
- **EventTarget.addEventListener(event, fn)**：設定監聽的回呼函式。

我們利用 **window.addEventListener()** 讓 **keydown** 事件發生時執行函式 onKeyDown()，在 **keyup** 事件發生時執行函式 onKeyUp()。這種把函式當作參數給另一個函式用的狀況下，我們把作為參數的函式稱為「回呼函式（callback）」，因為回呼函式是由另一個函式在適當的時機回頭去呼叫並執行的。

在 window 呼叫我們寫的這兩個回呼函式時，都會送我們一個 event 參數，裡面提供了與事件相關的資料，比如是哪個鍵剛剛被按下去了，還有目前 Ctrl 鍵是否也是按下去的狀態等等。

這邊有一點要注意，當玩家按下一個按鍵，假設按下去的是 A 鍵，瀏覽器會讓 window 發出一個 A 鍵被按下去的 **keydown** 事件，但玩家持續按著這個鍵不放，過了約半秒，window 就會開始快速不間斷地發出一大堆 **keydown** 事件，就像我們在網頁上輸入字串時，如果一個鍵按著不放，就會在半秒後開始連續輸入同一個字元，一樣的道理。

　　雖然這個按著不放的行為在文字處理上很有用，不過大部分遊戲的設計並不需要這個邏輯，遊戲只想知道剛按下去和剛放開的鍵盤事件。

　　我們在 KeyboardManager 裡加上一個屬性來儲存目前鍵盤上每個鍵的狀態，並且提供函式讓遊戲檢查某個鍵是否處於按下去的狀態。

```
...
export class KeyboardManager extends EventEmitter {
    ...
    /**
     * 記錄每個鍵是否在按下去的狀態
     */
    private isKeyDownMap: { [key: string]: boolean } = {};
    /**
     * 提供遊戲函式檢查某個鍵是否在按下去的狀態
     */
    isKeyDown(keyCode: string): boolean {
        return this.isKeyDownMap[keyCode];
    }
}
```

　　這邊用到一個特殊的 TypeScript 型別 **{ [key: string]: boolean }**。這型別是指一個通用型物件，但是規定物件裡的鍵（key）必須是字串，而每個鍵對應的值必須是布林值（boolean）。

　　這邊寫點測試碼讓大家理解這種物件的用法。

```
let tests: { [key: string]: boolean } = {};

tests['history'] = true   // 鍵：字串、值：布林，沒問題
tests['english'] = 12     // 鍵：字串、值：數字，會出錯
tests['math']    = "很難" // 鍵：字串、值：字串，會出錯

console.log(tests['history']) // 會印出 true
console.log(tests['art'])     // 沒設定過 'art'，會印出 undefined
```

　　和上面示範的一樣，我們在鍵盤管理員裡面用 isKeyDownMap 來記錄每個鍵是否在按下去的狀態。

　　在遊戲中使用 isKeyDown(key) 來檢查鍵盤上某個鍵的狀態時，如果遇到還沒有設定的鍵，就會回傳 **undefined**。雖然回傳的不是布林值，但因為 undefined 在條件式裡也算是 false，所以使用上不會有問題。

在 JavaScript 的條件式裡，以下這些值會被認為是 false：
1. **false**
2. **undefined**
3. **null**
4. **""**（空字串）
5. **0**（數字 0）
6. **Number.NaN**（非數字的數字 /Not a Number）

　　有了這個新的屬性，就能補完 onKeyDown() 的邏輯了。

```
/**
 * 在鍵盤按下去時的處理函式
 * @param event window 發出來的事件
 */
private onKeyDown(event: KeyboardEvent) {
    this.emit('keydown', event);

    if (!this.isKeyDown(event.code)) {
        this.isKeyDownMap[event.code] = true;
        this.emit('pressed', event);
    }
}
```

　　雖然 keydown 事件在遊戲中很少用得到，但為了函式庫的完整性，我們在事件發生時，用同樣的 keydown 把事件原封不動地發布出去，也許某些遊戲在特殊況狀下需要監聽這個事件，誰知道呢。

　　接著檢查目前該鍵是不是按下去的狀態，只有該鍵不在按下去的狀態，也就是狀態改變的時候才要更新 isKeyDownMap 裡的資料，並且發出 **pressed** 事件，告訴監聽的人有一個鍵剛剛被按下去了。

　　接著用同樣的邏輯補完 onKeyUp()。

```
/**
 * 在放開鍵盤上的鍵時的處理函式
 * @param event window 發出來的事件
 */
private onKeyUp(event: KeyboardEvent) {
    this.emit('keyup', event);

    if (this.isKeyDown(event.code)) {
        this.isKeyDownMap[event.code] = false;
        this.emit('released', event);
    }
}
```

　　其中 **event.code** 會告訴我們事件的主角是鍵盤上的哪個鍵。除了 **event.code**，其實我們也可以使用 **event.key**，不過兩者提供的資料不一樣，以下列出一些鍵對應的 code 和 key 的值，以利我們選擇哪個資料比較好用。

表 7-1　鍵盤按鍵碼對照表

實際按鍵	event.code	event.key
a	KeyA	a
shift + a	KeyA	A
3	Digit3	3
shift + 3	Digit3	#
方向鍵右鍵	ArrowRight	ArrowRight
左側 shift 鍵	ShiftLeft	Shift
Enter	Enter	Enter
右側數字鍵盤的 3	Numpad3	3
右側數字鍵盤的 Enter	NumpadEnter	Enter

由上表可知，**event.key** 是告訴我們鍵盤打出來的是什麼字，而 **event. code** 則是告訴我們哪個位置的鍵被按下去了。以遊戲的角度來說，自然是 **event.code** 比較有用嘍！

不過這些 code 太多，很難記得住，所以把這些鍵盤碼寫在程式裡，往後要查碼才方便。

新增 **src/lib/keybord/KeyCode.ts**，把鍵盤碼寫成一個通用物件表。

```
export const KeyCode = {
    ESCAPE: 'Escape',
    F1: 'F1',
    F2: 'F2',
    ...
    _1: 'Digit1',
    _2: 'Digit2',
    ...
    A: 'KeyA',
    B: 'KeyB',
    C: 'KeyC',
    ...
    LEFT: 'ArrowLeft',
    UP: 'ArrowUp',
    RIGHT: 'ArrowRight',
    DOWN: 'ArrowDown',
    ...
}
```

完整的鍵盤碼可以在隨書所附的 github 專案找得到。https://github.com/haskasu/book-gamelets/blob/main/src/lib/keyboard/KeyCode.ts

檔案匯出的 KeyCode 是一個 **const**（常數），表示我們不希望它以後被改變。不過其實以這個例子來說，改成 **export let KeyCode = ...** 並沒什麼實質的差別。

7-5 鍵盤控制砲台移動

回到 **PlayerCannon.ts** ，在建構子的最後加一行程式，把控制砲台移動的函式加進 Pixi 提供的 Ticker。

```
...
export class PlayerCannon {
    ...
    constructor(public game: SpaceInvadersGame) {
        ...
        // 開始進行砲台移動
        game.app.ticker.add(this.moveUpdate, this);
    }
    ...
```

這一行把現在還沒寫的 **this.moveUpdate** 加到 Pixi 提供的 Ticker 裡，讓瀏覽器每隔一小段時間就執行一次這個函式。

忘記 Ticker 是什麼的同學，請回到第六章介紹動畫以及 Ticker 的地方複習一下。

注意到第二個參數是 this，這個參數的名字叫 context，意思是 Ticker 在執行函式時，要以哪個物件作為用來呼叫函式的主體，也就是函式裡的 this 參考物件。

回呼函式的 Context 在 JavaScript 是個很重要的概念。設定回呼函式時，通常要指定 Context，也就是作為呼叫函式的主體，在函式內，Context 就是函式的 this 參照。如果沒有指定 Context，那麼當回呼函式被呼叫時，它會忘了它是屬於哪個物件的函式，這時函式內若想存取 this 物件就會出錯。

舉個例子給同學參考。

```
class People {
    constructor(public name: string, ticker: Ticker) {
        ticker.add(this.sayMyName);
```

```
    }
    sayMyName() {
        console.log("My name is " + this.name);
    }
}
new People();
```

上面的例子，由於 ticker.add() 並沒有提供給回呼函式參考的 this 物件，因此在 ticker 呼叫 sayMyName 時，sayMyName 函式裡在尋找 this.name 的值的時候，會出現錯誤，因為它不知道 this 是哪位。

把建構子中的那行改成 **ticker.add(this.sayMyName, this)** 就不會有這個錯誤了。

回到 **PlayerCannon.ts**，在建構子建立的東西，也記得要在 destroy() 裡移除，這樣才能避免記憶體漏水。

```
...
destroy(): void {
    ...
    this.game.app.ticker.remove(this.moveUpdate, this);
}
...
```

接著把 moveUpdate 寫出來。

```
...
import { keyboardManager } from "../lib/keyboard/KeyboardManager";
import { KeyCode } from "../lib/keyboard/KeyCode";
...
export class PlayerCannon {
    ...
    /**
     * 砲台移動的更新函式
     * @param dt 經過時間
     */
    private moveUpdate(dt: number) {
        const sprite = this.sprite;
        let x = sprite.x;
```

```
    let distance = dt * this.moveSpeed;

    if (keyboardManager.isKeyDown(KeyCode.LEFT)) {
        x -= distance;
    }
    if (keyboardManager.isKeyDown(KeyCode.RIGHT)) {
        x += distance;
    }
    sprite.x = x;
  }
}
```

這函式裡有用到 **keyboardManager**，因此在檔案的最上方別忘了以自動或手動的方式匯入它。

```
import { keyboardManager } from "../lib/keyboard/KeyboardManager";
import { KeyCode } from "../lib/keyboard/KeyCode";
```

moveUpdate 的邏輯很簡單，先把砲台位置的 **x** 取出來，並計算應該要移動的距離，而距離等於時間乘以速度，其中函式的參數 dt 是上一幀到這一幀中間經過的時間。

如果方向鍵的左鍵是按下去的狀態，那麼就讓 x 向左（減）移動應該移動的距離，如果方向鍵的右鍵是按下去的狀態，就讓 x 向右（加）移動。最後再把調整過的 x 指定回砲台精靈圖的位置 x。

同學可以把 **npm run dev** 跑起來，看看現在是不是成功讓砲台聽鍵盤的指令移動了。

玩了一會兒，發現有個問題，砲台有可能往左開到畫面外，也可能往右開到畫面外。我們需要限制砲台的移動範圍。

在 moveUpdate 最後指定給精靈圖的位置前，先限制 x 的最大和最小值。

```
  ...
  private moveUpdate(dt: number) {
    ...
```

```
        // 限制 x 的範圍
        let minX = sprite.width / 2;
        let maxX = getStageSize().width - sprite.width / 2;
        x = Math.max(minX, x);
        x = Math.min(maxX, x);
        this.sprite.x = x;
    }
    ...
```

這樣，砲台的移動就完成了。

▷ 7-6　外星侵略者

開新檔案來寫敵方的外星侵略者，**src/space-invaders/Invader.ts**。

```typescript
import { BaseTexture, Rectangle, Sprite, Texture } from "pixi.js";
import { SpaceInvadersGame } from "./SpaceInvadersGame";
import invadersImage from '../images/invaders.png';

export class Invader {
    // 外星人的圖
    sprite = new Sprite();

    constructor(
        public game: SpaceInvadersGame,
        x: number,      // 初始位置 x
        y: number,      // 初始位置 y
        type: number, // 造型 (0,1,2,3)
    ) {

    }

    destroy() {
        this.sprite.destroy();
    }
}
```

上面是侵略者的程式骨架，建構子的最後一個參數 type，用來指定侵略者的造型。我們將會為侵略者準備幾個造型，讓前後排的侵略者看起來不一樣。

我們繼續把建構子的內容寫完。

```
...
constructor(...) {
    // 載入圖片
    let baseTexture = BaseTexture.from(invadersImage);
    // 建立材質
    let imageRect = new Rectangle(50 * type, 0, 50, 34);
    let texture = new Texture(baseTexture, imageRect);
    // 指定精靈圖的材質
    this.sprite.texture = texture;
    // 把精靈圖放到舞台上
    game.app.stage.addChild(this.sprite);
    // 移到初始位置
    this.sprite.position.set(x, y);
    // 依流程調整圖片軸心
    if (baseTexture.valid) {
        this.adjustPivot();
    } else {
        baseTexture.once('loaded', () => {
            this.adjustPivot();
        });
    }
}
...
```

建構子用到的 adjustPivot() 還沒寫。把這個函式加到類別的最後，將侵略者的軸心定在正中間。

```
/**
 * 調整圖片的軸心位置（置中）
 */
private adjustPivot() {
    this.sprite.pivot.set(
        this.sprite.width / 2,
        this.sprite.height / 2
    );
}
```

上面的程式和玩家的砲台非常相似，不過有個地方不一樣，就是建立材質時多了一行，定義了一個矩形 **imageRect**。

材質切片

侵略者的圖裡包含了四種造形，每個造形的尺寸都是 50x34，再加上最右邊被消滅的效果圖，整張圖的尺寸為 250x34。

▲ 圖 7-5　侵略者的素材圖片

如果我們要造形一（最左側），那麼精靈圖的材質就要取最左側那塊 50x34 的矩形。

- 造形二取同樣 50x34 的尺寸，左上角在（50, 0）的矩形。
- 造形三取同樣 50x34 的尺寸，左上角在（100, 0）的矩形。
- 造形四取同樣 50x34 的尺寸，左上角在（150, 0）的矩形。

這就是為什麼在計算材質需要的矩形時，是如下的計算：

```
let imageRect = new Rectangle(50 * type, 0, 50, 34);
```

建立材質的時候，第二個參數給 imageRect，就可以在原始材質（BaseTexture）中取出需要的區域作為侵略者圖案的材質。

```
let texture = new Texture(baseTexture, imageRect);
```

getter / setter

另外我們要在 Invader 裡加上屬性 **x**，用來取得侵略者在畫面上的座標 x，但這個屬性不是一般的變數，而是一個用函式來操作的屬性。

```
...
get x(): number {
    return this.sprite.x;
}
```

```
set x(value: number) {
    this.sprite.x = value;
}
...
```

這裡用到 **get** 與 **set** 兩個關鍵字。用這兩個關鍵字定義的函式叫 **getter** 與 **setter**，能夠以函式來定義類別的屬性。比如我們可以如下取得 Invader 的 x，也可以如同屬性一般地設定 x。

```
let invader = new Invader(game);
// 以下兩行的效果一模一樣
invader.x = 10;
invader.sprite.x = 10;
// 以下兩行印出來的值一樣
console.log('x = ' + invader.x);
console.log('sprite.x = ' + invader.sprite.x);
```

定義 getter 和 setter 可以更方便地存取類別內的資料。

我們再把 **y** 也定義一下。

```
...
get y(): number {
    return this.sprite.y;
}
set y(value: number) {
    this.sprite.y = value;
}
...
```

如果我們只用 get 定義 getter，而不寫 setter，那麼這個屬性就會是一個唯讀屬性，只能取得資料，不能把值設回去。

我們來定義侵略者的兩個唯讀屬性，寬與高。

```
...
```

```
get width(): number {
    return this.sprite.width;
}
get height(): number {
    return this.sprite.height;
}
...
```

最後再追加一個唯讀屬性，來判斷一個外星人是不是已經被毀滅。

```
...
get destroyed(): boolean {
    return this.sprite.destroyed;
}
...
```

在 Invader.destroy() 的時候，我們會將它的 sprite 給 destroy() 掉，這時 **sprite.destroyed** 就會變成 true。我們利用 **sprite.destroyed** 就可以判斷這個外星人是不是已經被呼叫過 destroy() 了。

建立侵略者大軍

我們打開 **SpaceInvadersGame.ts**，加上一排侵略者，看看它的樣子是不是符合我們的期待。

首先在 **SpaceInvadersGame.ts** 加上新的屬性 **invaders**，然後寫個建立一排侵略者大軍的函式 createInvadersRow()，並在建構子中呼叫它。

```
...
import { Invader } from "./Invader";
...
export class SpaceInvadersGame {
    ...
    invaders: Invader[] = [];

    constructor(public app: Application) {
```

```
        ...
        this.createInvadersRow({
            type: 0,
            x: 120,
            y: 240,
            amount: 6,
        });
    }
    ...
    private createInvadersRow(options: {
        type: number,    // 外形
        x: number,       // 最左邊的 x
        y: number,       // 這一排的 y
        amount: number // 總共要幾隻
    }) {

    }
}
```

invaders: Invader[] = []; 宣告 invaders 為一個以 **Invader** 構成的陣列，並且初始化為空陣列。

createInvadersRow(options) 的參數 options 是一個有四個屬性的通用物件。

在 JavaScript 裡很常用通用物件作為函式的參數。使用這樣的宣告方式，當未來要增加參數時，只要更新這個 options 的內容，完全不會影響先前這個函式的使用方法。

舉個例子來比較。

```
// 函式的宣告方法一
function attack1(damage: number) {
    ...
}
// 函式的宣告方法二
function attack2(options: {
```

```
    damage: number,
}) {
    ...
}
// 使用函式一
attack1(100);
// 使用函式二
attack2({
    damage: 100
});
```

如果這時我們要為這個函式增加一個重要的新參數，那麼就會變成這樣。

```
// 函式的宣告方法一
function attack1(type: string, damage: number) {
    ...
}
// 函式的宣告方法二
function attack2(options: {
    type: string,
    damage: number,
}) {
    ...
}
```

當函式的參數順序改變後，先前使用函式一的地方就會出錯，因為第一個參數變成了一個字串，而不是原本的數字。但是函式二的使用方法基本上並沒有改變，只是在參數 options 中要多給一個新的屬性。

```
// 使用函式一
attack1(" 昇龍拳 ", 100);
// 使用函式二
attack2({
    type: " 昇龍拳 ",
    damage: 100
});
```

除了參數的順序問題之外，在參數很多的情況下，函式一在使用上很不方便，因為較難看出參數的位置和參數的意義。

接著再回到 **SpaceInvadersGame** 來寫 createInvadersRow() 的內容。

```
private createInvadersRow(options: {
    type: number,   // 外形
    x: number,      // 最左邊的 x
    y: number,      // 這一排的 y
    amount: number  // 總共要幾隻
}) {
    let xInterval = 60; // x 間隔
    for (let i = 0; i < options.amount; i++) {
        let invader = new Invader(
            this,
            options.x + i * xInterval,
            options.y,
            options.type
        );
        this.invaders.push(invader);
    }
}
```

最後也記得在清遊戲的時候，把 invaders 清一下。

```
destroy() {
    this.cannon.destroy();
    this.invaders.forEach((invader) => {
        invader.destroy();
    });
}
```

這邊我們特意用陣列的 forEach(fn) 代替 for 迴圈來清除所有的侵略者，希望同學能早點習慣這種乾淨的寫法。

接著我們要讓這些入侵地球的外星生物動起來。這些生物移動的邏輯和砲台不一樣，它們是依週期而動的，每隔 40 個 tick 移動 10 個像素。

動畫會嚴格依循 Pixi 的 Ticker 時間單位，**tick**。Ticker 預設的 FPS 為 60，也就是一秒有 60 個 ticks，相當於一個 tick 等於 16.7 毫秒。

為了方便設計週期性的運動，我們要先在函式庫裡加一個新的工具——等待管理員。

▷ 7-7　等待管理員

除了遊戲以外，很多應用程式都會有需要等待的流程，比如等待資料下載、等待過場動畫播放完畢或單純等待三秒鐘等等。

這種呼叫了一個函式，但並非馬上得到結果繼續運行下去，而是等待一段時間才能得到結果的程式流程，被稱作「非同步（Asynchronous）」程式設計。

JavaScript/TypeScript 提供了一整套語法，讓非同步程式方便寫、容易讀。在我們實作等待管理員之前，先來瞭解一下這些和非同步相關的重要語法與工具。

一般函式回傳的是函式內的計算結果，但是如果函式內的處理流程無法馬上給出結果，那麼就可以回傳一個承諾（Promise），保證在計算完成後，會通知呼叫函式的人，並給出結果。

我們用一個小小的例子來說明。假設我們要寫一個等三秒再印一行字的流程，若不用 Promise，可能是這樣寫。

```
// 啟動一個名叫 test 的碼表
console.time("test");
// 用 timeout 讓一個函式在三秒 (3000 毫秒 ) 後被執行
setTimeout(function() {
    // 印出碼表 test 的經過時間
    console.timeEnd("test")
}, 3000);
```

在 Console 中會印出下面這一行。

```
test: 3002.0390625 ms
```

這裡的測試用到一組新工具，console.time() 以及 console.timeEnd()。

這是瀏覽器內建 console 的功能之一，可以啟動一個碼表，並在結束碼表時，印出經過的時間。如果想在結束碼表前，記錄中間經過的時間，則可呼叫 console.timeLog()。

Promise（承諾）

2015 年，JavaScript 在 ECMAScript6（ES6）的標準完備後，出現了 Promise 類別，專門用來處理非同步的程式流程。

我們使用 Promise 來寫一個等待時間的工具函式。

```
/**
 * 寫個等待的函式，回傳一個承諾 (Promise)。
 * 承諾兌現時不需要給計算結果 (void)
 */
function wait(duration: number): Promise<void> {
    // 建立承諾，其建構子需要一個回呼函式作為參數
    return new Promise<void>((resolve, reject) => {
        setTimeout(function() {
            resolve();
        }, duration);
    });
}
```

在建立承諾時，要提供一個回呼函式給 Promise 的建構子，在 Promise 初始化的過程中，會產生兩個用來兌現承諾的函式，resolve 以及 reject，這兩個函式會被當成參數傳到我們給的回呼函式。

resolve(data)：工作完成後，要兌現承諾時呼叫的函式。data 是計算處理的結果。

reject(error)：發現工作無法完成或出現錯誤時呼叫的函式。error 是錯誤的訊息。

我們在回呼函式內，使用 setTimeout(resolve, duration) 讓瀏覽器在經過一段時間（duration）後去呼叫 resolve()，以兌現承諾。

resolve() 和 reject() 都可以讓所屬的 Promise 結束承諾。如果一個 Promise 的 resolve() 或 reject() 被呼叫，那麼這個 Promise 就結束了，之後再次呼叫 resolve() 或 reject() 都不會再有作用。

接著我們利用這個 wait() 來實現等待三秒的工作流程。

```
// 啟動碼表
console.time("test");
let promise = wait(3000);
promise.then(() => {
    // 印出碼表的經過時間
    console.timeEnd("test");
});
```

呼叫 **wait(3000)** 可以得到一個承諾（promise），使用它提供的 .then() 來設定承諾兌現時要做的事，**then** 的中文就是**然後**的意思。因此這段程式讀起來就像「等待三秒，然後印出碼表的經過時間」，這樣的程式讀起來是不是更加順暢。

建立承諾後，如果最後忘了呼叫 resolve() 或 reject()，那麼就算違反 Promise 的精神，整個程式就很有可能會出現 Bug。因此寫程式的時候，無論最後發生了什麼事，一定要呼叫 resolve() 或 reject()，讓等待承諾的人知道最後發生了什麼事。

async ／ await（非同步／等待）

JavaScript 在 2017 年迎來了 ECMAScript 2017（ES8）的標準，加入了處理非同步函式的兩個關鍵字，async 與 await，進一步地強化了程式碼的可讀性。

　　我們保持 wait() 函式不變，然後用 async ／ await 來取代先前使用的
Promise.then() 語法。

```
// 宣告非同步函式
async function test() {
    // 啟動碼表
    console.time("test");
    await wait(3000);
    // 印出碼表的經過時間
    console.timeEnd("test");
}
// 執行非同步函式
test();
```

　　這個寫法簡直就和同步函式一樣，程式執行到有 await 字樣的那一行，
會停下來等待 wait(3000) 結束，然後再繼續後面的程式碼。

　　如果一個函式的內容裡用到了 await，代表這個函式本身也是一個非同
步的函式，所以必須在宣告函式時，在前面加上 async 字樣。

🎮 非同步的錯誤處理 ▷

　　前面使用 Promise ／ async ／ await 的例子中，並沒有處理錯誤發生時
的流程，這邊簡單補充一下。

　　下面舉一個除法函式的例子。雖然這例子完全不需要非同步的處理，不
過可以給同學一個清楚的説明。

```
/**
 * 宣告一個除法的非同步函式
 * 承諾兌現時會給出加法計算的結果
 */
function devide(num1: number, num2: number): Promise<number> {
    return new Promise<number>((resolve, reject) => {
```

```
        if (num2 == 0) {
            reject(" 除數不能是 0");
        } else {
            resolve(num1 / num2);
        }
    });
}
```

接著我們示範以 Promise 來處理的流程。

```
devide(1, 2)
    .then((result) => {
        console.log(' 計算結果 =' + result);
    })
    .catch((error) => {
        console.log(' 出差錯了 : ' + error);
    })
```

Promise 用 .then() 來接收計算結果，用 .catch() 來接收錯誤結果。

然後再來看看 async ／ await 是怎麼處理非同步函式的。

```
async function test() {
    try {
        let result = await devide(1, 2);
        console.log(' 計算結果 =' + result);
    } catch (error) {
        console.log(' 出差錯了 : ' + error);
    }
}
test();
```

以 async ／ await 來處理非同步流程，看起來就很像同步函式，讓非同步程式寫起來更加簡潔易讀。

等待管理員

接著要運用上面學到的知識來寫等待管理員了。

一般的等待工具，可以用上一節寫的方法，以 setTimeout() 來完成等待的任務。

但在遊戲中，我們要嚴守時間單位為 tick 的規則，並用 ticker 給的時間作為等待的時間單位。如果沒有遵循 Ticker 的規則，那麼就無法透過改變 ticker 的 FPS，對等待函式造成影響。

在等待管理員中，每增加一個等待，就要新建一個物件來儲存該次等待的資料，包括 Promise 給的兌現函式（resolve）及何時要兌現的時間戳。等待管理員會在每個 tick 檢查有哪些等待的時間已經到了，並對這些該兌現承諾的等待，呼叫其中的兌現函式。

在函式庫中新增檔案 **src/lib/WaitManager.ts** ，先定義等待的類別。

```
class WaitProxy {

    constructor(
        public endTime: number,
        public resolve: () => void,
        public reject: (error: string) => void
    ) {

    }

    cancel() {
        this.reject("Wait canceled")
    }
}
```

這個類別建構子的參數除了剛剛講的兌現函式（resolve）及拒絕函式（reject），還有等待結束的時間戳（endTime）。

我們到時會在時間到的時候，呼叫 WaitProxy 裡的 resolve()，讓等待的承諾兌現。

另外，WaitProxy 還提供了 cancel() 函式，讓等待承諾的人有辦法取消等待。cancel() 函式內呼叫了來自 Promise 的 reject()，也就是説，如果執行過 cancel() 函式，之後時間到了再要執行 resolve() 兌現承諾也不會有作用。

接著寫 **WaitManager**，建構子需要來自 Pixi 的 ticker，並將它的更新函式（update）加入 ticker 的更新列表。

```
import { Ticker } from "pixi.js";
...
export class WaitManager {

    private waits: WaitProxy[] = []

    private now = 0;

    constructor(public ticker: Ticker) {
        ticker.add(this.update, this);
    }

    destroy() {
        this.ticker.remove(this.update, this);
    }

    private update(dt: number) {
        this.now += dt;
        // 還沒寫完
    }
}
```

其中 **update(dt)** 會在每次 Ticker 更新時，把 ticker 傳進來的經過時間（dt）加到類別裡的 now 屬性，單位是 tick，這樣 WaitManager 裡的 now 屬性，就能記錄目前的時間，單位為幀（tick）。

WaitManager 有個非常重要的屬性 **waits: WaitProxy[]**，儲存所有的等

待，並且這個陣列會以 **endTime** 的值排序，從小排到大，因此我們在更新函式裡，從陣列的頭開始檢查兌現時間，只要找到第一個兌現時間還沒到的等待，代表排在這個等待後面的其他等待，它們的兌現時間也一定還沒到，用這個規則來最佳化等待管埋員的效率。

我們用上面的思路把 update(dt) 寫完。

```
...
private update(dt: number) {
    this.now += dt;
    // 持續 loop，直到沒有等待了
    while (this.waits.length) {
        // 取出最前面的等待
        let first = this.waits[0];
        // 如果時間還沒到，離開 loop，不用再往下查了
        if (first.endTime < this.now) {
            break;
        }
        // 把最前面的等待移除（也就是 first）
        this.waits.shift();
        // 兌現等待的承諾
        first.resolve();
    }
}
```

最後來寫增加等待的函式。

```
...
import { ArrayUtils } from "./ArrayUtils";
...
    ...
    public add(ticks: number) {
        return new Promise<void>((resolve, reject) => {
            // 建立等待物件
            let wait = new WaitProxy(
                this.now + ticks,
                resolve,
```

```
        reject
    );
    // 放到等待陣列
    this.waits.push(wait);
    // 將陣列以 endTime 排序
    ArrayUtils.sortNumericOn(this.waits, 'endTime');
    })
  }
```

這樣等待管理員就寫好了。我們可以在 **src/main.ts** 裡面建立一個全域的等待管理員，方便遊戲裡直接拿來用。

打開 **src/main.ts**，在建立遊戲物件前先建立全域的等待管理員。

```
...
import { WaitManager } from './lib/WaitManager';
...
let waitManager = new WaitManager(app.ticker);
/**
 * 等待函式
 */
export function wait(ticks: number) {
    return waitManager.add(ticks);
}
```

如此一來，遊戲中就可以使用 wait() 函式來處理等待時間的非同步遊戲流程。

▷ 7-8　侵略者的移動

我們先為 Invader 加個移動的函式 **onFlockMove(moveX, moveY)**，然後在遊戲中對 invaders 陣列中的每個成員都以這個函式讓它們移動。

打開 **Invader.ts**，在類別最後加入 **onFlockMove(moveX, moveY)**。

...

```
export class Invader {
    ...
    /**
     * 當外星人群體要移動時呼叫的函式
     */
    onFlockMove(moveX: number, moveY: number) {
        this.x += moveX;
        this.y += moveY;
    }
}
```

接著打開 **SpaceInvadersGame.ts** ，加上一個新的函式將侵略者大軍一起移動。

```
...
import { Invader } from "./Invader";
...
export class SpaceInvadersGame {
    ...
    moveInvaders(moveX: number, moveY: number) {
        for (let invader of this.invaders) {
            invader.onFlockMove(moveX, moveY);
        }
    }
}
```

然後先在類別的開頭加上侵略者大軍的移動週期。

```
...
export class SpaceInvadersGame {
    ...
    invadersMoveInterval = 20;
    ...
```

再寫一個非同步函式來定時移動侵略者大軍。

```
...
import { getStageSize, wait } from "../main";
...
```

```
export class SpaceInvadersGame {
    ...
    async moveInvadersLoop(moveX: number) {
        // 等待移動週期的時間
        const delay = this.invadersMoveInterval;
        await wait(delay);
        // 如果還有外星人在飛才要群體移動
        if (this.invaders.length) {
            this.moveInvaders(moveX, 0);
        }
        // 遞迴呼叫
        this.moveInvadersLoop(moveX);
    }
```

呼叫這個函式後，在函式中會先等待一段時間（invadersMoveInterval），然後全軍平移 moveX，接著再遞迴式地呼叫自己一次，這樣就可以達成循環式的平移更新。

這個定時自我呼叫的函式，有點像上一章講的遞迴，不過非同步的遞迴每次回呼自己時，並不在同一個 tick，因此不會有堆疊溢位的問題，很適合拿來製作簡單的動畫。

在 **SpaceInvadersGame.ts** 的建構子建立侵略者大軍後，呼叫這個平移更新函式，讓這個函式自己完成移動更新的無限循環。

```
...
export class SpaceInvadersGame {
    ...
    constructor(public app: Application) {
        ...
        // 大軍齊步走，每隔幾個 tick 向右移動 10 個像素
        this.moveInvadersLoop(10);
    }
```

在瀏覽器應該可以看到六隻外星生物持續往右移動，一直移動，一直移動，一直移動到畫面外，然後…咦…全軍消失。

為了修正這個 BUG，我們要在侵略者大軍撞到畫面邊界時，往下移動一小段距離，然後再改往左方前進。

這裡需要寫一個函式，判斷侵略者大軍是不是已經靠近畫面邊界，需要轉向了。先判斷大軍朝右走的狀況。

```
...
private invadersNeedToTurn(moveX: number): boolean {
    // 如果目前大軍朝右走
    if (moveX > 0) {
        // 找出最靠右側的侵略者
        let maxXInvader = this.invaders.reduce(
            (maxInvader, nextInvader) => {
                if (maxInvader.x > nextInvader.x) {
                    return maxInvader;
                } else {
                    return nextInvader;
                }
            }
        );
        // 回傳最右側侵略者的 x 是不是超出邊界的右邊
        let edgeMax = getStageSize().width - maxXInvader.width;
        return maxXInvader.x > edgeMax;
    } else {
        // 等一下寫
    }
}
```

接著再判斷大軍朝左走的狀況。

```
private invadersNeedToTurn(moveX: number): boolean {
    ...
    if (moveX > 0) {
        ...
    } else {
        // 找出最靠左側的侵略者
        let minXInvader = this.invaders.reduce(
            (minInvader, nextInvader) => {
```

```
                    if (minInvader.x < nextInvader.x) {
                        return minInvader;
                    } else {
                        return nextInvader;
                    }
                }
            );
            // 回傳最左側侵略者的 x 是不是超出邊界的左邊
            let edgeMin = minXInvader.width;
            return minXInvader.x < edgeMin;
        }
    }
```

這裡用到陣列的 .reduce() 去尋找最靠邊界的侵略者，然後再比對最邊邊的侵略者是不是超出邊界。如果忘了 Array.reduce() 的用法，可以回到第四章複習一下。

我們還需要一個函式來決定侵略者大軍是不是要往下降，如果最下方的外星人已經在畫面底部，我們就不需要讓侵略者大軍繼續靠近地球。

```
    ...
    private invadersNeedToGoDown(): boolean {
        // 找出最靠下方的侵略者
        let maxYInvader = this.invaders.reduce(
            (maxInvader, nextInvader) => {
                if (maxInvader.y > nextInvader.y) {
                    return maxInvader;
                } else {
                    return nextInvader;
                }
            }
        );
        // 回傳最下方侵略者的 y 是不是超出下方邊界
        let maxStageEdge = getStageSize().height - maxYInvader.height;
        return maxYInvader.y > maxStageEdge;
    }
```

回到 moveInvadersLoop() 裡，我們修改一下程式碼，就可以讓大軍碰到邊界時轉向。

```
async moveInvadersLoop(moveX: number) {
    const delay = this.invadersMoveInterval;
    await wait(delay);
    // 如果還有外星人在飛才要群體移動
    if (this.invaders.length) {
        this.moveInvaders(moveX, 0);
        if (this.invadersNeedToTurn(moveX)) {
            if (this.invadersNeedToGoDown()) {
                await wait(delay);
                this.moveInvaders(0, 20);
            }
            moveX = -moveX;
        }
    }
    // 遞迴呼叫
    this.moveInvadersLoop(moveX);
}
```

函式的邏輯如下：

1. 先等待 delay

2. 全體平移 moveX

3. 如果檢測到需要轉向

    (1) 如果需要往地球靠近

        1) 再次等待 delay

        2) 全體往下移動 20 個像素

    (2) 將 moveX 轉向

4. 呼叫自己進入下個循環

這樣一改，侵略者們就會以符合我們期待的方式整體移動了。不過無限循環的 moveInvadersLoop()，在遊戲結束時會造成問題，我們需要在遊戲結束時，讓這個循環終止。

在 SpaceInvadersGame 裡加上一個新屬性 **destroyed**，預設是 false，

表示一開始遊戲未被毀壞。

```
...
export class SpaceInvadersGame {
    ...
    destroyed = false;
    ...
```

接著在 destroy() 裡，將這個屬性變成 true。

```
...
export class SpaceInvadersGame {
    ...
    destroy() {
        ...
        this.destroyed = true;
    }
```

然後 moveInvadersLoop() 就可以靠著這個屬性，決定要不要繼續循環下去。

```
    ...
    async moveInvadersLoop(moveX: number) {
        if (this.destroyed) {
            // 直接結束這個函式，不再進入下個循環
            return;
        }
        ...
```

我們回到建構子，加上更多侵略者吧！首先加上一排外形二的外星人（type 為 1）。

```
    ...
    constructor(public app: Application) {
        ...
        this.createInvadersRow({
```

```
        type: 1, // 外形二
        x: 100,
        y: 200,
        amount: 6,
    });
    ...
}
```

再加一排外形三的外星人（type 為 2 ）。

```
    ...
    this.createInvadersRow({
        type: 2, // 外形三
        x: 100,
        y: 160,
        amount: 6,
    });
    ...
```

有了三排外星人，加上可以移動的地球防衛砲台，就已經很有經典小蜜蜂的感覺了。不過現在還少了砲彈與從敵人落下的不明飛彈。

▷ 7-9 砲彈

首先準備好砲彈要用的圖，檔案要存在 **src/images/cannonballs.png** 。

▲ 圖 7-6 砲彈的素材圖片

這張圖包含左邊的直線砲彈，給玩家的砲台用。右邊的閃電是外星人發射的子彈。

我們開一個新檔案來寫砲彈的類別， **src/space-invaders/Cannonball. ts** 。

```typescript
import { BaseTexture, Rectangle, Sprite, Texture } from "pixi.js";
import { SpaceInvadersGame } from "./SpaceInvadersGame";
import cannonballsImage from '../images/cannonballs.png';

export class Cannonball {
    // 砲彈的圖
    sprite = new Sprite();

    constructor(
        public game: SpaceInvadersGame,
        x: number,
        y: number
    ) {
        // 載入圖片、建立材質、設定精靈圖
        let baseTexture = BaseTexture.from(cannonballsImage);
        let textureFrame = this.getSpriteTextureFrame();
        let texture = new Texture(baseTexture, textureFrame);
        this.sprite.texture = texture;
        // 把精靈圖放到舞台上的初始位置
        this.game.app.stage.addChildAt(this.sprite, 0);
        this.sprite.position.set(x, y);
    }
    protected getSpriteTextureFrame(): Rectangle {
        return new Rectangle(1, 0, 4, 14);
    }

    destroy() {
        this.sprite.destroy();
    }
    get destroyed(): boolean {
        return this.sprite.destroyed;
    }
}
```

建構子和 Invader 幾乎一樣，不過我們另外寫了一個函式 getSpriteTextureFrame() 來取得材質在基底材質中需要的部位，並且把這個函式宣告為 protected，原因和晚點我們要講的類別繼承有關，這邊先按下不表。

　　砲台的材質和 Invader 一樣，只取材質基底的一部分，以（1, 0）為左上角切一塊 4x14 的矩形作為砲彈的樣式。

　　我們再寫個砲彈往上飛的移動更新函式。

```
...
/**
 * 移動更新函式
 */
moveUpdate(dt: number) {
    let speed = 4;
    this.sprite.y -= dt * speed;
    // 往上超出舞台範圍時，刪掉自己
    if (this.sprite.y < -this.sprite.height) {
        this.destroy();
    }
}
```

　　然後在建構子把這個函式加到 Ticker 裡。

```
...
constructor(...) {
    ...
    // 把移動更新函式加到 Ticker
    game.app.ticker.add(this.moveUpdate, this);
}
```

　　並記得在 destroy() 時從 Ticker 中移除更新函式。

```
destroy() {
    ...
    this.game.app.ticker.remove(this.moveUpdate, this);
}
```

使用鍵盤射出砲彈

有了砲彈的類別，我們打開 **PlayerCannon.ts**，準備讓玩家按下空白鍵射出砲彈。在建構子的最後，把砲台射擊的更新函式加到 Ticker。

```
...
export class PlayerCannon {
    ...
    constructor(public game: SpaceInvadersGame) {
        ...
        // 開始進行砲台射擊
        game.app.ticker.add(this.shootUpdate, this);
    }
```

並在 destroy() 把更新函式從 Ticker 中移除。

```
destroy(): void {
    ...
    this.game.app.ticker.remove(this.shootUpdate, this);
}
```

接著來寫 shootUpdate() 的內容。

```
/**
 * 砲台射擊的更新函式
 * @param dt 經過時間
 */
private shootUpdate(dt: number) {
    this.shootCooldown -= dt;
    if (
        this.shootCooldown <= 0 &&
        keyboardManager.isKeyDown(KeyCode.SPACE)
    ) {
        this.shootCooldown = 60;
        new Cannonball(this.game, this.sprite.x, this.sprite.y);
    }
}
```

這個函式的邏輯中有個 shootCooldown（射擊冷卻時間），用來控制砲擊的最高射速。

一開始的冷卻時間為零，所以 if 裡的條件式只要空白鍵是按下去的狀態，就會通過 if 的條件，重新設定 shootCooldown 並新建一個 Cannonball()。這個砲彈會自行往上飛行，直到飛出舞台後自我銷毀。

在射出砲彈的同時，我們把冷卻時間重設為 60，因此下一次 shootUpdate 在執行時，dt 過了一個 tick，而 shootCooldown 減少 dt 後仍大於零，此時即使空白鍵是按下去的狀態，if 的條件式也不會成立。要一直等到時間過了 60 個 tick 後，shootCooldown 降到零以下，才能再次射擊。

雖然砲彈是射出去了，但目前還不會對外星人產生影響。我們加個函式來處理砲彈與外星人們的碰撞，並讓外星人被砲彈打到之後毀滅。

外星人的毀滅

在開始寫砲彈的碰撞之前，我們要先準備好讓外星人毀滅的程序。

打開 **Invader.ts**，加個函式來製作外星人毀滅時的動畫與程序。

```
...
export class Invader {
    ...
    /**
     * 外星人毀滅時的動畫與程序
     */
    async hitAndDead() {
        // 改變材質在基底材質上的矩形（換成最右側的 50x34）
        const texture = this.sprite.texture;
        texture.frame = new Rectangle(200, 0, 50, 34);
        await wait(10);
        this.destroy();
    }
```

　　我們先取得外星人精靈圖的材質，把材質在基底材質上切塊的範圍改成最右側表示毀滅的特效。然後等待 10 個 tick，再把這個外星人整個銷毀清除。

　　不過直接呼叫這個函式毀滅外星人會有個問題。記得在 SpaceInvadersGame 類別中有個 **invaders: Invader[]** 的陣列嗎？那個陣列裡存著所有的外星人，遊戲中是靠著這個陣列讓所有的外星人一起進行移動。

　　如果其中一個外星人被砲彈毀滅了，但是卻沒有把它從這個 invaders 陣列中移除，那麼在進行群體移動時，就會操作到已經被毀滅的外星人，錯誤就會發生。

　　打開 **SpaceInvadersGame.ts**，加上用來毀滅外星人的函式，之後要將外星人毀滅，就不要直接呼叫 **invader.hitAndDead()**，而要呼叫 **SpaceInvadersGame.hitAndRemoveInvader(invader)**，才不會發生錯誤。

```
...
export class SpaceInvadersGame {
    ...
    /**
     * 移除並毀滅外星人
     */
    async hitAndRemoveInvader(invader: Invader) {
        // 把 invader 從陣列中移除
        ArrayUtils.removeItem(this.invaders, invader);
        // 讓 invader 顯示毀滅動畫並自我清除
        await invader.hitAndDead();
    }
}
```

有了處理外星人毀滅的程式，我們就可以來寫砲彈的碰撞了。

砲彈的碰撞

　　打開 **Cannonball.ts**，在類別的最後加入函式 hittestInvaders()，用來找出被砲彈打中的外星人。

```
...
import { Invader } from "./Invader";
...
export class Cannonball {
    ...
    /**
     * 砲彈的碰撞檢測函式
     * 回傳被打到的外星人
     */
    hittestInvaders(): Invader | undefined {
        let bounds = this.sprite.getBounds();
        return this.game.invaders.find((invader) => {
            return invader.sprite.getBounds().intersects(bounds);
        });
    }
}
```

　　這裡用到 Sprite 類別提供的 **getBounds()** 工具函式。getBounds() 會回傳一個矩形（Rectangle），用來表示這個精靈圖在舞台上占據的矩形範圍（Bounding Box），可以用來檢查繪圖器之間的碰撞。Pixi 的矩形提供了 **intersects()** 函式，可以知道兩個矩形之間是不是有交集。

　　利用陣列提供的 .find(fn) 函式，可以從遊戲中的 invaders 陣列找一個符合資格的外星人，其中 .find() 裡面作為參數的回呼函式是計算有無資格的函式。合格的條件是外星人精靈圖的 getBounds() 和砲彈的 bounds 有交集。

　　Array.find(fn) 不一定找得到符合資格的物件，所以回傳的值有可能是其中一個外星人（Invader），也可能沒找到而回傳 undefined。因此我們在宣告函式 hittestInvaders() 時，可以宣告回傳值為 Invader 與 undefined 的聯集，意思是告訴呼叫此函式的人，這函式有可能給你 Invader，也可能給你 undefined。

　　接著我們在砲彈的 moveUpdate() 裡，運用這個碰撞檢測的函式，讓被撞到的外星人受到毀滅攻擊。

```
moveUpdate(dt: number) {
```

```
...
if (this.sprite.y < -this.sprite.height) {
    ...
} else {
    // 取得被撞到的外星人
    let hitInvader = this.hittestInvaders();
    // 如果有找到被撞到的外星人
    if (hitInvader) {
        // 呼叫 game 裡處理毀滅外星人的函式
        this.game.hitAndRemoveInvader(hitInvader);
        // 再把砲彈自己也銷毀
        this.destroy();
    }
}
}
```

這裡的 **if (hitInvader)** 是很常用的條件式，用來判斷 hitInvader 是不是空值。

在 JavaScript/TypeScript 中會被 if 當成是 false 的值，包括以下幾項：

- **false**
- **undefined**
- **null**
- **""**（空字串）
- **0**（數字 0）
- **Number.NaN**（非數字的數字 /Not a Number）

因此若得到的 hitInvader 是個 Invader 物件，在 if 條件式裡就會被當成是 true。反之，若 hitInvader 是 undefined，則會被當成 false。

現在玩家可以發射砲彈把外星人擊落了。不過玩著玩著，總感覺少了點滿足感。

沒錯！少了音效，遊戲就不是遊戲了。

▷ 7-10 播放音效

瀏覽器提供了 Web Audio API，讓 JavaScript 有辦法建立不同的音源，以及處理音效的各種濾聲器、變音器、左右聲道調整、混音等聲音節點，而且這些節點之間還能互相連結來達到千變萬化的聲音效果。

下圖是網路上常見的 Web Audio 節點連結範例。

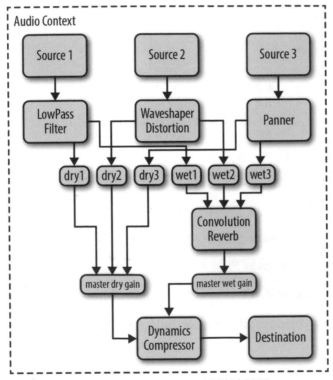

▲ 圖 7-7 Web Audio 節點連結圖

不過這些 API 用起來有點麻煩，我們只是想要載入一個聲音檔，在適當的時間播放而已，有沒有比較方便的函式庫能拿來用呢？

有的！我們接著就來安裝 **PIXI.Sound** 這套和 Pixi 完美整合的音效函式庫。

@pixi/sound 音效播放函式庫

在 Terminal 面板中輸入以下指令，把 PIXI.Sound 安裝到我們的專案。

```
npm install @pixi/sound
```

安裝完畢後，專案裡的 package.json 會在 dependencies 多一行 @pixi/sound 的版本控制。

```
...
"dependencies": {
    "@pixi/sound": "^5.0.0",
    "dat.gui": "^0.7.9",
    "pixi.js": "^7.0.4"
}
...
```

接著下載四個音效，並存放到目錄 **src/sounds/** 。

- **cannonShoot.wav** 玩家砲台射擊
- **invaderKilled.wav** 外星人被擊落
- **invadersMove.was** 外星人移動聲
- **cannonExplode.wav** 玩家砲台爆炸聲

音效網址 https://github.com/haskasu/book-gamelets/tree/main/src/sounds

打開 **PlayerCannon.ts** ，在開頭匯入 Sound 函式庫以及音效檔。

```
...
import { Sound } from "@pixi/sound";
import cannonShootSnd from '../sounds/cannonShoot.wav';
...
```

在 shootUpdate() 函式發射砲彈的地方，加入播放音效的程式碼。

```
...
private shootUpdate(dt: number) {
    ...
    if(...) {
        ... /* new Cannonball 的地方 */ ...
        Sound.from(cannonShootSnd).play().volume = 0.2;
    }
}
```

播放音效只要一行，很方便吧！

如果在測試時沒聽見聲音，可以試著用滑鼠在遊戲畫面上點一下。

如果一個剛剛載入的網頁沒有被使用者聚焦（focus），瀏覽器預設會讓這個網頁靜音，直到使用者聚焦至這個網頁。

大部分的瀏覽器都會有這個標準的行為，目的是防止一些隱藏的網頁在使用者沒注意到的狀況下發出聲音，干擾使用者專注於正在閱讀的頁面。

用滑鼠在遊戲畫面上點一下，就可以讓瀏覽器聚焦於遊戲網頁。

我們把剛剛播放音效短短的一行程式拆開成三行，看看藏在裡面的細節與問題。

```
// 建立音效音源
let sound = Sound.from(cannonShootSnd);
// 播放音效
let instance: IMediaInstance = sound.play();
// 調整音量
instance.volume = 0.2;
```

這幾行程式看起來很單純，但其實中間大有問題。

首先一個大問題，Sound.from() 裡面並不會幫我們把相同的音源儲存起來，每次發射砲彈都會重新載入一次音效檔，造成不必要的記憶體空間使用，也浪費了 CPU 重覆分析音效檔並建構音源資料的時間。

第二個問題是 **sound.play()** 回傳的結果不一定是 **IMediaInstance** 。在音效檔尚未分析完畢前， **sound.play()** 回傳的是一個非同步的 **Promise** ，在這種情況下直接把 instance 當成 IMediaInstance 去改變音量或播放速度，就會發生錯誤。

為了解決這些問題，我們要在專案裡建立咱們自家的音效函式庫。

ᕙ 專案內的音效函式庫 ᕗ

在函式庫資料夾內新增 **src/lib/SoundUtils.ts** 。

```typescript
import { Sound, PlayOptions } from "@pixi/sound";

const soundLib: { [key: string]: Sound } = {};

export async function playSound(source: string, options?: PlayOptions) {
    let sound = soundLib[source];
    if (!sound) {
        soundLib[source] = sound = Sound.from(source);
    }
    return await sound.play(options);
}
```

這個匯出的 playSound() 等於把 Sound.from() 以及 sound.play() 結合在一起，變成一個方便播放音效的函式。

在檔案中我們先建立一個音源圖書館（soundLib），每次播放音效時，就先去圖書館裡找找這個音源是不是之前已經建立過了，如果找到就直接拿來用，如果沒找著，就用 Sound.from() 建立音源，並放入圖書館。

有了 sound 物件，接著就呼叫 sound.play() 來播放，但播放出來的結果有可能是 **IMediaInstance** ，也可能是 **Promise** ，這樣很難用，所以要在 sound.play() 之前，加上 await 來等待。

當我們用 await 時，如果 await 後面跟著的是一個 Promise（如 "Promise<IMediaInstance>"），那程式就會等待這個 Promise 兌現承諾。

但如果 await 後面接的不是 Promise，比如後面接的是 IMediaInstance，那也不要緊，await 會先把這個物件用 Promise 包裝起來，再用對待 Promise 的方式對待它。

因此我們用 await 來等待 **sound.play()**，這樣無論是 **IMediaInstance** 或 **Promise**，在 await 之後都會是 **IMediaInstance**，可以直接拿來操作。

這裡注意一下，我們故意不宣告 playSound() 回傳值的型別，因為程式如果寫得很正規的話，回傳值的型別就會很明確，TypeScript 對這種定義明確的函式，會自動幫我們解析其回傳型別，不需要我們自己寫。

想要使用這個函式的時候可以這樣寫。

```
async function playShootSound() {
    let instance = await playSound(source);
    instance.volume = 0.5;
}
```

如此一來，之前使用 @pixi/sound 遇到的兩個問題，就都獲得了解決。

改進射擊音效播放流程

回到 **PlayerCannon.ts**，我們把建立砲彈的程式放在一個新的函式裡，並在其中播放音效。

```
...
private shootUpdate(dt: number) {
    ...
    if (...) {
        ...
        this.createCannonball();
    }
}
private async createCannonball() {
    new Cannonball(this.game, this.sprite.x, this.sprite.y);
    let instance = await playSound(cannonShootSnd);
    // 降低音效的音量
```

```
        instance.volume = 0.2;
    }
```

上面播放音效並降低音量的寫法，是為了示範 playSound 的非同步流程。實際上，初始音量可以放在參數 PlayOption 裡。

```
playSound(source, { volume: 0.2 });
```

外星人被擊落的音效

打開 **Invader.ts**，在開頭加上匯入函式庫及音效檔的程式碼。

```
...
import { playSound } from "../lib/SoundUtils";
import invaderKilledSnd from '../sounds/invaderKilled.wav';
...
```

然後在 hitAndDead() 函式裡的第一行播放音效。

```
...
async hitAndDead() {
    playSound(invaderKilledSnd, { volume: 0.2 });
    ...
}
```

外星人群體移動的音效

打開 **SpaceInvadersGame.ts**，在開頭加上匯入函式庫及音效檔的程式碼。

```
...
import { playSound } from "../lib/SoundUtils";
import invadersMoveSnd from '../sounds/cannonShoot.wav';
...
```

在 moveInvadersLoop() 裡移動外星人後播放移動的音效。

```
...
async moveInvadersLoop(moveX: number) {
    ...
    if (this.invaders.length) {
        ...
        playSound(invadersMoveSnd, { volume: 0.2 });
    }
    ...
}
```

之後我們還會再加入更多音效，不過這裡暫時寫到這兒。接下來我們還有更重要的事情要先做。

▷ 7-11 外星人也要對玩家射擊

外星人會往地球投放不明材料的飛彈，我們要為這種砲彈寫一個類別，不過因為這個類別和玩家發射的 Cannonball 有點像，因此我們來設計一個繼承 Cannonball 的 InvaderDrop。

● 外星飛彈 ▶

新增檔案 src/space-invaders/InvaderDrop.ts。

```
import { Cannonball } from "./Cannonball";

export class InvaderDrop extends Cannonball {

}
```

這樣，InvaderDrop 就會繼承 Cannonball 的所有屬性與函式方法。不過這兩者還是有一些地方不同，首先就是使用的圖案不一樣。

當初在設計 Cannonball 的時候，我們定義了一個函式 getSpriteTextureFrame() 來決定要從基底材質上取哪一塊下來用，那麼在這

個類別中，只要改變這個函式回傳的矩形，就可以讓 InvaderDrop 使用同一
張圖上的另一塊圖樣。

```typescript
import { Rectangle } from "pixi.js";
import { Cannonball } from "./Cannonball";

export class InvaderDrop extends Cannonball {

    protected getSpriteTextureFrame(): Rectangle {
        return new Rectangle(6, 0, 6, 14);
    }
}
```

這邊簡單說明一下 protected 這個關鍵字。

在一般物件導向的程式語言中，屬性與方法可以宣告成 private,
protected, public 三種不同的存取層級，表示該屬性或方法的開放程度。

- **private** 只有宣告的類別能取用。

- **protected** 只有宣告的類別以及繼承這個類別的物件能取用。

- **public** 誰都能取用。如果沒有宣告存取層級，預設就是 public。

除了圖樣不同，外星飛彈的移動方向也不一樣，所以 moveUpdate() 也
要被覆寫。

```typescript
/**
 * 外星人飛彈的移動函式
 */
moveUpdate(dt: number) {
    const sprite = this.sprite;
    let speed = 2;
    sprite.y += dt * speed;

    // 往下超出舞台範圍時，刪掉自己
    if (sprite.y > getStageSize().height + sprite.height) {
        this.destroy();
    } else {
```

```
        const cannon = this.game.cannon;
        const cannonBounds = cannon.sprite.getBounds();
        // 測試有沒有撞到玩家砲台
        if (cannonBounds.intersects(sprite.getBounds())) {
            // 呼叫 game 裡處理砲台毀壞的函式
            // ... 還沒寫 ...
            // 再把自己也銷毀
            this.destroy();
        }
    }
}
```

整個函式基本上和 Cannonball 的很類似，只不過移動方向相反。在碰撞測試時，只需要檢查與玩家砲台之間的碰撞，如果發生碰撞，就呼叫一個讓砲台毀壞的函式（現在還沒寫），並呼叫 destroy() 來銷毀自己。

侵略者的群體攻擊

就如同外星人是整群移動的道理，外星人的攻擊也要整群綁在一起來決定，因此我們回到 **SpaceInvadersGame.ts**，在類別裡複製 moveInvadersLoop() 的運行方法，寫一個 invadersAttackLoop()。

我們先為 SpaceInvadersGame 加一個新的屬性，定義侵略者的攻擊週期，也就是每隔多少個 tick 進行一次攻擊。

```
...
export class SpaceInvadersGame {
    ...
    invadersShootInterval = 90;
    ...
```

然後在建構子的最後加上這行。

```
...
constructor(public app: Application) {
    ...
```

```
    // 大軍攻擊循環
    this.invadersShootLoop();
}
...
```

最後來寫 invadersShootLoop()。

```
/**
 * 大軍攻擊循環函式
 */
async invadersShootLoop() {
    if (this.destroyed) {
        // 若遊戲已滅，直接結束這個函式
        return;
    }
    // 等待攻擊間隔時間
    let delay = this.invadersShootInterval;
    await wait(delay);
    // 如果還有外星人在飛才要發動攻擊
    if (this.invaders.length) {
        // 從大軍中隨機選一位外星人發動攻擊
        let invader = ArrayUtils.getRandomItem(this.invaders);
        // 發射
        new InvaderDrop(this, invader.x, invader.y);
    }
    // 遞迴呼叫自己，進入攻擊循環
    this.invadersShootLoop();
}
```

　　和大軍移動的邏輯類似，先等待射擊的週期，然後從大軍中隨機選一位外星人，在這位外星人的位置上新增一個外星人的射擊飛彈。

　　現在在瀏覽器上試玩的時候，對外星人射擊的同時，也要躲避外星人投下的飛彈了。不過目前就算被外星人的飛彈炸到，砲台也不會受到影響，因為破壞砲台的程式還沒寫呢。

玩家砲台的破壞

如同外星人的毀滅，我們先在玩家砲台裡寫一個類似的函式。打開 `PlayerCannon.ts`，先在檔案開頭匯入等一下會使用到的圖片與音效檔。

```
import invadersImage from '../images/invaders.png';
import cannonExplodeSnd from '../sounds/cannonExplode.wav';
```

然後為 PlayerCannon 加上一個新屬性 **dead** ，預設為 false，記錄這個砲台是不是已被破壞。

```
...
export class PlayerCannon {
    ...
    // 是否已被破壞
    dead = false;
    ...
```

在類別的最後加上 hitAndDead() 函式。

```
/**
 * 砲台爆炸時的動畫與程序
 */
async hitAndDead() {
    // 設定砲台已破壞
    this.dead = true;
    // 播放爆炸音效
    playSound(cannonExplodeSnd, { volume: 0.2 });
    // 改變材質為外星人的材質基底最右側的 frame
    const baseTexture = BaseTexture.from(invadersImage);
    const frame = new Rectangle(200, 0, 50, 34);
    const texture = new Texture(baseTexture, frame);
    // 改用外星人被擊落時的特效
    this.sprite.texture = texture;
    this.sprite.pivot.set(frame.width / 2, frame.height);
    // 改變精靈圖的色調
    this.sprite.tint = 0x00FF00;
```

```
// 等待 30 個 ticks
await wait(30);
// 自我清除
this.destroy();
}
```

這裡用到精靈圖（Sprite）中一個還沒介紹過的屬性「tint」，這個屬性相當於可以在精靈圖上著色。

當 Pixi 在繪圖的時候，會將 tint 所代表的顏色值，轉換為亮度的百分比，然後把原本要畫上螢幕的顏色去乘上這個百分比。

如果原圖的顏色是白色，那麼用 tint 改變色調後，白色的部分就會變成 tint 指定的顏色。原圖不是白色的部分，則會依亮度偏向 tint 指定的顏色。tint 在黑色的圖案上沒有作用。

由於以 tint 改變色調，對 Pixi 的繪圖效能幾乎沒有影響，所以非常適合遊戲中動態改變顏色的效果。

接著我們到 **SpaceInvadersGame.ts** 加上處理玩家砲台被擊中的函式。

```
/**
 * 處理玩家砲台被擊中的函式。
 */
async hitPlayerCannon() {
    await this.cannon.hitAndDead();
    // 多等 60 個 tick( 約一秒 )
    await wait(60);
    // 重建一座新的砲台
    this.cannon = new PlayerCannon(this);
}
```

有了這個處理砲台被擊中的函式，我們就可以回到外星飛彈（InvaderDrop），把擊中玩家砲台的函式給補上去。

打開 **InvaderDrop.ts**，在 moveUpdate() 裡，除了要補上之前應該呼叫

game 裡處理砲台毀壞的地方，還要在檢測與玩家砲台碰撞之前，先檢查砲台是不是已被破壞。如果檢查已被破壞的砲台，程式就會發生錯誤，因為已被破壞的砲台中，它的 sprite 已經被 destroy() 過，sprite 裡的 position 等屬性已被銷毀，再拿出來用就會出問題。

```
...
export class InvaderDrop extends Cannonball {
    ...
    moveUpdate(dt: number) {
        ...
        if (...) {

        } else {
            const cannon = this.game.cannon;
            // 砲台沒死才要檢查碰撞
            if (!cannon.dead) {
                ...
            }
        }
    }
}
```

如此，玩家的砲台就能被外星飛彈破壞了。不過試玩一下後，發現有個問題，當砲台被破壞之後，在被銷毀前的 30 個 ticks，玩家還是可以控制砲台移動，也能發射砲彈。

我們回到 **PlayerCannon.ts** ，看到 destroy() 中有兩行用來移除移動與射擊的更新函式（moveUpdate 與 shootUpdate）。這兩行是用來讓砲台停止移動與射擊的，我們要把這兩行抽出來，放到一個新的函式 stop() 裡，因為除了 destroy() 需要停止砲台動作外，在砲台被破壞的同時也要提前停止砲台動作。

在 stop() 中把兩個更新函式從 ticker 裡移除，也順便把 dead 屬性設定為 true。

```
...
destroy(): void {
    this.sprite.destroy();
    this.stop();
}
private stop() {
    this.game.app.ticker.remove(this.moveUpdate, this);
    this.game.app.ticker.remove(this.shootUpdate, this);
    this.dead = true;
}
...
```

在 headAndDead() 函式裡的第一行，用 stop() 停止砲台的移動與射擊。

```
...
async hitAndDead() {
    // 停止移動與射擊，並設定砲台已破壞
    this.stop();
    ...
}
...
```

外星人與砲台的碰撞

玩家砲台除了要躲避外星人投下的飛彈，而且必須在外星人到達地球前，把它們全體殲滅。如果外星人降低高度至畫面底部，那麼在左右移動的過程中就一定會掃到玩家的砲台，這時就應該讓撞在一起的砲台與外星人同歸於盡。

我們把這個碰撞邏輯寫在玩家砲台的類別裡。

打開 **PlayerCannon.ts**，首先在 moveUpdate() 的下方加個新函式來檢測砲台與外星人們的碰撞。

```
/**
 *  處理砲台和外星人們的碰撞
 *  回傳被撞到的外星人
```

```
 */
private hittestInvaders() {
    let bounds = this.sprite.getBounds();
    return this.game.invaders.find((invader) => {
        return invader.sprite.getBounds().intersects(bounds);
    });
}
```

然後在 moveUpdate() 的最後，加上處理砲台和外星人們的碰撞流程。

```
private moveUpdate(dt: number) {
    ...
    // 處理砲台和外星人們的碰撞
    let hitInvader = this.hittestInvaders();
    // 如果有找到撞到的外星人
    if (hitInvader) {
        this.game.hitAndRemoveInvader(hitInvader);
        this.game.hitPlayerCannon();
    }
}
```

這樣遊戲的邏輯部分就差不多完成了。

▷ 7-12　遊戲介面

小蜜蜂遊戲中的介面很簡單，畫面最上方的左邊放分數，每擊落一隻外星人分數就加一。畫面上方的右邊放砲台的三條命，三條命死光遊戲就結束。

☻ 宣告字型樣式 ▶

因為介面上要放文字，所以要先設定字型。請下載我們需要的字型 **upheavtt.ttf**，存放到 **src/fonts/** 備用。

字型的下載網址：https://github.com/haskasu/book-gamelets/blob/

main/src/fonts/

接著打開 **src/style.css** ，目前樣式檔裡面只有定義 body 和 canvas 兩個標籤的樣式，我們要在後面加上定義字型的樣式。

```
...
@font-face {
  font-family: "SpaceInvadersFont";
  src: url(./fonts/upheavtt.ttf) format("truetype");
}
```

在 css 檔案裡定義字型，用的是 @font-face 關鍵字，其中 **font-family** 用來宣告這個字型的名字，**src** 用來指定要使用哪個字型檔。

⬤ 遊戲介面類別 ▶

新增檔案 **src/space-invaders/SpaceInvadersUI.ts** 來實作小蜜蜂的介面類別。

```typescript
import { Container, Text } from "pixi.js";

export class SpaceInvadersUI extends Container {

    constructor(public game: SpaceInvadersGame) {
        super();
        this.loadUI();
    }
    private async loadUI() {
        // 等待字型載入完畢
        await document.fonts.load('10px SpaceInvadersFont');
        this.createText('SCORE', '#FFFFFF', 30, 10);
        this.createText('LIVES', '#FFFFFF', 430, 10);
    }
    /** 方便新增文字繪圖器的函式 */
    private createText(
        label: string,
```

```
        color: string,
        x: number,
        y: number
    ) {
        // 等一下寫
    }
}
```

　　這個類別繼承了 Pixi 提供的 Container 繪圖器。Container 是一個本身不畫圖，但可以容納其他繪圖器的物件。Container 有以下幾點特色：

- 容器內的物件位置會變成相對於容器的位置，因此我們只要移動容器，那麼容器內的繪圖器也會跟著在畫面上一起移動。

- 當我們將容器 destroy() 時，也會順帶幫我們 destroy 容器內的繪圖物件。

　　由於 SpaceInvadersUI 繼承了 Container，因此在建構子中的一開頭，必須先呼叫 super()，也就是 Container 的建構子。如果少了這一行，TypeScript 會提報錯誤。

　　在建構子的第二行呼叫 loadUI() 這個非同步的函式，來載入介面需要的資源，並建立介面上的各個繪圖器。

　　loadUI() 的第一行是用來等待字型載入，document.fonts.load() 會非同步地請瀏覽器幫我們載入指定的字型，參數裡要寫上字型大小及字型名稱。

　　接著用下面寫的 createText() 來建立介面的兩個標題，分別是分數（SCORE）與砲台生命數（LIVES）。

　　我們把 createText() 給寫完。

```
private createText(
    label: string,
    color: string,
    x: number,
```

```
        y: number
    ) {
        // 新增 Pixi 提供的 Text 物件
        let text = new Text(label, {
            fontFamily: '"SpaceInvadersFont"',
            fontSize: 24,
            fill: color,
        });
        // 提高文字的解析度
        text.resolution = 2;
        // 放至指定位置
        text.position.set(x, y);
        // 將文字繪圖器加入 UI 容器
        this.addChild(text);
        return text;
    }
```

Text 是 Pixi 中用來繪製文字的繪圖器，第一個參數是初始的顯示文字，第二個參數可以設定文字的樣式。在我們的遊戲中只設定了字型、大小、填色等三個屬性，同學有興趣可以試試其他樣式的效果。

之後我們把 resolution 設為 2（預設為 1），是為了讓文字繪圖器擁有更好的解析度，讓遊戲全螢幕放大時，文字可以比較清晰。同學可以試著把 resolution 調回 1，再把遊戲畫面放大，看看不同解析度對文字顯示的影響。

接著我們在 **SpaceInvadersGame.ts** 裡的遊戲類別中新增這個我們剛寫好的 UI。

```
...
import { SpaceInvadersUI } from "./SpaceInvadersUI";
...
export class SpaceInvadersGame {
    ..
    // 遊戲介面
    ui = new SpaceInvadersUI();
    ..
```

然後在建構子中，把 ui 加到舞台上。

```
constructor(public app: Application) {
    ...
    // 將 UI 加到舞台上
    app.stage.addChild(this.ui);
}
```

這樣在遊戲畫面上就可以看到我們做到一半的介面文字了。

▲ 圖 7-8　遊戲介面

記得在 **SpaceInvadersGame** 的 destroy() 中，也要把 UI 清掉。

```
destroy() {
    ...
    this.ui.destroy();
    ...
}
```

分數

接著要放一些會隨著遊戲的進展，動態改變的文字。在介面中加上分數參數，還有一個 Text，用來顯示分數的繪圖器。

```
...
export class SpaceInvadersUI extends Container {
    // 遊戲會用到的兩個屬性
    private score = 0;
    private scoreText?: Text;
    ...
```

然後在 loadUI() 的最後，建立 scoreText。

```
private async loadUI() {
    ...
    // 顯示分數的繪圖器
    this.scoreText = this.createText(
        this.score.toLocaleString(),
        '#00FF00',
        110,
        10
    );
}
```

這邊要注意一下，我們是等字型載入完畢才建立文字繪圖器，因此在遊戲的一開始，scoreText 會有一小段時間是空值，所以在宣告屬性的時候要加上問號 **scoreText?: Text**，表示這個屬性不一定要初始值。

下來寫一個函式用來增加分數。

```
/**
 * 改變分數
 */
addScore(score: number) {
    this.score += score;
```

```
        if (this.scoreText) {
            this.scoreText.text = this.score.toLocaleString();
        }
    }
```

這個函式的邏輯很簡單，就是把目前分數加上新得到的分數，然後更新分數繪圖器的文字。

在更新分數繪圖器的時候，要記得檢查 scoreText 是不是空的，只有在字型載入完成，scoreText 被建立後，我們才要更新分數的文字繪圖器。

另外，這裡到用了字串的函式 **toLocaleString()**，把數字變成字串。這裡其實用 **toString()** 也可以，但 **toLocaleString()** 會幫我們把超過三位數的數字加上逗號，在數字很大的情況下，能夠提高數字的易讀性。

有 了 addScore()，現 在 回 到 **SpaceInvadersGame.ts**，在 hitAndRemoveInvader() 的開頭，增加 UI 裡的分數。

```
...
export class SpaceInvadersGame {
    ...
    async hitAndRemoveInvader(invader: Invader) {
        // 擊落一隻外星人得 10 分
        this.ui.addScore(10);
        ...
```

▲ 圖 7-9　遊戲分數的顯示介面

最後再加個函式來取得 UI 裡儲存的分數。

```
...
export class SpaceInvadersUI extends Container {
    ...
    /**
     * 取得分數
     */
    getScore() {
        return this.score;
    }
```

我們把 score 這個屬性設定為 **private**，藉此保護這個屬性不被 UI 以外的類別隨意存取，想要變更這個屬性，必須經由 addScore()。這樣做的好處，是避免專案裡互相更改屬性。在規模較大的專案中，如果不限制屬性的存取權，那麼在發生 BUG 的時候，將很難追蹤錯誤的邏輯流向。

砲台生命數

砲台的生命數不是用文字來顯示，我們需要在介面裡建立三個砲台的精靈圖，然後在砲台被炸掉時，將多餘的砲台生命圖清掉。

回到 **SpaceInvadersUI.ts**，先在檔案開頭加入砲台的圖片資源。

```
...
import cannonImage from '../images/cannon.png';
...
```

接著新增砲台生命數的屬性，以及一個砲台生命圖的陣列。

```
...
export class SpaceInvadersUI extends Container {
    ...
    // 砲台生命數
    private lives = 3;
    // 砲台生命圖的陣列
    private liveSprites: Sprite[] = [];
```

然後再寫個函式來更新砲台生命數。

```
/**
 * 更新砲台生命數
 */
setLives(lives: number) {
    // 更新生命數
    this.lives = lives;
    // 將多餘的砲台生命圖清掉
    while (this.liveSprites.length > this.lives) {
        let sprite = this.liveSprites.pop();
        sprite?.destroy();
    }
    // 準備砲台的材質基底備用
    let baseTexture = BaseTexture.from(cannonImage);
    // 補足不夠的砲台生命圖
```

```
while (this.liveSprites.length < this.lives) {
    // 下一個生命圖的 index
    let index = this.liveSprites.length;
    // 新增精靈圖、設位置並縮小、加入 UI 容器
    let sprite = Sprite.from(baseTexture);
    sprite.position.set(510 + index * 42, 11);
    sprite.scale.set(0.6);
    this.addChild(sprite);
    // 將新增的精靈圖加入生命圖陣列
    this.liveSprites.push(sprite);
}
}
```

這個函式的邏輯乍看之下好像有點複雜，不過其實這是個很好的控制陣列長短的方式。

在一開始更新 lives 屬性後，我們把陣列超出 lives 的部分都 destroy() 掉。

接著進入一個迴圈，如果 liveSprites 陣列的大小不足 lives，就新增一個代表生命圖的 Sprite，並把精靈圖加入 liveSprites 陣列。重覆這個邏輯直到最後 liveSprites 的大小和 lives 相同。

最後再加上取得生命數的函式。

```
/**
 * 取得砲台生命數
 */
getLives() {
    return this.lives;
}
```

UI 有了這兩個存取 lives 的函式，我們就可以實際在遊戲中控制生命數了。

打開 **SpaceInvadersGame.ts**，在 hitPlayerCannon() 的最後，原本砲台爆炸後會直接新增一個砲台，現在要根據砲台的剩餘生命來選擇遊戲進程

了。

```
async hitPlayerCannon() {
    ...
    // 檢查目前剩餘生命是否大於 0
    const currLives = this.ui.getLives();
    if (currLives > 0) {
        // 重建新砲台
        this.cannon = new PlayerCannon(this);
        // 更新剩餘生命數
        this.ui.setLives(currLives - 1);
    } else {
        // 遊戲結束
    }
}
```

可以從上面的程式看到，在剩餘生命數大於零的時候，我們才要重建新砲台，並將剩餘生命數減一。如果剩餘生命數為零，那麼遊戲就該結束了。

至此，整個遊戲已經有了大致的模樣了，只差兩個洞要填，一個是生命數降到零的時候要讓遊戲結束，一個是外星人被全部打爆時，要進入下一關。

我們先來填下一關的洞，再來解決遊戲結束的問題。

▷ 7-13 進入下一關

同學先想想，進入下一關的關鍵點應該是放在程式的哪兒呢？

是的，就是在 **SpaceInvadersGame** 的 **hitAndRemoveInvader()** 裡面，也就是當一個外星人被擊落的時間點，我們才要去檢查是否要前往下一關。

在這個外星人被擊落的函式裡，我們會從 invaders 陣列裡移除一個外星人，當 invaders 陣列空了之後，就是進入下一關的時間點了。

🐝 關卡開始的動畫 ◗

當進入一下關的時候，需要一小段動畫讓玩家知道目前已經到哪一關了。另外，我們也要在 UI 介面中加上目前關卡的文字繪圖器。

打開 **SpaceInvadersUI.ts** ，為類別增加一個新的 Text 屬性，用來顯示目前關卡。

```
...
export class SpaceInvadersUI extends Container {
    ...
    // 關卡文字繪圖器
    private levelText?: Text;
    ...
```

然後在類別最後加上顯示關卡的函式。

```
/**
 * 顯示目前關卡
 */
async showLevel(level: number) {
    // 等待字型載入完畢
    await document.fonts.load('10px SpaceInvadersFont');

    let levelText = this.levelText;
    // 如果 levelText 是空的，先建立 Text 繪圖器
    if (!levelText) {
        levelText = this.createText('', '#FFFFFF', 250, 10);
        this.addChild(levelText);
        this.levelText = levelText;
    }
    levelText.text = 'LEVEL ' + level;
    // 用大字在畫面中央顯示關卡開始的動畫
    let text = this.createText('LEVEL '+level, '#FFFFFF', 0, 200);
    // 超大字
    text.style.fontSize = 48;
    // 左右置中
    text.x = (getStageSize().width - text.width) / 2;
```

```
    // 等待兩秒
    await wait(120);
    // 換字
    text.text = 'START';
    // 左右置中
    text.x = (getStageSize().width - text.width) / 2;
    // 等待一秒
    await wait(60);
    // 銷毀大字
    text.destroy();
}
```

由於這個函式有可能在 loadUI() 載入字型完成前被呼叫，為了保險起見，我們也加一行等待字型載入的程式。

函式中接著設定畫面上方固定顯示關卡數的 levelText。

最後再建一個暫時的 Text，用來製作關卡開始的動畫。動畫的設置很簡單，首先把大字放畫面中央，接著等待一秒後，把 text 的字換掉，再等一秒，最後把這個 text 清掉就完成了。

🎮 關卡難度設置 ▶

介面的功能寫完後，我們要為 SpaceInvadersGame 再準備一些新的資料，讓關卡能夠越來越難。

```
...
export class SpaceInvadersGame {
    ...
    // 關卡
    level = 1;
    ...
```

把建構子裡面創造侵略者大軍的程式碼獨立成一個函式，在函式裡，我們依參數給的關卡（level）來決定侵略者的數量。

```
/**
 *  依關卡建立所有的侵略者
 */
createInvadersAll(level: number) {
    let amountPerRow = ;
    this.createInvadersRow({
        type: 0, // 外形一
        x: 40,
        y: 240,
        amount: Math.min(10, 5 + level),
    });
    this.createInvadersRow({
        type: 1, // 外形二
        x: 70,
        y: 200,
        amount: Math.min(10, 4 + level),
    });
    this.createInvadersRow({
        type: 2, // 外形三
        x: 100,
        y: 160,
        amount: Math.min(10, 3 + level),
    });
}
```

這個函式重新安排了每一層的外星人數量，以及每排最左側的外星人位置。隨著關卡數的增加，用來產生外星人的 amount 參數也會增加，讓關卡的難度隨關卡上升。

接著寫進入關卡的非同步函式。

```
/**
 * 關卡開始
 */
async startLevel(level: number) {
    this.level = level;
    // 關卡開始動畫
    await this.ui.showLevel(level)
    // 建立侵略者大軍
    this.createInvadersAll(level);
    // 設定關卡難度
```

```
        this.invadersMoveInterval = Math.max(10, 21 - level);
        this.invadersShootInterval = Math.max(30, 91 - level);
    }
```

這個函式的邏輯很直觀，靠著 createInvadersAll() 決定關卡中外星人的數量，以及最後兩行調整大軍移動的速度與投彈的頻率。

在建構子裡面，我們把原本創造大軍的那幾行抽掉，改成呼叫 startLevel() 來創建侵略者大軍與設定關卡難度。

```
constructor(public app: Application) {
    ...
    this.startLevel(1);
    ...
}
```

最後就是在 hitAndRemoveInvader() 的函式最後，檢查外星人是否全滅。如果外星人全滅，就呼叫 startLevel() 進入下一關。

```
async hitAndRemoveInvader(invader: Invader) {
    ...
    // 如果外星人全滅，則進入下一關
    if (!this.invaders.length) {
        this.startLevel(this.level + 1);
    }
}
```

這樣就完成關卡的設置了。

▷ 7-14　遊戲結束

加上遊戲結束與重新開始的機制，這個遊戲的流程就完整了。

遊戲結束介面 ▶

新建一個檔案 **src/space-invaders/SpaceInvadersGameover.ts** 來製作

遊戲結束的介面，這個介面與遊戲中的介面一樣都繼承了 Pixi 的 Container
容器，介面裡的元件都可以加在這個容器裡，等到這個介面用完之後，直接
呼叫 Container 提供的 destroy() 函式，把介面容器連同在這個容器裡的繪圖
器一起銷毀。

```typescript
import { Container, Graphics, Text } from "pixi.js";
import { keyboardManager } from "../lib/keyboard/KeyboardManager";
import { KeyCode } from "../lib/keyboard/KeyCode";
import { getStageSize, wait } from "../main";
import { SpaceInvadersGame } from "./SpaceInvadersGame";

export class SpaceInvadersGameover extends Container {

    constructor(public game: SpaceInvadersGame) {
        super();
        this.loadUI();
    }
    async loadUI() {
        this.createBackground();
        this.createGameoverText();
        await wait(120);
        this.createRestartText();
        await this.waitUserPressSpace();
        this.destroy();
        // 重建遊戲
        this.game.destroy();
        new SpaceInvadersGame(this.game.app);
    }
    private createBackground() {
        // 新增蓋住遊戲畫面的半透明黑布
    }
    private createGameoverText() {
        // 新增遊戲結束的字樣
    }
    private async createRestartText() {
        // 新增再玩一次的提示字樣 / 動畫
    }
    async waitUserPressSpace() {
        // 等待玩家按下空白鍵
    }
}
```

這個遊戲結束介面的骨架，其邏輯主要放在 loadUI() 這個非同步函式，它的步驟如下：

1. 畫個蓋住遊戲畫面的半透明黑布

2. 顯示「遊戲結束」的字樣

3. 等兩秒

4. 顯示字樣「按空白鍵重玩」

5. 等待玩家按下空白鍵

6. 讓遊戲結束的介面自我銷毀

7. 將遊戲銷毀

8. 重新建立新遊戲

流程很單純，我們接著要把這些空著的函式補起來。

首先用上一章學會的 Graphics 來畫一個不透明度 0.8 的黑布背景，讓遊戲畫面暗下來。黑布的頂端往下移 30 個像素，讓遊戲上方的分數、生命數等介面文字不會被蓋住。

```
private createBackground() {
    let marginTop = 30;
    let graphics = new Graphics();
    graphics.beginFill(0, 0.8);
    graphics.drawRect(
        0,
        marginTop,
        getStageSize().width,
        getStageSize().height - marginTop
    );
    graphics.endFill();
    this.addChild(graphics);
}
```

接著新增遊戲結束的字樣。

```
private createGameoverText() {
    let text = new Text('GAME OVER', {
        fontFamily: 'SpaceInvadersFont',
        fontSize: 48,
        fill: '#FF0000',
    });
    text.position.set(
        (getStageSize().width - text.width) / 2,
        getStageSize().height / 2 - text.height
    );
    this.addChild(text);
}
```

函式內的動畫迴圈

接著是遊戲可重玩的提示動畫，createRestartText()。請注意，這裡會用 async 函式來製作讓文字一閃一閃的動畫，但是從 loadUI() 呼叫這個函式時，並沒有加上 await 關鍵字，代表 loadUI 的流程並不會等待這個閃爍字樣的動畫結束，而會直接跑到下一行程式去等待空白鍵被按下去。

```
private async createRestartText() {
    let text = new Text('press SPACE to try again', {
        fontFamily: 'SpaceInvadersFont',
        fontSize: 24,
        fill: '#FFFFFF',
    });
    text.position.set(
        (getStageSize().width - text.width) / 2,
        getStageSize().height * 0.6
    );
    this.addChild(text);
    // 無限迴圈，直到 text 被毀滅
    while (!text.destroyed) {
        text.visible = !text.visible;
        await wait(60);
    }
}
```

　　這函式的最後有一個無窮迴圈，在一般的函式如果這樣寫，一定會造成網頁當機。

　　不過在一個非同步函式裡，我們可以用這種方法來製作一個持續播放下去的簡易動畫。在迴圈裡先將文字的可視屬性在顯示與隱藏之間變換，然後等待 60 個 ticks 後再次進入文字閃爍的循環。

　　迴圈持續的條件式是 **!text.destroyed**　，雖然我們不會直接將這個 text 銷毀，但在 loadUI 的最後，整個 Gameover 都會在玩家按下空白鍵的時候被銷毀，那麼這個被裝在 Gameover 容器裡的 text 也會一併被銷毀，而這個函式裡的 while 就會發現 **text.destroyed** 變成了 true，迴圈就隨之結束。

🟡 等待鍵盤按鍵 ▶

　　最後要寫一個等待鍵盤按鍵被玩家按下去的非同步函式。

　　仔細想一想，這個函式好像很通用，也許以後的遊戲也會需要，所以我們還是去 KeyboardManager 裡，把這個功能加上去吧。

　　打開 **src/lib/keyboard/KeyboardManager.ts**　，在類別的最後加上這個非同步函式。

```
/**
 * 等待鍵盤按鍵被玩家按下去
 */
async waitUserPressKey(keyCode: string) {
    // 建立 Promise，從參數函式裡取得 resolve 函式
    return new Promise<void>((resolve) => {
        // 宣告發現按鍵被按下去的回呼函式
        let onPress = (event: KeyboardEvent) => {
            // 如果按鍵是我們正在等的
            if (event.code == keyCode) {
                // 取消 pressed 事件的監聽
                this.off('pressed', onPress);
                // 兌現承諾
```

```
                resolve();
            }
        };
        // 監聽 pressed 事件
        this.on('pressed', onPress);
    });
}
```

在建立 Promise 回呼函式裡，我們需要先宣告 onPress 函式，再將這個函式註冊在 pressed 事件的發報對象中。如此我們才有辦法在等待的最後，把這個函式的註冊給取消。

我們還要再加一個等待按鍵被玩家放開的非同步函式。

```
/**
 * 等待鍵盤按鍵被玩家放開
 */
async waitUserReleaseKey(keyCode: string) {
    // 建立 Promise，從參數函式裡取得 resolve 函式
    return new Promise<void>((resolve) => {
        // 宣告有按鍵被放開的回呼函式
        let onRelease = (event: KeyboardEvent) => {
            // 如果按鍵是我們正在等的
            if (event.code == keyCode) {
                // 取消 released 事件的監聽
                this.off('released', onRelease);
                // 兌現承諾
                resolve();
            }
        };
        // 監聽 released 事件
        this.on('released', onRelease);
    });
}
```

兩個函式幾乎一樣，只是監聽的事件不同，一個是等某個鍵被按下去，一個是等某個鍵被放開。這兩個函式合在一起，就可以完成監聽一個鍵先按

下去再放開的動作。

那麼再回到 SpaceInvadersGameover.ts，把 waitUserPressSpace() 寫完。

```
async waitUserPressSpace() {
    const key = KeyCode.SPACE;
    await keyboardManager.waitUserPressKey(key);
    await keyboardManager.waitUserReleaseKey(key);
}
```

這裡我們要先等空白鍵被按下去，再等空白鍵被放開。

可能同學會想問「為什麼不直接等空白鍵被放開就好了呢？」

因為在遊戲中，玩家同樣是用空白鍵來發射飛彈。如果在玩家按下空白鍵的時候剛好遊戲結束，並顯示結束畫面，若是這時直接等待空白鍵被放開，那麼玩家一放開空白鍵就會馬上關閉遊戲結束的視窗，但玩家其實只是不想再射擊，並沒有要關掉視窗呀。

因此我們要先等玩家重新按下空白鍵再放開，才能確定玩家是真的想關閉這個視窗介面。

遊戲結束的時間點

之前已經分析過，遊戲結束的時間點應該放在 hitPlayerCannon() 這個函式裡。我們就在這兒把遊戲結束的介面放進去。

```
async hitPlayerCannon() {
    ...
    if(currLives > 0) {
        ...
    } else {
        // 遊戲結束
        let gameOver = new SpaceInvadersGameover(this);
```

```
            this.app.stage.addChild(gameOver);
        }
    }
```

這樣就完成了,不過實際試玩的時候,卻發現了兩個問題。

1. 在遊戲結束後,外星人大軍還是會繼續移動與射擊,而且還會發出音效,很礙眼。

2. 在遊戲結束的介面下按空白鍵不會重建遊戲。

我們先來解決第一個問題。

在 **SpaceInvadersGame** 的屬性 destroyed 的下方加上一個新屬性 **gameover** ,預設為 false。

```
export class SpaceInvadersGame {
    ...
    destroyed = false;
    gameover = false;
    ...
```

然後在我們建立遊戲結束介面時,把這個屬性設為 true。

```
async hitPlayerCannon() {
    ...
    if (currLives > 0) {
        ...
    } else {
        // 遊戲結束
        this.gameover = true;
        ...
    }
```

接著在移動外星人大軍和外星人投彈的循環函式開頭,檢查遊戲是否已結束。若 gameover 為 true,就不再繼續循環。

```
...
async moveInvadersLoop(moveX: number) {
    if (this.destroyed || this.gameover) {
        // 若遊戲已滅，直接結束這個函式
        return;
    }
    ...
async invadersShootLoop() {
    ...
    if (this.destroyed || this.gameover) {
        // 若遊戲已滅，直接結束這個函式
        return;
    }
```

如此一來，在遊戲結束後，外星人的移動和投彈就會跟著停止。

至於第二個問題，在遊戲結束後按空白鍵，可以看到 Console 面板出現如下的錯誤訊息。

▲ 圖 7-10　遊戲結束清空資源時發生的錯誤

這個錯誤發生在 PlayerCannon.ts 中，destroy() 函式裡的 **this.sprite.destroy();** 這一行。

所有 Pixi 的繪圖器在執行過 destroy() 後，就不能再次被 destroy()，因為裡面有些東西會被指定為 null，對成為 null 的變數進行操作就會出現錯誤。

所以通常我們想要 destroy 繪圖器等有類似問題的物件時，我們會改成這樣寫。

```
sprite.destroyed || sprite.destroy();
```

在 JavaScript/TypeScript，**||** 以及 **&&** 這兩個邏輯運算子很常被拿來當作類似 if 的條件式，下面簡單說明這裡的用法。

A **||** B 中的 **||** 是一個運算子，會讓這個運算式回傳 A **或** B。如果 A 的值相當於 true，那整個式子就一定是 true，因此就不需要再看 B 了，B 所代表的函式或運算都不會被執行。

若 A 的值相當於 false，這時就需要知道 B 的值是 true 還是 false，因此 B 所代表的函式或運算就會被執行，相當於 **if(!A) { B }** 的流程。

A **&&** B 也是類似的道理，回傳的是 A **且** B，當我們想先確定 A 是 true 才要執行 B 的時候，就可以用 **&&** 運算子來達到 **if(A) { B }** 的效果。

我們在 **PlayerCannon.ts** 的 destroy() 函式裡，把程式如下改動。

```
destroy(): void {
    this.sprite.destroyed || this.sprite.destroy();
    this.stop();
}
```

這樣就能正常銷毀遊戲，整個遊戲的流程也就完整了。從開始遊戲、得分、砲台被擊毀、前往下一關、遊戲結束，都已成功實作出來。

不過這個遊戲還沒寫完，有兩個錦上添花的遊戲元素還沒加進去，「地球護盾」與「外星魔王」。

▷ 7-15　地球護盾

護盾與魔王都會增加遊戲整體的複雜度，但護盾相對比較單純，我們先來加這個東西。

這一節的計畫是用很多綠色的小方塊組合成一個大護盾，每個小方塊是一個物件。這些小方塊被砲彈擊中後，會變得越來越透明，最後消失不見。

護盾類別

新增檔案 **src/space-invaders/EarthShield.ts** 來寫這個護盾小方塊。

```ts
import { Graphics } from "pixi.js";
import { ArrayUtils } from "../lib/ArrayUtils";
import { SpaceInvadersGame } from "./SpaceInvadersGame";

export class EarthShield extends Graphics {

    constructor(public game: SpaceInvadersGame, x:number, y:number) {
        super();
        this.beginFill(0x00FF00);
        this.drawRect(-10, -10, 20, 20);
        this.endFill();
        this.position.set(x, y);
    }
    onHit() {
        this.alpha -= 0.1;
        if (this.alpha <= 0.2) {
            this.destroy();
            ArrayUtils.removeItem(this.game.shields, this);
        }
    }
}
```

這個護盾類別繼承了 Graphics 繪圖器，因此本身就擁有 Graphics 的繪圖功能。我們在建構子用繪圖功能畫一個 20x20 的綠色方塊。

用 Graphics 填色時，要用 beginFill(color) 和 endFill()，把填色的程式碼上下夾住，中間用 drawRect() 來畫方形。

類別中的 onHit() 是等一下被子彈打中時要呼叫的函式，其邏輯是每一次被打中，就把不透明度（alpha）降低一點，直到接近透明時（alpha<=0.2），就自我毀滅，並把自己從 **SpaceInvadersGame** 的

shields 陣列中移除。當然，這個 shields 陣列還不存在，我們等一下會去 SpaceInvadersGame 把它補上。

🎮 遊戲的護盾陣列 ▶

現在打開 **SpaceInvadersGame.ts** ，在類別開頭加入這個新的 shields 陣列屬性。

```
...
import { EarthShield } from "./EarthShield";
...
export class SpaceInvadersGame {
    ...
    shields: EarthShield[] = [];
    ...
```

接著在 startLevel() 中呼叫一個重建所有地球護盾的函式。

```
async startLevel(level: number) {
    ...
    // 重建地球護盾
    this.resetShields();
    ...
}
```

記得在 destroy() 裡要把護盾清掉。

```
destroy() {
    ...
    this.shields.forEach((shield) => {
        shield.destroy();
    });
    ...
}
```

然後我們來寫 resetShields()。

```
private resetShields() {
    // 將現有的護盾都移除
    this.shields.forEach((shield) => shield.destroy());
    this.shields.length = 0;
    // 定義所有護盾小方塊的位置
    let positions = [
        // 左邊護盾
        new Point(100, 410),
        new Point(120, 400),
        new Point(140, 400),
        new Point(160, 410),
        // 中間護盾
        new Point(300, 410),
        new Point(320, 400),
        new Point(340, 400),
        new Point(360, 410),
        // 右邊護盾
        new Point(500, 410),
        new Point(520, 400),
        new Point(540, 400),
        new Point(560, 410),
    ];
    // 建立新護盾
    for (let pos of positions) {
        let shield = new EarthShield(this, pos.x, pos.y);
        this.app.stage.addChild(shield);
        this.shields.push(shield);
    }
}
```

函式的開頭用 Array.forEach() 對 shields 陣列中的每個元素進行 destroy()，然後再把 shields.length 設為 0。這行 **this.shields.length = 0;** 是將一個陣列變回空陣列最有效率的方法。

接下來定義所有護盾小方塊的位置，每四個小方塊組成一個護盾，共 12 小塊組合成三個大護盾。

▲ 圖 7-11　護盾的位置

🐝 砲彈與護盾的碰撞 ▶

接著要打開 **Cannonball.ts**，準備處理砲彈打到護盾要發生的事。

我們在 Cannonball 類別的最後加上一個新函式來檢測砲彈與所有護盾的碰撞。

```
...
import { EarthShield } from "./EarthShield";
...
export class Cannonball {
    ...
    /**
     * 砲彈的碰撞檢測函式
     * 回傳被打到的地球護盾
     */
    hittestShields(): EarthShield | undefined {
        let bounds = this.sprite.getBounds();
        return this.game.shields.find((shield) => {
            return shield.getBounds().intersects(bounds);
```

```
    });
}
```

這函式的邏輯和 hittestInvaders() 很像，不過因為 shield 繼承了
Graphics，本身就是一個繪圖器，因此可以直接呼叫 shield.getBounds() 來
取得碰撞檢測用的邊界矩形。

在 moveUpdate() 把砲彈撞到護盾的邏輯加進去。

```
moveUpdate(dt: number) {
    ...
    // 往上超出舞台範圍時，刪掉自己
    if (this.sprite.y < -this.sprite.height) {
        ...
    } else {
        ...
        // 如果有找到被撞到的外星人
        if (hitInvader) {
            ...
        } else {
            // 尋找被撞到的護盾
            let shield = this.hittestShields();
            if (shield) {
                // 讓 shield 進行被擊中的處理
                shield.onHit();
                // 再把自己也清掉
                this.destroy();
            }
        }
    }
}
```

外星人的投彈雖然繼承自同一個類別，但因為 moveUpdate() 被改寫了，
所以我們要把同樣的邏輯也加進 **InvaderDrop.moveUpdate()**。

打開 **InvaderDrop.ts**，找到 moveUpdate()，在函式的最後把這段邏輯
加進去。

```
moveUpdate(dt: number) {
    ...
    // 如果函式最後，飛彈還沒被銷毀，就檢查與護盾的碰撞
    if (!this.destroyed) {
        let shield = this.hittestShields();
        if (shield) {
            shield.onHit();
            this.destroy();
        }
    }
}
```

這裡和 Cannonball 插入邏輯的位置不一樣，是放在整個函式的最後，因為外星飛彈中間的邏輯稍微複雜一點，所以我們乾脆在最後，以 **this.sprite.destroyed** 屬性看看飛彈是否通過前面種種的考驗後，還繼續在飛。如果最後還沒被銷毀，才要檢查與護盾的碰撞。

完成後，請試試這個護盾是不是照著同學想像的方式正常運作。

▷ 7-16　外星魔王

外星魔王的行為模式比一般外星人複雜，平常時間要跟著侵略者大軍一起左右移動，但是每隔一段時間，要從大軍的背後脫離隊伍，並向著玩家進行一次衝撞攻擊，攻擊結束後再從畫面正上方回到大軍的背後，再次與大伙兒一起左右移動。

這種有階段性行為的模式切換，一般可以用狀態機（state machine）來實作。不過因為狀態機的設計與相關的問題比較難理解，因此我們先不用狀態機來實作魔王的行為。

外星魔王雖然行為模式不只一種，但其實沒那麼複雜，可以簡單用一個屬性來區分目前的行為模式為何。

魔王類別的骨架

新增檔案 **src/space-invaders/InvaderBoss.ts** ，讓魔王的類別繼承 Invader，並且加上 mode 屬性。

```ts
import { Point } from "pixi.js";
import { getStageSize, wait } from "../main";
import { Invader } from "./Invader";
import { SpaceInvadersGame } from "./SpaceInvadersGame";

export class InvaderBoss extends Invader {
    /**
     * 目前的行為模式，只能指定為 idle 或 attack
     * 預設為 idle
     */
    mode: 'idle' | 'attack' | 'back' = 'idle';

    constructor(
        game: SpaceInvadersGame,
        x: number,      // 初始位置 x
        y: number,      // 初始位置 y
    ) {
        // 魔王的造形 type 強迫為 3
        super(game, x, y, 3);
        this.goIdle();
    }
    private async goIdle() {
        this.mode = 'idle';
        await wait(300);
        if (!this.destroyed) {
            this.goAttack();
        }
    }
    private goAttack() {
        this.mode = 'attack';
    }
    private goBack() {
        this.mode = 'back';
    }
```

繼承別的類別後，在建構子一定要先呼叫 super()，也就是父類別的建構子，並提供其所需的參數。在外星魔王的建構子中，並沒有像 Invader 有四個參數，因為父類別 Invader 的第四個參數是外形（type），而魔王的外型一定要是 3，也就是紅色的魔王造形。

我們也先寫好三個進入不同行為模式的函式，包括跟著大伙兒走（idle）、離隊攻擊（attack）、回歸隊伍（back），並在建構子讓魔王進入 idle 模式。

在 goIdle() 中，我們等待 300 個 ticks（相當於 5 秒），此時若魔王還活著，就讓魔王進入攻擊模式。

至於攻擊與返回這兩個模式並不像 idle 只是等待一段時間，必須要用各自的行為更新函式來操縱，在更新函式內處理魔王的移動，並在移動完成後進入下一個模式。

我們把這兩個函式取名為 **attackUpdate()** 與 **backUpdate()**，到時會把更新函式加入 Ticker 的函式執行列表，並且在進入下個模式的時候，把這兩個更新函式從 Ticker 中移除。

我們先寫個函式把這兩個更新函式移除，並且在 destroy() 與 goIdle() 的時候都去呼叫這個函式。

```
private removeUpdateFunctions() {
    this.game.app.ticker.remove(this.attackUpdate, this);
    this.game.app.ticker.remove(this.backUpdate, this);
}
destroy(): void {
    super.destroy();
    this.removeUpdateFunctions();
}
private async goIdle() {
    this.removeUpdateFunctions();
    ...
}
```

接著先把 attackUpdate() 補上。

```
private goAttack() {
    this.removeUpdateFunctions();
    this.mode = 'attack';
    this.game.app.ticker.add(this.attackUpdate, this);
}
private attackUpdate(dt: number) {
    // 還沒寫
}
```

再把 backUpdate() 也補上。

```
private goBack() {
    this.removeUpdateFunctions();
    this.mode = 'back';
    this.game.app.ticker.add(this.backUpdate, this);
}
private backUpdate(dt: number) {
    // 還沒寫
}
```

　　除了以上的模式切換，魔王的移動還有一個問題，就是它應該只在 idle 時才跟著大軍左右搖擺，在攻擊模式與返回模式中，會有對應的更新函式來處理它的移動。雖然魔王會離開群體，但是它仍需要記得它在群體中的位置，在攻擊結束返回時，要回到它原本在群體中的位置才行。

◖ 魔王在群體的位置更新 ◗

　　為了處理這個問題，我們要為魔王加了一個新的座標屬性 **posInFlock: Point**，在魔王離開群體單獨移動時，用來記錄它在群體的位置。

```
import { Point } from "pixi.js";
...
export class InvaderBoss extends Invader {
    ...
```

```
// 魔王在群體中的位置
posInFlock = new Point();
```

然後在類別的最後改寫繼承自 Invader 的 onFlockMove() 函式。

```
/**
 * 改寫 Invader 的 onFlockMove()
 */
onFlockMove(moveX: number, moveY: number) {
    this.posInFlock.x += moveX;
    this.posInFlock.y += moveY;
    if (this.mode == 'idle') {
        this.x = this.posInFlock.x;
        this.y = this.posInFlock.y;
    }
}
```

原本在 Invader 裡，當群體移動時，我們直接移動其精靈圖的位置。

但是在魔王的邏輯中，我們只移動 posInFlock 這個座標屬性，不直接改變精靈圖的位置，然後再檢查目前的行為模式，只有在 idle 模式下，才要把精靈圖的位置拉到與 posInFlock 相同。

現在回到 SpaceInvadersGame 把魔王造出來，看看它現在的樣子為何。

打開 **SpaceInvadersGame.ts** ，在 createInvadersAll() 函式的最後加上魔王的誕生。

```
createInvadersAll(level: number) {
    ...
    let boss = new InvaderBoss(this, 220, 120);
    this.invaders.push(boss);
}
```

這邊注意一下，我們把魔王也加進 invaders 陣列裡，魔王的類別和一般外星人雖然不同，但因為繼承了 Invader，所以完全可以融入 invaders 陣列，所有與砲彈的碰撞、與玩家砲台的碰撞、遊戲結束的條件等都不需要為了魔王另外再寫更多程式碼。

現在在瀏覽器中試玩的話，會發現魔王一開始很正常地跟著侵略者大軍一起移動，但是五秒過後，它進入攻擊模式而脫離群體，只是因為我們還沒寫攻擊模式的移動行為，所以它看起來只是呆在原地。

▲ 圖 7-12 遊戲中的魔王

魔王的攻擊模式

接下來我們思考一下魔王在攻擊模式時該如何移動。這裡可能有很多不同的作法，為了降低不必要的數學門檻，我們選一種不會太難，又足夠有趣的演算法。

　　這個演算法是讓一個引力去牽動魔王，使得魔王一開始慢速往上飛離群體，再慢慢轉向並加速往玩家砲台的方向飛去。這裡用一張圖來示意這個引力的變化。

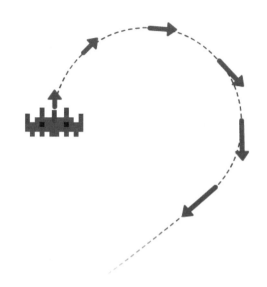

▲ 圖 7-13　魔王的移動軌跡

這個引力造成魔王速度的變化，分成兩大類別：

一、速率變化：一開始的速率低（速度向量短）→速率隨時間等加速上升至最高速。

二、方向變化：決定要如何轉向→初始方向朝上→如果玩家砲台在左方：順時針／如果玩家砲台在右方：逆時針→依轉向方向等角速度旋轉→旋轉一段時間後就不再旋轉。

　　基於以上的邏輯，我們把這個演算法翻譯成程式碼寫進 **InvaderBoss.ts**。首先要在類別裡增加一些屬性。

```
...
export class InvaderBoss extends Invader {
```

```
...
// 移動速度
velocity = new Point();
// 旋轉時間
rotateTime = 0;
// 旋轉角速度
rotateSpeed = 0;
```

然後我們在 goAttack() 裡設定這些屬性的初始值。

```
private goAttack() {
    ...
    // 初始速度往上
    this.velocity.set(0, -0.2);
    // 旋轉時間：210 ticks
    this.rotateTime = 210;
    // 旋轉角速度（預設正值：順時針）
    this.rotateSpeed = 0.02;
    const cannon = this.game.cannon;
    if (cannon && !cannon.dead) {
        // 如果玩家砲台在右方
        if (cannon.sprite.x > this.x) {
            // 改為逆時針
            this.rotateSpeed *= -1;
        }
    } else if (Math.random() < 0.5) {
        // 如果砲台已不在，亂數決定要不要逆時針
        this.rotateSpeed *= -1;
    }
}
```

在 goAttack() 之後，Ticker 就會開始循環地重覆執行 attackUpdate() 函式。我們把攻擊模式的移動軌跡寫在 attackUpdate() 裡。

```
private attackUpdate(dt: number) {
    // 取得目前速率
    let currSpeed = this.velocity.length();
    // 以 0.02 的加速度加快速率，最大值為 4
```

```
    let speed = Math.min(4, currSpeed + 0.02 * dt);
    // 將速度的長度調整為新的速率
    this.velocity.normalize(speed);
    // 如果還有旋轉時間
    if (this.rotateTime > 0) {
        // 縮短旋轉時間
        this.rotateTime -= dt;
        // 將速度方向以 rotateSpeed 角速度旋轉
        this.velocity.rotate(this.rotateSpeed * dt);
    }
    // 以速度的向量改變目前位置
    this.x += this.velocity.x * dt;
    this.y += this.velocity.y * dt;

    if (this.y > getStageSize().height + this.height) {
        // 如果 y 往下超出畫面下方，則進入「返回」模式
        this.goBack();
    }
}
```

寫完之後，我們就可以在瀏覽器上看看魔王在出擊時，是不是按我們想像的軌跡移動。

結果發現魔王的確會繞著半顆心形狀的軌跡試圖衝撞玩家砲台。不過在往下離開遊戲畫面後，魔王就消失了，因為我們還沒寫好它返回的行為模式。

魔王的返回大軍後方

返回的第一步就是在 goBack() 裡，把魔王的 y 直接往上跳到畫面上方。

```
private goBack() {
    ...
    // 魔王先跳回畫面上方
    this.y = -this.height;
}
```

接著我們只要在返回的更新函式 backUpdate() 裡，將魔王靠向它在群體裡的位置 posInFlock，直到完全站上 posInFlock 就可以回到 idle 模式。

```
private backUpdate(dt: number) {
    const target = this.posInFlock;
    // 將 y 以 1 的速率靠近 目標 .y
    this.y = Math.min(target.y, this.y + 1 * dt);
    // 將 x 以 1 的速率靠近 目標 .x
    if (this.x > target.x) {
        this.x = Math.max(target.x, this.x - 1 * dt);
    } else {
        this.x = Math.min(target.x, this.x + 1 * dt);
    }
    // 如果位置和目標完全一樣，那麼就回到 idle 模式
    if (target.equals(this.sprite.position)) {
        this.goIdle();
    }
}
```

這樣我們這一章的經典小蜜蜂遊戲就完成了。

▷ 7-17 回顧與展望

這一章的篇幅很長，我們學到了很多基本概念。

- Sprite 繪圖器、BaseTexture 與 Texture
- 鍵盤的操作
- 類別的 getter/setter 函式
- async/await 非同步函式
- Text 文字繪圖器
- 精靈圖的碰撞矩形
- 音效的播放
- 類別的繼承與類別函式的覆寫

- 繪圖器的不透明度（alpha）

- 以及最重要的：遊戲的流程

　　雖然遊戲已經很酷了，但其實還有很多可以改進的地方，比如我們可以更有效率地設計玩家的砲彈與外星飛彈，讓重覆的程式碼更少；魔王的難度也可以依關卡調整；侵略者大軍的移動、射擊邏輯可以開一個新的檔案來管理，讓遊戲核心程式不要像現在這般的雜亂等等。

　　這些能夠改進的方向，自然是交給同學自行修行嘍。

本章網址匯總

◢ https://github.com/haskasu/book-gamelets/tree/main/src/images

圖 7-14　遊戲使用的素材庫

第 **8** 章

怪獸掃蕩隊

這一章我們要離開地球，飛進太空，在隕石紛至沓來的宇宙，掃蕩徘徊其中的怪獸大軍。

▷ 8-1 行前計畫

怪獸掃蕩隊的 idea 來自 Gamelet 上的小遊戲，原名為「宇宙巡航艦」，是該網站用來示範不需寫程式的遊戲設計系統。復刻這個小遊戲能學習到許多進階的遊戲設計概念，以及 Pixi.js 中更深層的功能，所以請同學抱著期待的心情，讓我們把戰機開進太空，一探這個射擊遊戲的世界吧。

遊戲設計 ▶

這一章來做個沒有關卡的遊戲，玩家用滑鼠操縱戰機的飛行方向以及飛彈射擊。遊戲舞台所在的太空，不管玩家飛到哪都有大型的隕石在漫無目的地飄浮，如果戰機撞到小行星就會爆炸，遊戲結束，結算分數。

除了小行星之外，還會有太空怪獸從舞台的四面八方飛進來。這些太空怪獸在飛行的途中會朝玩家戰機的方向轉去，只要被怪獸撞到，戰機也會爆炸，遊戲結束。

玩家用滑鼠左鍵發射飛彈，飛彈可以摧毀怪獸，但是會被小行星擋住。

程式架構 ▶

依據以上的設計，我們可以把程式大略分成以下幾個類別來設計。

1. **Game**：遊戲容器，用來管理戰機、飛彈、隕石、怪獸等。
2. **Fighter**：玩家所控制的戰機。
3. **Astroid**：在太空徘徊的小行星。
4. **Missile**：由戰機發射出來的飛彈。
5. **UI**：顯示分數的介面。

看起來比上一章的複雜度少了很多，不過其實要學的東西一點也沒少。

◖ 圖片與音源檔案準備 ▶

我們先把這一章需要的圖片與音源檔案準備好，這些檔案可以分別在以下兩個網址找到。

圖片資源：https://github.com/haskasu/book-gamelets/tree/main/src/images

- **astroid.png**
- **explosion-spritesheet.png**
- **missile.png**
- **space-fighter.gif**
- **space-monter.png**
- **starry-space.png**
- **stars.png**
- **music-nodes.png**

音效資源：https://github.com/haskasu/book-gamelets/tree/main/src/sounds

- **missile-launch.mp3**
- **missile-explode.mp3**
- **monster-explode.mp3**
- **fighter-explode.mp3**
- **yemingkenoshisaido.mp3**

以上檔案，圖片請放入專案中的 **src/images/** 目錄，音效請放入 **src/sounds/** 目錄備用。同學也可以從這份檔案列表，對這個遊戲製作會運用到的技術略窺一二。

|||| yemingkenoshisaido.mp3 是本遊戲的背景音樂，來源網址：
http://amachamusic.chagasi.com/music_yoakenoseaside.html

▷ 8-2　遊戲容器

在 gamelets 專案中建立新資料夾來放這個遊戲，**src/monster-raiders/**
，並在其中加上新檔案 **MonsterRaidersGame.ts**。

```typescript
import { Application, Container } from "pixi.js";

export class MonsterRaidersGame extends Container {
    // 裝所有太空物件的容器
    spaceRoot = new Container();

    constructor(public app: Application) {
        super();
        app.stage.addChild(this);
        this.addChild(this.spaceRoot);
        this.spaceRoot.sortableChildren = true;
        this.createInitAstroids(4);
    }
    destroy() {
        super.destroy();
    }
    /** 新增初始小行星群 */
    private createInitAstroids(amount: number) {

    }
}
```

同上一章，我們也要為這個遊戲建造一個遊戲容器，用來管理遊戲內
的所有物件與進程。和上一章不同的是，我們將這個遊戲類別繼承 Pixi 的
Container，這樣就可以把遊戲的物件、介面、背景等直接放在這個遊戲類
別裡。

另外在遊戲容器之下再建構一個太空（spaceRoot）的 Pixi 容器，之後
我們所創造的玩家戰機、小行星、怪獸等太空中的物件，都會被放進這個太

空容器。

　　建構子中，我們將太空容器的 **sortableChildren** 屬性設為 true，這個屬性是由 Container 所提供的，功能是讓它的 children 陣列在實際繪圖之前，自動按照物件的 zIndex 屬性重新排序，方便我們藉由 zIndex 來安排哪個物件在上層，哪個物件在下層。

容器內的繪圖排序

　　這邊舉個小例子來說明 zIndex 的功能。假設我們在舞台上依序放入三個精靈圖。

```
// 放入怪獸圖
let monter = Sprite.from(monsterImg);
app.stage.addChild(monster);
// 放入小行星
let astroid = Sprite.from(astroidImg);
app.stage.addChild(astroid);
// 放入戰鬥機
let fighter = Sprite.from(fighterImg);
app.stage.addChild(fighter);
```

　　那麼在瀏覽器上看到的樣子可能會是這樣。

▲ 圖 8-1　繪圖物件的圖層順序（一）

在 Container 物件裡有一個屬性叫 children，是個繪圖器的陣列，呼叫 addChild() 的時候，其實就是把欲加入的繪圖器放進 children 這個陣列。Pixi 在繪圖的時候，會依序把 children 裡的東西畫到螢幕上。

第一個被加入的怪獸圖位於 children 陣列的開頭，所以會第一個被畫上螢幕，然後是畫小行星，最後畫戰鬥機，因此我們在遊戲畫面上，就會看到最後被加入的戰機壓住小行星，而小行星則壓住第一個被加入容器的怪獸。

由於 Container 在繪製內容物有這種先後順序，因此對於 addChild() 的順序就要上點心，才能讓 Pixi 正確地繪製圖案。

話雖如此，不過 Pixi 還提供了另一種安排繪圖順序的方法，就是繪圖器（DisplayObject）的排序屬性，**zIndex**。

我們在上面例子的最後加點程式，就可以讓隕石跑到最上面，壓住怪獸與戰機。

```
...
app.stage.sortableChildren = true;
astroid.zIndex = 1;
```

▲ 圖 8-2　繪圖物件的圖層順序（二）

首先把容器（app.stage）的屬性 sortableChildren 設定為 true，打開它自動排序的功能，再把 astroid 的 zIndex 設為 1，由於 zIndex 的預設值是 0，

所以現在小行星的 zIndex 最高，在自動排序後，小行星就會跑到陣列的最後，繪圖時就會最後才被畫出來，把怪獸和戰機都壓住。

如果我們把上述程式碼的最後一行改成 **astroid.zIndex = -1;**，那麼小行星的 zIndex 變成最小，在繪圖時就會如下被換到最底層。

▲ 圖 8-3　繪圖物件的圖層順序（三）

🔴 建立遊戲實體 ▶

打開 **src/main.ts**，把建立上一章遊戲的程式碼，換成怪獸掃蕩隊。

```
...
// new TreeGenerator(app);
// new SpaceInvadersGame(app);
new MonsterRaidersGame(app);
```

也記得要改動檔案最開頭匯入類別的地方。

```
...
//import { TreeGenerator } from './tree-generator/TreeGenerator';
//import { SpaceInvadersGame } from './space-invaders/SpaceInvadersGame';
import { MonsterRaidersGame } from './monster-raiders/MonsterRaidersGame';
...
```

▷ 8-3　太空物件

這章最重要的概念之一是遊戲攝影機，不過現在遊戲中什麼東西都沒有，攝影機裡沒參照物，執行起來會一頭霧水。因此我們先把小行星的基本架構寫出來，讓遊戲場景有物可看，然後再來研究攝影機。

從上一章的經驗發現，遊戲中的物件在互動的過程，常常會用到非常相似的功能，比如上一章的砲台、外星人、飛彈，都需要取出它們的碰撞矩形（Bounding Box），也都有被碰撞時需要的處理函式等。

所以這一章我們學乖了，先寫一個基礎類別，讓能在太空移動的各種物件都繼承它，這樣就可以少寫很多重覆的程式碼，而且在處理碰撞問題的時候，還能把不同類別的物件放在同一個陣列裡批次運算。

新增檔案 **src/monster-raiders/SpaceObject.ts**。

```ts
import { Container, Point } from "pixi.js"
import { MonsterRaidersGame } from "./MonsterRaidersGame";
/** 宣告 SpaceObject 為一個抽象類別 */
export abstract class SpaceObject extends Container {
    // 抽象地宣告 type 的 getter 函式
    abstract get type(): 'astroid'|'fighter'|'monster'|'missile';
    // 移動速度
    velocity = new Point();
    // 最低壽命 (ticks)
    minLifespan = 60;
    // 碰撞半徑
    hitRadius = 0;

    constructor(public game: MonsterRaidersGame, x:number,y:number) {
        super();
        this.position.set(x, y);
        game.spaceRoot.addChild(this);
        game.app.ticker.add(this.update, this);
        this.init();
    }
    protected init() {
        // 留給繼承的物件去做其他初始化的工作
    }
```

```
destroy() {
    this.destroyed || super.destroy();
    this.game.app.ticker.remove(this.update, this);
}
update(dt: number) {
    // 等一下寫
}
isInScreen(): boolean {
    return true;
}
}
```

這個太空物件的基礎類別是繼承自 Pixi 的 Container，繼承它的物件可以在這個容器內再加入子繪圖器。雖然建構子以及其他的函式都很容易從名字理解他們的作用，不過以下還是來解釋一些程式碼好了。

抽象函式與類別

首先是先前沒看過的抽象宣告法（abstract）。我們把一個 getter 函式宣告為抽象函式，因此這整個類別也必須被宣告為抽象類別，表示我們無法直接以這個類別來建構新物件，也就是無法 **new SpaceObject()**。

我們宣告抽象函式時，是不需要寫函式內的程式碼，我們只要交待這個函式需要什麼參數，以及要回傳什麼東西就可以了，就像這裡的 **get type()**，完全沒有具體的函式內容。

一個無法建構實體的類別有什麼用呢？

很簡單，一個類別只要繼承了這個抽象類別，它就必須實作所有的抽象函式，然後這個繼承者就變成了一個具體的類別，可以用 new 來建構新物件。

這個 **get type()** 的回傳值只能有四種，包括代表小行星的 **astroid** 、代表戰機的 **fighter** 、代表太空怪獸的 **monster** 以及代表飛彈的 **missile** 。我們會在繼承的類別裡實作這個函式，並且利用這個屬性在遊戲中一串 SpaceObject 的陣列之間分辨不同類別的物件。

建構子初始函式的替代品

其次就是宣告了一個空的 init() 函式，並在建構子中呼叫它。這是個基礎類別常見的初始化函式，讓繼承這個類別的物件不需要覆寫建構子也能快速插入初始化的程式碼，因為覆寫建構子就必須重覆抄上建構子的那些參數，非常不雅觀。有了這個 init() 就變得美觀地多。

太空物件的最低壽命

再來就是參數 **minLifespan** 的用途。這個遊戲的特性是在無邊無際的太空中漫遊，但是我們很難預先把太空中所有的物件都創造出來，所以折衷的辦法就是讓所有的太空物件，在飄離畫面後自我銷毀，然後遊戲中再以別的機制造出新的物件來補充。

我們預設 minLifespan（最低壽命）為 60 ticks（相當於一秒），待會兒在 update() 函式中，除了要讓物件移動外，還要依經過時間減少最低壽命，直到最低壽命降至零，再檢查物件是不是位在畫面的可視範圍裡，如果離開畫面，到了看不見的地方，那就呼叫 destroy() 銷毀物件。

在這裡把 update() 補上。有了最低壽命的設定，太空物件才不會一被造出來，就馬上被銷毀，浪費 CPU 的資源。

```
update(dt: number) {
    // 依速度移動
    this.x += this.velocity.x * dt;
    this.y += this.velocity.y * dt;
    // 降底最低壽命
    this.minLifespan -= dt;
    // 如果最低壽命用完了且不在畫面上
    if (this.minLifespan < 0 && !this.isInScreen()) {
        // 自我銷毀
        this.destroy();
    }
}
```

這裡的 isInScreen() 只會回傳 true，等一下再來想這個函式該怎麼改。

碰撞半徑

　　和上一章的遊戲不同，在這個遊戲中，物件與物件的碰撞會使用碰撞半徑。也就是說，我們會把每個物件都當成一個圓，在檢查碰撞時，就將兩物件之間的距離算出來，如果這個距離比兩物件的碰撞半徑加起來還要小，就代表發生碰撞了。

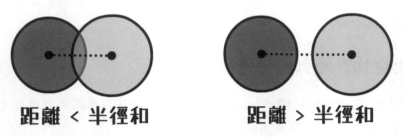

▲ 圖 8-4　圓形的碰撞

　　我們再幫 SpaceObject 加一個函式，用來檢查它和另一個 SpaceObject 的碰撞關係。

```
/** 檢查碰撞 */
hitTest(other: SpaceObject) {
    let distance = this.position.distanceTo(other.position);
    return distance < this.hitRadius + other.hitRadius;
}
```

　　檢查碰撞的邏輯很簡單，先計算它們兩點之間的距離，如果這段距離比兩者的半徑和還小，就代表發生碰撞了。

　　因為碰撞半徑的長短需要靠我們的眼睛調整，所以我們再為 SpaceObject 提供一個函式，把碰撞圓給畫出來。在遊戲開發的階段可以靠這個函式畫出來的圓幫助我們找到適合的碰撞半徑。

```
/** 畫出碰撞半徑 */
drawHitCircle(color = 0xFF0000) {
    let graphics = new Graphics();
```

```
        graphics.beginFill(color, 0.2);
        graphics.drawCircle(0, 0, this.hitRadius);
        graphics.endFill();
        this.addChild(graphics);
    }
```

　　我們給這個函式的參數一個預設值（0xFF0000，紅色），由於有預設值，所以不需要宣告它的型別，TypeScript 看到預設值，就會自動定義這個參數的型別為 number。

🟡 太空物件陣列的管理 ▷

　　現在打開 **MonstersRaidersGame.ts** ，在遊戲容器的類別裡加上一個新屬性，objects 陣列，用來儲存所有的太空物件。

```
...
export class MonsterRaidersGame extends Container {

    objects: SpaceObject[] = [];
    ...
```

　　然後再回到 **SpaceObject.ts** ，在 destroy() 函式裡加一行，在物件被銷毀的同時，把它從遊戲容器的 objects 陣列移除。

```
...
export abstract class SpaceObject extends Container {
    ...
    destroy() {
        ...
        ArrayUtils.removeItem(this.game.objects, this);
    }
    ...
```

　　這樣我們想要銷毀物件的時候，只要呼叫該物件的 destroy()，程式就會自動幫我們作陣列的管理。

▷ 8-4　小行星

　　遊戲中首先要加入的太空物件是小行星。小行星會充斥在這個遊戲的宇宙空間,不規則地排列,湊出玩家可以飛行的路線。

◖ 小行星的飄移架構 ▶

　　新增檔案 **src/monster-raiders/Astroid.ts**。

```
import { SpaceObject } from "./SpaceObject";
import { Sprite } from "pixi.js";
import astroidImg from '../images/astroid.png';

export class Astroid extends SpaceObject {

    get type(): 'astroid'|'fighter'|'monster'|'missile' {
        return 'astroid';
    }

    protected init(): void {
        // 放一張小行星的圖,並移動軸心到中心
        let sprite = Sprite.from(astroidImg);
        sprite.pivot.set(130, 120);
        this.addChild(sprite);
        // 隨機旋轉與縮放,讓每顆小行星看起來不一樣
        sprite.rotation = Math.random() * Math.PI * 2;
        sprite.scale.set(0.3 + Math.random() * 0.5);
        // 隨機指定排序值在 2 到 3 之間
        this.zIndex = 2 + Math.random();
        // 隨機選擇移動速度與方向
        this.velocity.x = Math.random() * 0.3;
        this.velocity.rotate(Math.random() * Math.PI * 2);
        // 計算碰撞半徑 ( 並畫出碰撞圓 )
        this.hitRadius = sprite.scale.x * 110;
        this.drawHitCircle();
    }
}
```

　　因為繼承了 SpaceObject,所以只要著重在 init() 裡要如何加上圖案、初始化移動速度等工作,其他事務都交由 SpaceObject 類別去完成。

其中的 **zIndex** 以隨機的方式在 2 到 3 之間做選擇，這會讓小行星的圖層不依照創造的順序去排序，遊戲進行的時候才不會讓後出現的小行星總能壓住先出現的小行星。

隨機決定小行星的飄移速度的方法，則是先保持速度向量的 y 為 0，並以亂數調整 x 以決定向量的長度，再把這個向量旋轉一個 0 到 2 π 之間的隨機弧度，這樣就行了。

另外還要調整碰撞半徑，我們先隨便定個大概的值，然後等一下在畫面上看情況來調整。經過幾次的測試，發現以 110 這個數字配合 sprite 的縮放比例來算出半徑，這樣的碰撞圓和小行星的圖很匹配。當然同學也可以自己決定要讓碰撞圓更大或更小。

半徑決定之後，請記得把 **this.drawHitCircle();** 給註解掉，正式的遊戲中不需要畫出這些碰撞圓。

建立初始小行星

回到 **MonsterRaidersGame.ts**，在 createInitAstroids() 把遊戲一開始需要的四顆小行星給建構出來。

```
...
import { getStageSize, wait } from "../main";
import { Astroid } from "./Astroid";
...
    ...
    /** 新增初始小行星群 */
    private createInitAstroids(amount: number) {
        // 取得畫面正中央的位置
        let center = new Point(
            getStageSize().width / 2,
            getStageSize().height / 2
        );
        // 跑迴圈，直到造出來的小行星數量等於 amount
        let created = 0;
        while (created++ < amount) {
            // 隨機取得小行星距畫面中央的向量
```

```
let vector = new Point(250 + Math.random() * 250);
vector.rotate(Math.random() * Math.PI * 2);
// 建立小行星
let astroid = new Astroid(
    this,
    center.x + vector.x,
    center.y + vector.y
);
// 放進小行星陣列
this.objects.push(astroid);
    }
}
```

這函式會匯入 **main.ts** 裡的 getStageSize() 與 **Astroid** 類別。在建小行星時，我們隨機選擇離畫面中央一段距離的地方，作為小行星的初始位置，然後把建好的小行星放進 objects 這個太空物件的陣列。

這時在瀏覽器上就可以看到四顆小行星在黑色的太空中飄移了。

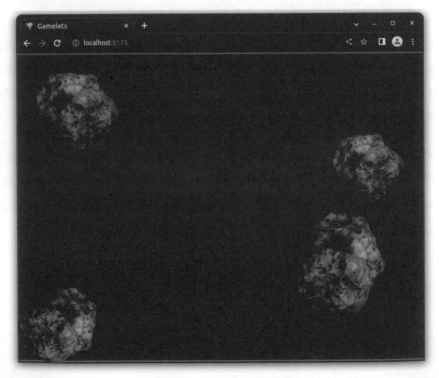

▲ 圖 8-5　太空中的小行星

小行星的自轉

不過看久覺得還是少了點什麼。我們再回到 **Astroid.ts**，幫它加點行星自轉吧。

```
...
export class Astroid extends SpaceObject {
    ...
    // 小行星自轉速度
    private rotateSpeed = (Math.random() - 0.5) * 0.004;
    // 覆寫 SpaceObject 的 update()
    update(dt: number) {
        this.rotation += this.rotateSpeed * dt;
        super.update(dt);
    }
}
```

先定義自轉速度，然後覆寫 update()，在函式內把 rotation 依自轉速度進行增減，然後再呼叫父類別（SpaceObject）的 update 函式。

這兒有兩個地方要略加說明。首先是 **(Math.random() - 0.5)** 這個常用的亂數用法。由於 Math.random() 會給我們一個介於 0 到 1 之間的數字，因此 **(Math.random() - 0.5)** 會給我們的就是一個介於負 0.5 到正 0.5 之間的數字。用這個方法就可以隨機得到一個正負機率相等的亂數。

另外就是 **super.update(dt)** 的用法。在一個繼承了父類別的類別中，如果要呼叫父類別的函式，就可以使用 **super** 關鍵字。因此這裡的 **super.update(dt)** 呼叫的是定義在 SpaceObject 裡面的 update(dt)，並不是 Astroid 裡的 update(dt)，不是遞迴，也不會造成堆疊溢位（stack overflow）。

加上這幾行產生自轉的程式，就可以看到小行星們在太空飄浮的時候，還會加上一點點小小的自轉。

▷ 8-5 攝影機

　　一般在全景大於遊戲畫面的遊戲地圖上，有兩種遊覽地圖的方法，一是把地圖切成很多與畫面同尺寸的房間，在移動的時候切換房間來前往地圖的各個角落。另一種就是使用攝影機，並讓攝影機聚焦在主角身上，當主角移動的時候，攝影機也會跟著移動，那麼在遊戲畫面上，實際看到的就像是主角一直保持在畫面中央不動，並藉由反向移動地圖來營造主角移動的感覺。當然也有很多兩種方法並行的遊戲，像是惡魔城（Castlevania）、暗黑破壞神（Diablo）等遊戲。

　　這一章要做的怪獸掃蕩隊，要利用攝影機的方法來遊歷無邊的宇宙。由於攝影機是許多遊戲都需要使用的系統，那麼應該要寫入函式庫才對，是吧。這裡先用一張圖來分析攝影機應該要怎樣達成保持聚焦物件在畫面中央的工作。

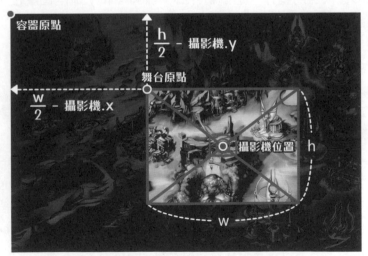

▲ 圖 8-6　攝影機的計算參數

　　在上圖中，紅色的框框是攝影機的可視範圍，地圖上彩色的部分是地圖位於攝影機鏡頭的範圍。攝影機的演算法中，實際上是移動整個遊戲的容器，來營造攝影機在移動的效果，而容器要移動多少，可以由這張圖看得很清楚。

```
容器原點 .x = 攝影機 .width / 2 - 攝影機 .x
容器原點 .y = 攝影機 .height / 2 - 攝影機 .y
```

有了以上的知識，我們就可以來實作一個簡易的攝影機了。

◖ 攝影機類別 ◗

在函式庫裡新增一個資料夾 **src/lib/camera/** ，並在其中新增檔案 **Camera2D.ts** ，撰寫專門給 2D 遊戲用的攝影機。

```
export interface ICamera2DObject {
    x: number;
    y: number;
}
```

在檔案的開頭先宣告一個介面 **interface ICamera2DObject** ，表示一個可以讓攝影機聚焦的物件，這個物件必須擁有 x 和 y 這兩個屬性，因為攝影機需要知道聚焦物的座標才能去追隨它。

宣告一個介面（interface）和宣告一個類別（class）是很不一樣的。我們可以在定義類別後，以這個類別來建立實體（instance）。但是介面並不是一個可以用來建立實體的結構，它只能定義一個特別的族群，說明這個族群裡的物件一定有哪些屬性或方法函式。

比如在現實世界中，我們可以定義銅板的規格（class），像是銅板的顏色、半徑、材料及花紋等，然後我們根據這些規格就可以建立一個銅板的實體（instance）。我也也可以定義甜甜圈的食譜（class），包括食材的比例、揉麵與發酵的時間、油炸過程的溫度等，然後依照這個流程建立一個甜甜圈的實體（instance）。

介面則是不一樣的概念，就好比我們現在有一台機器，可以把圓形的物品切成四等份。在這個機器的使用手冊中就可能需要定義一個「圓形物品」的介面（interface），只要物件能提供半徑的資料，都可以符合「圓形物品」所定義的介面，因此上一段所說的銅板與甜甜圈，都可以當作「圓形物品」送進這台專切圓形物品的切割機。當我們將一個「圓形物品」送進切割機的時候，不管是甜甜圈還是銅板，切割機只在乎它的半徑，判斷它是不是切得動這個物品。

　　因為 Pixi 的 DisplayObject 有 x 和 y 這兩個屬性,所以 Pixi 所有的繪圖器都能當成是 ICamera2DObject 給攝影機去聚焦。

　　接著來寫攝影機本身。

```
import { Container, Point, Ticker } from "pixi.js";
...
export class Camera2D {
    // 攝影機的位置
    position = new Point();
    // 攝影機的畫面長寬
    width = 0;
    height = 0;
    // 攝影機聚焦的物件
    focus?: ICamera2DObject;
    // 實際會被攝影機移動的 Pixi 容器
    gameRoot?: Container;
    // 攝影機跟隨聚焦物件的速率
    followFocusRate = 0.2;

    constructor(private ticker: Ticker) {
        ticker.add(this.update, this);
    }
    destroy() {
        this.ticker.remove(this.update, this);
    }
    private update() {
        // 讓攝影機跟隨聚焦物 (focus)
        // 再移動 gameRoot,保持 focus 在畫面中央
    }
}
```

　　攝影機 Camera2D 需要它的位置、畫面的長寬尺寸(也就是舞台大小)、讓攝影跟隨的聚焦物件、實際要被移動的遊戲容器,最後還有一個攝影機的跟隨速率,是個介於 0 到 1 的數值,0 代表攝影機完全不隨聚焦物起舞,而 1 則代表緊緊貼在聚焦物的位置上。在稍後我們測試攝影機的時候,同學可以試著改變這個數值,看看不同跟隨速率造成的效果為何。

在 update() 裡，我們持續讓攝影機依照跟隨速率去靠近聚焦物件，然後參照攝影機位置去反向移動遊戲容器（gameRoot），保持攝影機的中心位置在畫面的正中央。

```
private update() {
    const focus = this.focus;
    const position = this.position;
    // 跟隨聚焦物件
    if (focus) {
        const rate = this.followFocusRate;
        const invertRate = 1 - rate;
        this.position.set(
            focus.x * rate + position.x * invertRate,
            focus.y * rate + position.y * invertRate,
        );
    }
    // 移動容器原點
    if (this.gameRoot) {
        this.gameRoot.x = this.width / 2 - position.x;
        this.gameRoot.y = this.height / 2 - position.y;
    }
}
```

⬤ 測試攝影機 ▶

我們回到 **MonsterRaidersGame.ts**，在類別的最後加點程式來測試剛剛設計好的攝影機。

```
/** 測試攝影機 */
testCamera() {
    // 製作攝影機的焦點，一個紅色的小圓
    let focus = new Graphics();
    focus.beginFill(0xFF0000);
    focus.drawCircle(0, 0, 10);
    focus.endFill();
    this.addChild(focus);
    // 將焦點物件放在畫面中央
```

```
    focus.x = getStageSize().width / 2;
    focus.y = getStageSize().height / 2;
    // 建立攝影機
    let camera = new Camera2D(this.app.ticker);
    camera.width = getStageSize().width;
    camera.height = getStageSize().height;
    camera.focus = focus;
    camera.gameRoot = this;
    // 用滑鼠控制焦點物件
    this.app.ticker.add(() => {
        if(keyboardManager.isKeyDown(KeyCode.LEFT)) {
            focus.x -= 1;
        }
        if(keyboardManager.isKeyDown(KeyCode.RIGHT)) {
            focus.x += 1;
        }
        if(keyboardManager.isKeyDown(KeyCode.UP)) {
            focus.y -= 1;
        }
        if(keyboardManager.isKeyDown(KeyCode.DOWN)) {
            focus.y += 1;
        }
    })
}
```

　　然後在建構子的最後呼叫這個函式就可以開始用鍵盤測試在太空中的移動。

```
...
constructor(public app: Application) {
    ...
    this.testCamera();
}
...
```

　　測試時如果發現鍵盤的方向鍵沒有反應，記得用滑鼠在遊戲畫面上點一下，讓遊戲視窗聚焦，這樣遊戲才收得到鍵盤的事件。

另外也記得可以試著改變攝影機的 followFocusRate 屬性，這個屬性的值越靠近 0，追隨的動畫越慢越平滑，值越靠近 1 則越快反應聚焦物的位置改變。

測試完畢後，記得把建構子中呼叫 **this.testCamera()** 的那一行刪去。

▷ 8-6　宇宙戰機

接著要設計玩家操縱的宇宙戰機。等一下戰機出現在遊戲舞台上之後，我們還要再建立遊戲正式使用的攝影機，讓玩家的戰機成為攝影機的焦點。

新增檔案 **src/monster-raiders/Fighter.ts**，把戰機類別的骨架寫進去。

```
import { SpaceObject } from "./SpaceObject";

export class Fighter extends SpaceObject {

    get type(): 'astroid'|'fighter'|'monster'|'missile' {
        return 'fighter';
    }

    protected init() {
        this.zIndex = 4;
    }
}
```

這裡兩個重點，一個是讓戰機類別的 **get type()** 回傳 **fighter**，以反應這個類別的物件是戰機。另外就是設定戰機的排序值（zIndex）為 4，這樣戰機就會排在所有繪圖物件的頂層。

🎮 GIF 動畫 ▶

現在準備要使用 **src/images/space-fighter.gif** 作為戰機的圖樣。在 **Fighter.ts** 的最上方加入這個圖片資源。

```
import fighterImg from "../images/space-fighter.gif";
```

同學可能發現了，戰機的 gif 是個動畫檔，那麼是否用 **Sprite.from(fighterImg)** 就可以把 gif 動畫搬上 Pixi 的舞台？

答案是可以的！不過使用 Sprite.from() 載入圖片，就只能看到一張靜態圖片。若要看到完整的 gif 動畫，我們需要安裝一個函式庫，藉用它的力量讓 Pixi 支援 gif 動畫的播放。。

在 Terminal 面板執行以下指令。

```
npm install @pixi/gif
```

安裝完成後，package.json 裡會多一行控制 GIF 函式庫版本的設定。

```
...
"dependencies": {
    "@pixi/gif": "^2.0.1",
    ...
}
...
```

接著改寫 init() 函式，利用 @pixi/gif 提供的工具把動畫加進去。

```
import { AnimatedGIF, AnimatedGIFOptions } from "@pixi/gif";
...
    ...
    protected init() {
        this.zIndex = 4;
        this.loadFighterGIF();
    }
    private async loadFighterGIF() {
        // 取得下載 gif 圖片的回應
        let response = await fetch(fighterImg);
        // 從瀏覽器的回應中取出 gif 資料
        let buffer =  await response.arrayBuffer();
```

```
    // 將資料塞給 AnimatedGIF 得到 Gif 繪圖器
    let gif = AnimatedGIF.fromBuffer(buffer);
    // 把動畫加到戰機容器
    this.addChild(gif);
}
```

載入 GIF 的程序晚點再解釋，我們先把戰機放到太空裡，看看是不是真的有動畫。

打開 **MonsterRaidersGame.ts**，在建構子中新增戰機實體。

```
constructor(public app: Application) {
    ...
    let fighter = new Fighter(this, 320, 240);
    this.objects.push(fighter);
}
```

寫完後就快去測試遊戲的瀏覽器上看看吧！

Oh Yeah! 看到了一個火焰噴得特別快的宇宙戰機在太空的中央待機。GIF 動畫載入成功！

不過回顧一下我們載入 GIF 動畫的流程，雖然 @pixi/gif 這個外掛幫我們解決了絕大部分複雜的問題，但 loadFighterGIF() 函式裡的這幾行仍然不像 Sprite.from() 那麼方便。

同學想到了吧！我們可以把 gif 動畫的建立流程寫到函式庫裡，讓未來想播放 gif 時更方便。

AnimatedGIF 繪圖器的建立工具

在函式庫的資料夾新增檔案 **src/lib/PixiGifUtils.ts**，然後匯出一個方便我們讀取 gif 動畫，並建立 AnimatedGIF 繪圖器的功能。

```
import { AnimatedGIF, AnimatedGIFOptions } from "@pixi/gif";
import { Assets } from "pixi.js";
```

```
export async function gifFrom(
    source: string | ArrayBuffer,
    options?: Partial<AnimatedGIFOptions>
) {
    // 如果 source 是 ArrayBuffer
    if (source instanceof ArrayBuffer) {
        // 直接產生 AnimatedGIF
        let gif = AnimatedGIF.fromBuffer(source);
        return Promise.resolve(gif);
    } else {
        // 使用 Pixi 的 Assets 資源管理系統載入 GIF
        let gif = await Assets.load({
            src: source,
            data: options,
        });
        return gif as AnimatedGIF;
    }
}
```

這個 gifFrom() 的參數參考自 Sprite.from()，第一個參數是產生 GIF 的資料來源，可以是網址也可以是原始 GIF 的資料（ArrayBuffer）。第二個參數是建立 GIF 繪圖器時可以指定的各項參數，像是自動播放、播放速度、循環播放等設定。

函式內和剛剛我們用 fetch() 載入 GIF 的方法不同，如果呼叫 gifFrom() 時給的資料來源是已經下載好的 GIF 資料（ArrayBuffer），那麼我們就直接用 AnimatedGIF.fromBuffer() 來建立 GIF 動畫繪圖器（AnimatedGIF）。

如果給的資料來源是網址，那麼就使用 Pixi 系統提供的 Assets.load() 來載入 GIF 檔案資料。獲得 @pixi/gif 函式庫加持的 Pixi 會自動解析檔案內容，並建立一個 AnimatedGIF 繪圖器給我們用。

使用 Assets.load() 的好處是它會幫我們管理資源，將載入完成的資源儲存在快取裡。下次要求載入重覆的資源，Assets.load() 就會取出先前快取過的資料。

好了，有了這個工具，我們打開 **Fighter.ts** 來改寫動畫的載入程式。

```
...
// 戰機的 GIF 繪圖器
private gif?: AnimatedGIF;
// 載入 GIF 並建構 GIF 繪圖器
private async loadFighterGIF() {
    // 建立 gif 動畫繪圖器
    let gif = await gifFrom(fighterImg, {
        animationSpeed: 0.5
    });
    this.gif = gif;
    // 把動畫加到戰機容器
    this.addChild(gif);
    // 調整 gif 的軸心位置
    gif.pivot.set(49, 49);
    // 將圖案縮小一點
    gif.scale.set(0.5);
}
```

最後要找到適合戰機的碰撞半徑。在 init() 裡面調整半徑，並執行 **this.drawHitCircle();** 來確認。

```
protected init() {
    ...
    this.hitRadius = 16;
    this.drawHitCircle();
}
```

當然了，在找到合適的碰撞半徑後，請把 **this.drawHitCircle();** 刪除或註解掉。

屬性宣告的問號與驚嘆號

這裡要解釋一下宣告 gif 的方式，也就是 **gif?: AnimatedGIF** 中的「問號」是怎麼一回事。這一小節所講的語法在先前也有使用過，同學可能看得一知半解，因此我們還是好好地來仔細說明一下這個語法的細節。

宣告類別的屬性，可以有下列三種不同的使用情境。

```
class SomeClass {
    prop1: string = '';
    prop2?: string;
    prop3!: string;
}
```

這三種宣告屬性的差別在於冒號前的符號，包括不加符號、問號與驚嘆號。下面個別詳述他們的用途。

prop1: string

表示其值必須是字串，所以在宣告的時候，通常要緊接著定義它的初始值，否則 TypeScript 會在 Problems 面板給出錯誤訊息。如果不在宣告時給初始值，那麼在建構子中給這個屬性正確型別的值也是可以的。

prop2?: string

加上問號的宣告方法，其實和 **prop2: string | undefined** 有相同的效力，代表這個屬性可以是字串，也可以是未定義，因此能夠不給它初始值。雖然這方法在宣告的時候很方便，但是在其他地方使用時，就必須在每次處理 prop2 都要考慮它現在是不是 undefined 的情況，不然 TypeScript 還是會在 Problems 給出錯誤訊息。

以下舉個例子給同學理解不方便的地方在哪。

```
class SomeClass {
    prop2?: string;

    constructor() {
        this.prop2 = 'Love and Peace';
    }
}
function printLength(value: string) {
    console.log(value.length);
}
```

```
let something = new SomeClass();
// TypeScript 會不喜歡下面這行
printLength(something.prop2);
```

這幾行程式在實際執行時不會出錯，但是 TypeScript 不喜歡，因為 printLength() 函式的參數必須是字串，而 **something.prop2** 雖然是字串，但依宣告時的定義，也可能是未定義（undefined），所以在 Problems 面板會看到 TypeScript 給的抱怨。

剛剛範例中，最後一行正確的寫法必須是這樣。

```
...
if (something.prop2) {
    printLength(something.prop2);
}
```

這樣寫的話，TypeScript 在檢查語法時能確定 printLength 得到的參數 **something.prop2** 不可能是未定義，因此它就放心了，不會給你錯誤訊息。

prop3!: string

加上驚嘆號的屬性宣告方法，和第一種不加符號的宣告法很像，不一樣的是，加上驚嘆號的屬性，就不需要給初始值了。所以這個方法是在告訴 TypeScript 說「我沒辦法現在給它初始值，但是我確定在實際使用的時候，這個屬性必定是字串。」

換句話說，加上驚嘆號就代表以後這個屬性的型別確認要靠我們程式設計師自己想辦法，TypeScript 不管了，它只會認為這個屬性一直是字串。

操縱戰機方向

設計上，戰機飛行靠的是滑鼠的位置，戰機會往滑鼠所在的方向飛去。Pixi 提供了與滑鼠互動的工具，下面就利用這些工具讓戰機轉向滑鼠的方向。

首先在 init() 裡呼叫我們等一下要寫的 startFacingMouse()。

```
...
protected init() {
    ...
    this.startFacingMouse();
}
...
```

然後我們來寫這個函式。

```
private startFacingMouse() {
    // 開啟戰機容器的互動開關
    this.interactive = true;
    // 將戰機可與滑鼠互動的範圍加大
    this.hitArea = new Rectangle(-5000, -5000, 10000, 10000);
    // 監聽滑鼠移動事件
    this.on('pointermove', (event) => {
        // 取得滑鼠在遊戲畫面上的位置
        let mouseGlobal = event.global;
        // 將滑鼠座標轉換為戰機容器內的相對位置
        let mouseLocal = this.toLocal(mouseGlobal);
        // 計算滑鼠座標相對於戰機的方向（單位為弧度）
        let radians = Math.atan2(mouseLocal.y, mouseLocal.x);
        // 將戰機轉向滑鼠的方向
        if (this.gif) {
            this.gif.rotation = radians;
        }
    })
}
```

在取得繪圖器與滑鼠互動的事件前，必須先把互動開關打開，也就是設定它的 **interactive** 屬性為 true。

互動開關打開後，這個容器就會開始接收各種滑鼠事件，包括滑鼠點擊、放開、移動、滾輪等，但是滑鼠在容器範圍以外發生的事件並不會傳到容器上。換句話說，當滑鼠在戰機圖案以外的地方移動時，我們的監聽函式是不會被呼叫的。

　　為了解決這個問題，我們要設定戰機的 hitArea，也就是它能和滑鼠互動的矩形範圍。我們把這個範圍設得超大，確保不管滑鼠在哪、畫面多大，我們都能收到來自它的事件。

　　接著就是監聽滑鼠移動的事件（pointermove），這個事件除了滑鼠的移動事件外，也會包含觸控螢幕上的手指移動，所以我們的遊戲在手機上也能正確運作。

　　在接到事件的回呼函式內，會得到含有滑鼠資料的事件 **(event: FederatedMouseEvent)**，我們先從中取得全域滑鼠座標（event.global），然後利用繪圖器 toLocal() 的工具把全域座標轉換成戰機容器內的區域座標後，就可以用這個座標計算出滑鼠相對於戰機中心的方向角度。

> 這裡說要先取得 event.global，再用 toLocal 轉換座標系統。但其實 Pixi 在設計上提供了 event.offset 可直接取得 local 座標，只不過目前 Pixi 版本（7.0.4）還沒把 event.offset 寫好。追蹤網址：https://pixijs.download/release/docs/PIXI.FederatedPointerEvent.html#offset

　　瀏覽器內建的 Math.atan2(dy, dx) 可以幫忙算出向量（dx, dy）的方向角度。這裡要注意的是，這個函式的第一個參數是向量的 y 值，第二個參數才是向量的 x 值。

　　最後把戰機的 GIF 繪圖器轉向至剛剛計算出來的滑鼠方向就行了。同學可以馬上在瀏覽器試著用滑鼠控制戰機的方向。

▲ 圖 8-7　在太空中的戰機

滑鼠位置函式庫

　　剛剛那樣的寫法雖然有用，但是我們想想看，等一下我們會讓戰機朝滑鼠的方向移動，在戰機移動後，滑鼠相對於戰機的位置就會改變，但是因為滑鼠本身並沒有在畫面上移動，不會有滑鼠事件被播報出來，因此戰機在移動的過程中不會因為和滑鼠的相對位置改變而轉向。

　　為了解決這個問題，我們應該在滑鼠發出移動事件時，把滑鼠的全域座標記錄下來，因為全域座標是絕對的，不會因戰機位置而改變，然後在 update(dt) 函式裡，每一幀都去重新計算滑鼠與戰機的相對位置，並依此將戰機轉向。

　　既然我們要記錄滑鼠的全域座標，那麼是不是寫一個函式庫，把這個座標儲存在函式庫裡會比較好，所有遊戲中的物件都能直接把函式庫裡的滑鼠座標拿來參考，而不需要每個需要滑鼠座標的地方，都寫一套相似的系統。

　　新增函式庫檔案 **src/lib/PixiMouseUtils.ts** ，把我們剛剛寫的監聽滑鼠那一套搬過去。

```
import { Application, Point, Rectangle } from "pixi.js";
```

```
// 滑鼠的全域座標 ( 滑鼠在遊戲畫面上的位置 )
export const mouseGlobal = new Point();
// 啟動追蹤滑鼠座標的程序
export function startMouseTracer(app: Application) {
    let stage = app.stage;
    // 開啟舞台的互動開關
    stage.interactive = true;
    // 加大舞台與滑鼠互動的範圍
    stage.hitArea = new Rectangle(-10000, -10000, 20000, 20000);
    // 註冊滑鼠移動事件
    stage.on('pointermove', (event) => {
        // 取得滑鼠在遊戲畫面上的位置
        mouseGlobal.copyFrom(event.global);
    });
    // 註冊手指觸碰事件
    stage.on('pointerdown', (event) => {
        // 取得滑鼠在遊戲畫面上的位置
        mouseGlobal.copyFrom(event.global);
    });
}
```

這個檔案匯出了兩個東西，一個是給遊戲用的滑鼠全域座標（mouseGlobal），另一個是 startMouseTracer()，啟動滑鼠追蹤器的函式。

startMouseTracer() 和剛剛在戰機裡寫的 startFacingMouse() 幾乎一樣，不過這裡除了監聽滑鼠移動的事件外，多監聽了滑鼠左鍵按下去的事件（pointerdown）。

需要監聽 pointerdown 事件是為了支援觸控式螢幕，因為雖然滑鼠的位置只需靠 pointermove 事件就夠了，但在觸控式螢幕上，手指不一定總是在螢幕上滑來滑去，玩家也可能在畫面上的任一處點下去，而手指點下去的這個動作並不會觸發 pointermove 事件，但在這種情況下還是得更新滑鼠的位置才對，因此這兩個事件的發生都要跟著去更新滑鼠的位置，才能確保滑鼠位置的正確性。

現在請打開 **src/main.ts**，加入一行呼叫開始追蹤滑鼠位置的函式。

```
...
import { startMouseTracer } from './lib/PixiMouseUtils';
...
/** 啟動滑鼠跟蹤器 */
startMouseTracer(app);
...
```

最後再回到 **Fighter.ts**，把之前寫的 **startFacingMouse()** 以及呼叫這個函式的相關程式碼刪去，我們改在 update() 裡面將戰機轉向。

```
...
import { mouseGlobal } from "../lib/PixiMouseUtils";
...
    ...
    update(dt: number) {
        if (this.gif) {
            // 轉向滑鼠
            let facing = this.toLocal(mouseGlobal);
            const rotation = Math.atan2(facing.y, facing.x);
            this.gif.rotation = rotation;
        }
        super.update(dt);
    }
```

在每一幀更新的時候，把函式庫中的 mouseGlobal 拿出來轉換成戰機容器內的相對位置，再由此計算出面向滑鼠的方向，並指定給 gif 繪圖器的旋轉角度。

⬤ 戰機的飛行 ▶

再下來要讓戰機向著前方飛行。

方法很簡單，我們只要更新戰機的 **velocity** 向量，然後在 **super.update(dt)**，也就是繼承自 SpaceObject 的更新函式內，就會幫我們依 velocity 向量把戰機往前推進。

```
update(dt: number) {
    if (this.gif) {
        ...
        // 更新速度向量
        this.velocity.set(2, 0);
        this.velocity.rotate(rotation);
    }
    super.update(dt);
}
```

　　首先把 velocity 重置，x 設為前進速度，y 設為 0，然後再將 velocity 旋轉 rotation，也就是戰機面向的角度，這樣就可以將戰機前進的速度向量設定好，再由 **super.update(dt)** 去實際推進戰機的位置。

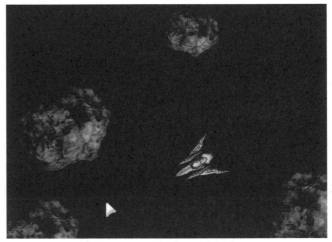

▲圖 8-8　可轉向的戰機

將戰機設為攝影機的焦點

　　在瀏覽器中已經可以用滑鼠去控制戰機的飛行了，現在要再加入攝影機，並將其聚焦於玩家的戰機。

　　打開 **MonsterRaidersGame.ts**，在類別內加入新屬性 **camera: Camera2D**，並在建構子中建構攝影機實體。也別忘了在 destroy() 裡把攝影機給銷毀。

```
export class MonsterRaidersGame extends Container {
    ...
    camera: Camera2D;

    constructor(public app: Application) {
        ...
        // 建立攝影機
        this.camera = new Camera2D(app.ticker);
        this.camera.width = getStageSize().width;
        this.camera.height = getStageSize().height;
        this.camera.focus = fighter;
        this.camera.gameRoot = this.spaceRoot;
    }
    destroy() {
        ...
        this.camera.destroy();
    }
```

此時在瀏覽器上就可以用滑鼠控制戰機飛行，攝影機會跟隨戰機，讓玩家能夠在廣闊的太空之中漫遊。

▷ 8-7 充滿宇宙的小行星群

現在的宇宙只存在四顆小行星，只要戰機飛離一開始的位置遠了點，太空就只剩下一片漆黑。我們要想辦法改善這個問題。

解決的思路很簡單，只要兩個步驟：

1. 將飛離畫面的小行星銷毀。

2. 每隔一段時間在畫面周遭補充一顆小行星。

先前在寫 SpaceObject 類別時，我們已經著手進行第一個步驟，只是那時還沒寫完。

🎮 銷毀離開畫面的小行星 ◗

回憶一下 SpaceObject 裡的 update() 函式。

```
export abstract class SpaceObject extends Container {
    ...
    update(dt: number) {
        ...
        // 如果最低壽命用完了且不在畫面上
        if (this.minLifespan < 0 && !this.isInScreen()) {
            this.destroy();
        }
    }
    isInScreen(): boolean {
        return true;
    }
}
```

其中的 isInScreen() 就是用來檢查一個太空物件是不是在遊戲畫面的可視範圍裡，只是當時我們偷懶，一律回傳 true。

要知道一個繪圖器是不是在遊戲畫面上其實也沒那麼難，我們可以用 getBounds() 取得繪圖器的邊界矩形，如果我們還能取得整個畫面的邊界矩形，那麼兩個矩形（Rectangle）做一次碰撞檢測（intersects），結果不就出來了嗎。

全畫面的矩形可以從 Pixi 的 Application 中得到，`app.screen`。

我們來把 SpaceObject 中的 isInScreen() 補完。

```
isInScreen(): boolean {
    const screen = this.game.app.screen;
    return this.getBounds().intersects(screen);
}
```

只要補上這個正確的 isInScreen()，那麼在 update() 函式中，當小行星飛出畫面時，就會自己將自己給銷毀了。

同學可以實際進入遊戲測試看看，將戰機開遠點，讓小行星飛出畫面，再將戰機開回原處，看看小行星還在不在。

補充新的小行星

除了移除遠離的小行星之外，我們還要在太空中補充新的小行星，否則過不久太空就整個黑掉了。

新的小行星必須在畫面外出現，這樣玩家才不會看到小行星橫空出世，突然在畫面上蹦出來。但是如果小行星出現的位置離畫面太遠，那麼新生的小行星很快又會因為不在畫面上而自我銷毀。

那麼要怎麼做才能讓小行星出現的位置在畫面外，又不會離太遠呢？

首先我們的 SpaceObject 裡有一個參數叫 minLifespan，代表小行星的最低壽命，預設是 60 個 ticks，相當於一秒，也就是說新生的小行星至少有一秒的時間不會自我銷毀，只要戰機在這一秒內飛近這顆小行星，那麼它就可以繼續留在太空裡。加長這個最低壽命，那麼小行星出生的位置還可以離畫面再稍遠一點。

至於出生位置，可以定在畫面矩形外圍一個更大的矩形邊上，如下圖所示。

▲ 圖 8-9　小行星出現的位置範圍

上圖藍色虛線的矩形邊上，就是小行星可以選擇的初始位置。我們可以
亂數決定小行星要出現在矩形的哪個邊上，再用另一個亂數決定要出現在這
個邊上的哪個點。

打開 **MonsterRaidersGame.ts**，我們先寫個從畫面外圍矩形的邊上隨
機取點的函式。

```
/** 從畫面外圍矩形的邊上隨機取點 */
randomPositionOnScreenEdge(padding: number): Point {
    // 計算全畫面的矩形
    const stage = this.app.stage;
    let screenWidth = getStageSize().width + stage.x * 2;
    let screenHeight = getStageSize().height + stage.y * 2;
    let rect = new Rectangle(
        this.camera.position.x - screenWidth / 2,
        this.camera.position.y - screenHeight / 2,
        screenWidth,
        screenHeight,
    );
    // 將矩形向四個方向擴展 padding 長度
    rect.pad(padding);
    // 開始決定小行星的出生點，先定在隨機四個頂點之一
    let pos = new Point(
        Math.random() < 0.5 ? rect.x : rect.right,
        Math.random() < 0.5 ? rect.y : rect.bottom,
    );
    if (Math.random() < 0.5) {
        // 有一半的機率在橫邊上隨機移動
        pos.x = rect.x + rect.width * Math.random();
    } else {
        // 另一半的機率在豎邊上隨機移動
        pos.y = rect.y + rect.height * Math.random();
    }
    return pos;
}
```

在計算畫面的矩形時，由於 stage（舞台）會設法在畫面上置中，所以
在寬度比舞台寬的畫面上，stage.x 就是舞台偏離畫面左側的距離，也就是
舞台左側的留白區。那麼全畫面的寬就會是舞台寬加上兩倍的左側留白寬。

▲ 圖 8-10   舞台外圍的留白區

再來寫定時補充小行星的非同步更新函式。

```
/** 定時補充小行星 */
async newAstroidLoop() {
    if (this.destroyed) {
        // 如果遊戲已被銷毀，就不要繼續
        return;
    }
    // 隨機選擇畫面外 120 個像素的一個位置
    let pos = this.randomPositionOnScreenEdge(120);
    // 建立小行星
    let astroid = new Astroid(this, pos.x, pos.y);
    // 延長小行星最短壽命
    astroid.minLifespan = 120;
    // 放進小行星陣列
    this.objects.push(astroid);
    // 等待
    await wait(12);
    // 遞迴呼叫自己，準備下一顆小行星的誕生
    this.newAstroidLoop();
}
```

然後在遊戲建構子的最後呼叫這個函式，開始無限新增小行星的循環。

```
constructor(public app: Application) {
    ...
    // 開始定期製造小行星
    this.newAstroidLoop();
}
```

如此一來，不管戰機飛到哪，都能遇到隨機且大量的小行星群了。

▷ 8-8　小行星與戰機的撞碰

若是玩家的戰機撞到小行星，應該要爆炸並讓遊戲結束。

打開 **MonsterRaidersGame.ts**，先把遊戲結束的函式準備好。

```
/** 遊戲結束 */
gameover() {
    this.camera.focus = undefined;
}
```

在遊戲結束的函式裡要把攝影機的焦點移除，因為戰機在被銷毀後，若攝影機想繼續取得戰機的 x,y 座標，程式就會出錯。

碰撞檢測 ▷

然後打開 **Fighter.ts**，加上一個檢測與所有小行星碰撞的函式。

```
/** 檢測與所有能撞毀戰機太空物件的碰撞 */
hitTestSpaceObject() {
    return this.game.objects.find((obj) => {
        const isCollidable = (
            obj.type == 'astroid' ||
            obj.type == 'monster'
        );
        return isCollidable && obj.hitTest(this);
    })
}
```

這邊先預想到，太空怪獸應該也要能撞毀戰機，所以在檢測時將小行星與怪獸都考慮在內了。

接著在 **update()** 函式的開頭，加上檢測碰撞的程式碼。

```
update(dt: number) {
    let hitObject = this.hitTestSpaceObject();
    if (hitObject) {
        // 撞到東西了，準備自爆
        this.destroy();
        this.game.gameover();
        return;
    }
    ...
}
```

加上這些程式碼，當戰機迎頭撞上小行星或怪獸，就會自我銷毀並讓遊戲結束。

炸爆特效 (AnimatedSprite)

戰機爆炸咋地啥特效都沒有！這像話嗎？

不行，我們必須在遊戲裡加上爆炸的特效。新增檔案 **src/monster-raiders/Explosion.ts** 來寫爆炸的類別。

```
import { AnimatedSprite, BaseTexture, Container, Texture } from "pixi.js";
import { SpaceObject } from "./SpaceObject";
import explosionImg from "../images/explosion-spritesheet.png";

export class Explosion extends Container {

    animation: AnimatedSprite;

    constructor() {
        super();
        // 排序值要大於其他所有太空物件
```

```
        this.zIndex = 10;
        // 建構爆炸動畫
        this.animation = new AnimatedSprite([]);
        // 不重覆播放動畫
        this.animation.loop = false;
        // 加進爆炸的繪圖容器
        this.addChild(this.animation);
    }
    /** 播放動畫，並在結束時自我銷毀 */
    playAndDestroy(target: SpaceObject) {
        // 加入遊戲容器
        target.game.spaceRoot.addChild(this);
        // 將位置移到發生爆炸的太空物件
        this.position.copyFrom(target.position);
        // 依爆炸物件的碰撞半徑調整特效大小
        this.animation.scale.set(target.hitRadius / 32);
        // 播放動畫
        this.animation.play();
        // 在動畫播放結束時，自我銷毀
        this.animation.onComplete = () => this.destroy();
    }
}
```

我們從這個骨架開始，一步步介紹爆炸動畫使用的繪圖器，**AnimatedSprite**。

AnimatedSprite 內部的結構不難理解。一般的 **Sprite** 在建構時需要一個材質用來繪圖，而 AnimatedSprite 需要的則是一個材質陣列，預設是用陣列中的第一個材質來繪圖。

在 AnimatedSprite 播放動畫時，繪圖器內部有一個 Ticker 會開始它自己的循環更新，在適當的時間換上材質陣列中的下一張材質，以此類推，隨著時間流逝，一張一張材質的替換就能達成播放動畫的任務。

我們將使用下面這張圖來製作爆炸的動畫。

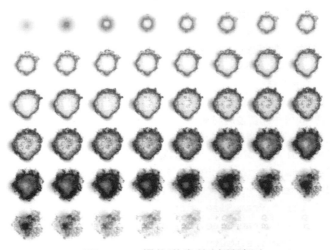

▲ 圖 8-11　爆炸動畫的材質陣列

　　這裡一共是 48 張動畫幀組成的大圖。我們會在遊戲中載入這張圖成為基底材質（BaseTexture），然後把這張基底材質切成 48 個不同部位的材質（Texture），再以這 48 個材質組成一個陣列送給 AnimatedSprite，讓 AnimatedSprite 依序播放來呈現爆炸的動畫。

　　這裡的 48 幀，八排六列，每一幀的大小都是 128 x 124 。我們根據這些資料來整理這些材質。

　　回到 **Explosion.ts** ，在檔案最下方爆炸類別的外面，寫個函式來取得爆炸材質的陣列。

```
...
export class Explosion extends Container {
    ...
}
// 爆炸動畫中每一幀的長寬尺寸
const frameSize = {
    width: 128,
    height: 124,
}
// 爆炸動畫材質陣列的快取
const texturesCache: Texture[] = [];
```

```
// 取得爆炸動畫所有材質的函式
function getTextures(): Texture[] {
    // 若快取是空的，就要建立材質陣列的快取
    if (texturesCache.length == 0) {
        // 載入基底材質
        let baseTexture = BaseTexture.from(explosionImg);
        // 組建 48 張不同部位的材質
        for (let i = 0; i < 48; i++) {
            let col = i % 8; // 動畫幀的列數
            let row = Math.floor(i / 8); // 動畫幀的行數
            let frame = new Rectangle(
                col * frameSize.width,
                row * frameSize.height,
                frameSize.width,
                frameSize.height
            );
            let texture = new Texture(baseTexture, frame);
            texturesCache.push(texture);
        }
    }
    // 回傳材質陣列的快取
    return texturesCache;
}
```

在函式外先定義一個材質陣列的快取，我們只要建立一次材質陣列並快取住，就可以把這個快取送給所有的爆炸動畫使用，這樣在遊戲中產生大量爆炸特效的時候才能保持良好的效能。

上面這些程式碼是放在爆炸類別的外面，因為這些程式碼不需要寫在類別裡。沒有在類別裡的函式，在最後匯出成品的時候，函式與變數的名稱可以最大程度地最佳化，讓成品的檔案最小化。

接著我們在爆炸類別中建構 AnimatedSprite 的那一行，將原本參數中的空陣列，改用 getTextures() 產生的動畫材質陣列。

```
constructor() {
    ...
```

```
    // 建構爆炸動畫
    this.animation = new AnimatedSprite(getTexture());
    // 調整動畫的軸心至圖片中央
    this.animation.pivot.set(
        frameSize.width / 2,
        frameSize.height / 2
    );
    ...
}
```

然後我們在戰機爆炸的地方，加上這個特效。

打開 **Fighter.ts** ，在 update() 函式裡找到撞擊自毀的程式，在前面加上爆炸特效。

```
update(dt: number) {
    ...
    if (hitObject) {
        // 撞到東西了，準備自爆
        new Explosion().playAndDestroy(this);
        ...
        return;
    }
```

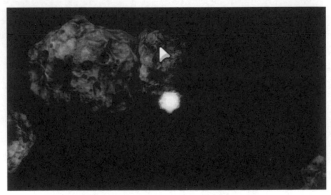

▲ 圖 8-12　在太空中的爆炸動畫

爆炸音效

再來幫這個特效加上音效。

我們已經先預想到，這個爆炸特效除了戰機撞毀時用得到，還有怪獸被飛彈擊落，以及飛彈撞進小行星也都用得到，所以我們一次加入三種不同物件爆炸時的音效。

打開 `Explosion.ts`，先在檔案開頭把音效資源與函式庫匯入。

```
...
import fighterExplodeSnd from "../sounds/fighter-explode.mp3";
import monsterExplodeSnd from "../sounds/monster-explode.mp3";
import missileExplodeSnd from "../sounds/missile-explode.mp3";
import { playSound } from "../lib/SoundUtils";
...
```

然後在 playAndDestroy() 函式的最後加上下面這些程式碼。

```
playAndDestroy(target: SpaceObject) {
    ...
    // 依太空物件的種類播放不同的音效
    if (target.type == 'fighter') {
        playSound(fighterExplodeSnd);
    } else if (target.type == 'monster') {
        playSound(monsterExplodeSnd);
    } else {
        playSound(missileExplodeSnd);
    }
}
```

加上了爆炸聲，整個遊戲突然就多了點質感。果然遊戲就是少不了音效呀！

▷ 8-9 星空循環背景

遊戲中有了小行星、戰機,以及無窮無盡的宇宙空間,但是在我們進行太空探險時,總覺得少了點什麼。

太空裡,怎麼能沒有滿天星空呢?

我們在圖片庫裡準備了兩張星空圖,一張是有黑色背景的 **starry-space.png**,另一張是透明背景的星光圖 **stars.png**。

我們新增一個檔案 **src/monster-raiders/Background.ts** 來繪製滿天星空背景圖。

```ts
import { Container, Texture, TilingSprite } from "pixi.js";
import { MonsterRaidersGame } from "./MonsterRaidersGame";
import { getStageSize } from "../main";
import starrySpaceImg from "../images/starry-space.png";

export class Background extends Container {

    starrySprite: TilingSprite;

    constructor(public game: MonsterRaidersGame) {
        super();
        // 黑底星空
        let texture = Texture.from(starrySpaceImg);
        this.starrySprite = new TilingSprite(
            texture,
            getStageSize().width,
            getStageSize().height
        );
        this.addChild(this.starrySprite);
        this.starrySprite.tileScale.set(0.5);
        // 將 Background 加入遊戲容器的底層
        game.addChildAt(this, 0);
    }
}
```

接著再打開 **MonsterRaidersGame.ts** ，在建構子的最後把背景建構出來。

```
...
import { Background } from "./Background";
...
export class MonsterRaidersGame extends Container {
    ...
    constructor(public app: Application) {
        ...
        // 建構星空背景
        new Background(this);
    }
```

現在的瀏覽器裡應該可以看到星空背景了。

舖磚精靈（TilingSprite）

星空背景用到了一個新的繪圖器，舖磚精靈（TilingSprite）。舖磚精靈的效果很妙，建構的參數需要三個，材質、寬、高。舖磚精靈在繪圖時，會將材質像舖磁磚一樣，重覆拼貼在繪圖器上，直到舖滿整個繪圖器的尺寸為止。

除此之外，我們還可以透過 **TilingSprite** 的幾個屬性來控制舖磚的方式。

- **tileScale**：控制每一片磚的縮放大小。
- **tilePosition**：舖磚的參考原點，可用這個屬性平移磚片。

TilingSprite 的用途講完了，但上面的程式還有一行怪怪的，為什麼要把 Background 加入遊戲容器（game）裡，而不是加入太空容器（spaceRoot）呢？

因為太空容器的位移受到攝影機的影響，但是背景圖只有和舞台相同的大小，如果跟著太空容器左奔右走，就無法填滿整個遊戲舞台了。

基於以上理由，我們把背景放在遊戲容器裡，並且用 addChildAt() 把背景放在圖層的最下方，讓太空容器壓在星空圖上面，並且保持不動。

```
stage
└── MonsterRaidersGame
     ├── Background
     └── spaceRoot
          ├── Astroids
          ├── Monsters
          ├── Missiles
          └── Fighter
```

攝影機與舖磚精靈

雖然不想讓背景的位置跟著攝影機移動，但是讓舖磚精靈的舖磚原點跟著攝影機移動，可以營造遠景的透視效果。舖磚原點是告訴 **TilingSprite** 該從繪圖器的哪個位置開始舖磚，和繪圖器本身的位置是沒有關係的。

我們在 **Background** 裡寫個循環更新的函式，並把函式加入 Ticker 的更新佇列。

```
...
export class Background extends Container {
    ...
    constructor(public game: MonsterRaidersGame) {
        ...
        // 開始更新循環
        game.app.ticker.add(this.update, this);
    }
    destroy(): void {
        super.destroy();
        this.game.app.ticker.remove(this.update, this);
    }
    update(dt: number) {
        let camera = this.game.camera;
        // 以 0.2 的比例平移最下層黑底星空的舖磚原點
```

```
        let shiftRate = 0.2;
        this.starrySprite.tilePosition.set(
            -camera.position.x * shiftRate,
            -camera.position.y * shiftRate
        );
    }
```

我們以攝影機位置的某個比例（shiftRate）去平移舖磚精靈的舖磚原點。

和攝影機移動 gameRoot 的理由一樣，在平移的時候要用負的攝影機位置，因為背景移動的方向和攝影機的移動方向是相反的。

我們再把另一張星光圖也放進來看看。

```
...
import starsImg from "../images/stars.png";
...
export class Background extends Container {
    ...
    starsSprite: TilingSprite;
    ...
    constructor(public game: MonsterRaidersGame) {
        ...
        // 黑底星空
        ...
        // 星光圖
        this.starsSprite =  new TilingSprite(
            Texture.from(starsImg),
            getStageSize().width,
            getStageSize().height
        );
        this.addChild(this.starsSprite);
        this.starsSprite.tileScale.set(0.8);
        ...
    }
    ...
    update() {
        ...
        // 以 0.25 的比例平移星光圖的舖磚原點
```

```
        shiftRate = 0.25;
        this.starsSprite.tilePosition.set(
            -camera.position.x * shiftRate,
            -camera.position.y * shiftRate
        );
    }
}
```

星光圖移動的速度為攝影機的 0.25 倍，比黑底星空的 0.2 倍多了一點。如此一來，兩張背景圖移動的速度不一樣，就會讓整片太空多了景深的立體感。

🎮 全畫面矩形 ▶

目前的背景有個小缺點，它只占滿了舞台 640x480 的區域，但是遊戲做到這兒，我們開始希望不受舞台的大小限制，最好能把整個遊戲視窗都鋪滿星空背景。

那麼遊戲視窗全畫面的範圍要怎麼計算出來呢？

還記得在 main.ts 裡，我們透過瀏覽器視窗的尺寸改變事件（resize），即時重新計算了 Pixi 舞台（stage）的長寬尺寸與置中位置（refreshCanvasAndStage）。那麼全畫面矩形的計算應該也可以在重新更新舞台屬性時，同時完成吧！

打開 **src/main.ts**，我們在大約開頭的地方加上一些新的程式碼。

```
...
import { EventEmitter } from "eventemitter3";
...
// 使用一般物件來儲存舞台的尺寸
...
// 定義並匯出代表全畫面範圍的矩形
export const FullscreenArea = new Rectangle();
// 匯出一個事件發報機，當舞台大小改變時，用來發報事件
export const StageSizeEvents = new EventEmitter();
```

　　我們新建並匯出了兩個東西，一個是會保持最新狀態的全畫面矩形，另一個是事件發報機，用來發報舞台尺寸改變的事件。

　　然後我們找到更新舞台尺寸的函式 **refreshCanvasAndStage()** ，在函式的最後追加更新全畫面矩形的值。

```
function refreshCanvasAndStage(): void {
    ...
    // 計算全畫面矩形的位置與大小
    FullscreenArea.x = -app.stage.x / scale;
    FullscreenArea.y = -app.stage.y / scale;
    FullscreenArea.width = winSize.width / scale;
    FullscreenArea.height = winSize.height / scale;
    // 發報舞台改變事件
    StageSizeEvents.emit('resize', stageSize);
}
```

　　在更新完舞台尺寸，並重新計算全畫面矩形的位置與大小後，我們用 **StageSizeEvents** 發報舞台改變的事件，讓遊戲的其他地方可以監聽這個事件。

　　在發報機發布 resize 事件時，我們順帶把舞台的尺寸（stageSize）附在事件裡，方便監聽的函式可以直接拿來用。

全畫面星空

　　有了全畫面矩形，也有了監聽舞台改變的機制，現在可以把 **Background** 的星空背景改成全畫面了。

```
...
import { FullscreenArea, getStageSize, StageSizeEvents } from "../main";
...
export class Background extends Container {
    ...
    constructor(public game: MonsterRaidersGame) {
        ...
        // 初次更新背景尺寸
        this.refreshSize();
```

```
    // 監聽舞台改變事件，在舞台改變時更新背景尺寸
    StageSizeEvents.on('reisze', this.refreshSize, this);
}
destroy(): void {
    ...
    StageSizeEvents.off('reisze', this.refreshSize, this);
}
...
refreshSize() {
    this.position.x = FullscreenArea.x;
    this.position.y = FullscreenArea.y;
    // 黑底星空的尺寸更新
    this.starrySprite.width = FullscreenArea.width;
    this.starrySprite.height = FullscreenArea.height;
    // 星光圖的尺寸更新
    this.starsSprite.width = FullscreenArea.width;
    this.starsSprite.height = FullscreenArea.height;
}
}
```

現在再回瀏覽器，就會發現遊戲畫面已經被星空圖整個占滿了，真是漂亮呀！

▷ 8-10 太空怪獸

現在要來設計太空怪獸了。

設計上要讓它們從遊戲畫面的外面飛進來，並持續將其飛行方向轉向玩家戰機的方向。在一段時間後停止轉向，再徑直朝畫面外飛去，最後在離開畫面時自我銷毀。

新增檔案 **src/monster-raiders/Monster.ts** 來寫怪獸的類別。

```
import { SpaceObject } from "./SpaceObject";
import { Sprite } from "pixi.js";
import monsterImg from "../images/space-monster.png";

export class Monster extends SpaceObject {
```

```
    get type(): 'astroid'|'fighter'|'monster'|'missile' {
        return 'monster';
    }

    protected init(): void {
        // 放上怪獸的圖
        let sprite = Sprite.from(monsterImg);
        sprite.pivot.set(56, 66);
        this.addChild(sprite);
        // 縮小一點
        sprite.scale.set(0.66);
        // 隨機旋轉一個角度，作為怪獸初始的飛行方向
        this.rotation = Math.random() * Math.PI * 2;
        // 隨機指定排序值在 2 到 3 之間，讓怪獸穿梭在小行星之間
        this.zIndex = 2 + Math.random();
        // 初始化飛行速度的向量
        this.velocity.x = 2.1;
        this.velocity.rotate(this.rotation);
        // 設定碰撞半徑
        this.hitRadius = 20;
        // 畫出碰撞圓
        //this.drawHitCircle();
    }
}
```

怪獸的類別和小行星有八成相似，我們以相同的方式，在遊戲容器裡定時呼叫一隻怪獸出來吧。

🎮 定時製造怪獸 ▶

打開 **MonsterRaidersGame.ts** ，加上定期製造怪獸的函式。

```
...
import { Monster } from "./Monster";
...
export class MonsterRaidersGame extends Container {
    ...
    constructor(public app: Application) {
        ...
        // 開始定期製造怪獸
        this.newMonsterLoop();
    }
```

```
...
/** 定時補充怪獸 */
async newMonsterLoop() {
    if (this.destroyed) {
        // 如果遊戲已被銷毀，就不要繼續
        return;
    }
    // 隨機選擇畫面外 40 個像素的一個位置
    let pos = this.randomPositionOnScreenEdge(40);
    // 建立怪獸
    let monster = new Monster(this, pos.x, pos.y);
    // 放進陣列
    this.objects.push(monster);
    // 等待一秒
    await wait(60);
    // 呼叫自己，準備下一隻怪獸的誕生
    this.newMonsterLoop();
}
}
```

這個定期製造怪獸的函式和之前定期製造小行星的函式幾乎一模一樣。

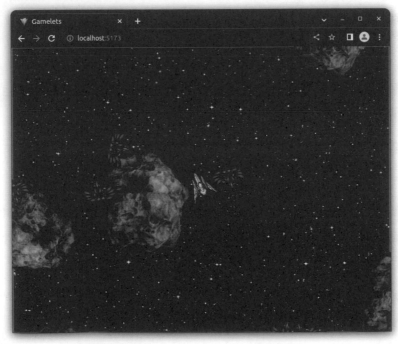

▲ 圖 8-13　在太空飛行的怪獸們

加了這幾行程式，就開始會有怪獸從四面八方飛進畫面。

怪獸與戰機的碰撞在先前一併寫在 Fighter 的 hitTestSpaceObject() 函式裡了，所以我們不需要再多寫什麼，就能讓怪獸和小行星一樣有辦法撞毀玩家的戰機，讓遊戲結束。不過現在的怪獸只會依照一開始隨機決定的方向直線飛行。接下來我們要讓怪獸飛行的方向朝著玩家轉過去。

角度的追隨公式

如果我們讓一個位置座標去追另一個位置座標，那麼追隨的向量很容易可以用減法算出來。

```
// 目標位置
let target = new Point(2, 2);
// 目前位置
let current = new Point(1, 1);
// 追隨目標的方向向量
let vector = new Point(
    target.x - current.x,
    target.y - current.y
);
```

這個簡單易懂，我們只要使用計算出來的方向向量，就能推進目前位置往目標飛去。

但是角度的追隨就沒這麼簡單了。由於角度是以 360 度為週期在循環的，所以兩個角度的角度差，並不能當成是角度追隨的方向。

試想以下這個例子，如果目標角度是 360 度，而目前角度是 300 度，角度差是 60 度，是一個正數，因我們就知道要讓目前角度以順時針（正向角度）去追目標角度。

但如果目標角度不變，仍是 360 度，而目前角度改為 60 度，角度差是 300 度，仍是正數，也是要依順時針去轉。

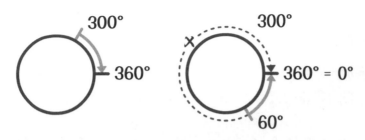

▲ 圖 8-14　角度的跟隨方向

　　但其實這個情況下，應該要以逆時針去轉才會更快轉到目標角度。角度差 300 度，其實也等於角度差 -60 度。

---

300 度 = 300 度 - 360 度 = -60 度

　　説白了，這個角度跟隨的演算法，必須把角度差先轉換到 -180° 到 180° 之間，再決定要順時針去追還是逆時針去追。

```
// 目標角度
let targetAngle = 360;
// 目前角度
let currentAngle = 60;
// 角度差
let diffAngle = targetAngle - currentAngle;
// 轉換角度差
while(diffAngle > 180) {
    diffAngle -= 360;
}
while(diffAngle <= -180) {
    diffAngle += 360;
}
// 決定追隨方向
if (diffAngle > 0) {
    ...順時針追隨角度
} else {
    ...逆時針追隨角度
}
```

上面的示範程式是用角度來説明。在遊戲中，大部分的情況都要轉換成弧度來計算，讓弧度差介於 -π 與 π 之間。

我們增加一個數學函式庫，把一些常用的數學運算放進去，簡化遊戲中的程式碼。在函式庫的資料夾內新增 **src/lib/MathUtils.ts**。

```typescript
export class MathUtils {
    // 常用常數 2π
    static TWO_PI = Math.PI * 2;
    // 將角度正規化至 -180 與 180 之間
    static normalizeDegree(degree: number) {
        while (degree > 180) {
            degree -= 360;
        }
        while (degree <= -180) {
            degree += 360;
        }
        return degree;
    }
    // 將弧度正規化至 -π 與 π 之間
    static normalizeRadians(radians: number) {
        while (radians > Math.PI) {
            radians -= MathUtils.TWO_PI;
        }
        while (radians <= -Math.PI) {
            radians += MathUtils.TWO_PI;
        }
        return radians;
    }
}
```

怪獸自動轉向

知道了如何讓一個角度去追隨另一個角度的方法後，我們就可以來設計怪獸追玩家的 AI 了。

打開 **Monster.ts**，在類別裡加一個新的屬性 **followDuration**，表示這隻怪獸還要追著玩家跑多久。

```
export class Monster extends SpaceObject {
    ...
    // 還要追著玩家跑多久
    followDuration = 120;
    ...
}
```

然後來覆寫 update() 函式，加上自動追蹤玩家的行為。

```
update(dt: number) {
    // 先找到玩家戰機
    let fighter = this.game.objects.find(obj => {
        return obj.type == 'fighter';
    });
    if (fighter && this.followDuration > 0) {
        // 縮短追蹤玩家的時間
        this.followDuration -= dt;
        // 計算兩物之間的向量
        let vector = fighter.position.sub(this.position);
        // 計算戰機對於我的方向（弧度）
        let radians = Math.atan2(vector.y, vector.x);
        // 計算和我目前的方向差
        let radDiff = radians - this.rotation;
        radDiff = MathUtils.normalizeRadians(radDiff);
        // 依弧度差來轉向
        const rotateSpeed = 0.025;
        if (radDiff > 0) {
            let rad = Math.min(radDiff, rotateSpeed * dt);
            this.rotation += rad;
        } else {
            let rad = Math.max(radDiff, -rotateSpeed * dt);
            this.rotation += rad;
        }
        // 依新的方向調整飛行速度的向量
        this.velocity.set(2.1, 0);
        this.velocity.rotate(this.rotation);
    }
    super.update(dt);
}
```

回到瀏覽器去看看目前的遊戲，會發現太空怪獸們會持續轉向玩家，但在尾隨一段時間後，就會放棄追逐，徑直朝畫面外飛走，完全符合我們設計的初衷。

▷ 8-11　飛彈

現在玩家戰機在太空中遊蕩的時候，很容易被怪獸撞毀，我們要在戰機上安裝飛彈發射器，讓玩家能成為名副其實的怪獸掃蕩隊。

新增檔案 **src/monster-raiders/Missile.ts**。

```
import { SpaceObject } from "./SpaceObject";
import { Sprite } from "pixi.js";
import missileImg from "../images/missile.png";

export class Missile extends SpaceObject {

    get type(): 'astroid' | 'fighter' | 'monster' | 'missile' {
        return 'missile';
    }
    protected init(): void {
        // 飛彈的圖
        let sprite = Sprite.from(missileImg);
        sprite.pivot.set(15, 4);
        this.addChild(sprite);
        // 縮小一點
        sprite.scale.set(0.5);
        // 排序值
        this.zIndex = 3;
        // 設定碰撞半徑
        this.hitRadius = 2;
    }
    setDirection(rotation: number) {
        this.rotation = rotation;
        this.velocity.x = 8;
        this.velocity.rotate(rotation);
    }
}
```

飛彈的類別其實和怪獸也差不了多少，不過飛彈的飛行方向要由戰機來決定，因此我們為飛彈多寫了一個 **setDirection(rotation)**，供戰機在發射飛彈時使用。

發射飛彈 ▶

打開 **Fighter.ts**，在類別的最後加上發射飛彈的函式。

```
...
import missileSnd from "../sounds/missile-launch.mp3";
import { playSound } from "../lib/SoundUtils";

export class Fighter extends SpaceObject {
    ...
    /** 發射飛彈 */
    launchMissile() {
        if (this.gif) {
            let missile = new Missile(this.game, this.x, this.y);
            missile.setDirection(this.gif.rotation);
            // 發射飛彈的音效
            playSound(missileSnd);
        }
    }
}
```

然後在 init() 裡監聽滑鼠左鍵的事件，當玩家按下左鍵的時候執行 launchMissile()，也記得在 destroy() 時取消監聽。

```
export class Fighter extends SpaceObject {
    ...
    protected init() {
        ...
        // 監聽滑鼠左鍵事件
        const stage = this.game.app.stage;
        stage.on('pointerdown', this.launchMissile, this);
    }
    destroy(): void {
        super.destroy();
        const stage = this.game.app.stage;
        stage.off('pointerdown', this.launchMissile, this);
    }
    ...
}
```

加了這些程式碼，玩家就能靠滑鼠左鍵發射飛彈了，只不過目前飛彈會直接略過怪獸與小行星，直接飛往畫面外，然後自我銷毀。

我們需要一個 hitTestSpaceObject() 來處理飛彈的碰撞問題，就像 Fighter 裡也有的一樣。

飛彈的碰撞

在 **Missile.ts** 檔案的類別最後，加上碰撞檢測的函式。

```
export class Missile extends SpaceObject {
    ...
    /** 檢測與所有能與飛彈相撞的太空物件 */
    hitTestSpaceObject() {
        return this.game.objects.find((obj) => {
            const isCollidable = (
                obj.type == 'astroid' ||
                obj.type == 'monster'
            );
            return isCollidable && obj.hitTest(this);
        })
    }
}
```

然後也如戰機的類別一樣，我們要在 Missile 裡覆寫 update() 函式。

```
export class Missile extends SpaceObject {
    ...
    update(dt: number) {
        let hitObject = this.hitTestSpaceObject();
        if (hitObject) {
            // 撞到東西了，準備自爆
            if (hitObject.type == 'monster') {
                new Explosion().playAndDestroy(hitObject);
                hitObject.destroy();
            } else {
                new Explosion().playAndDestroy(this);
            }
            this.destroy();
```

```
        return;
    }
    super.update(dt);
  }
}
```

在飛彈撞到太空物件時，如果撞到的是怪獸，那麼爆炸特效應該要放在怪獸身上，並且銷毀怪獸以及飛彈本身。如果撞到的是小行星，那麼只要銷毀飛彈，並讓爆炸特效放在飛彈的位置。

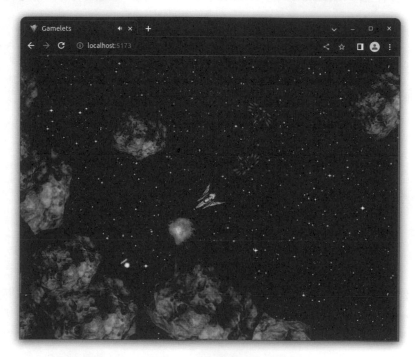

▲ 圖 8-15　飛彈撞到小行星

玩家的分數

能用飛彈擊落怪獸，就能開始計算分數了。

打開 **MonsterRaidersGame.ts**，為類別新增分數屬性，並插入一個加分數的函式。

```
export class MonsterRaidersGame extends Container {
    ...
    score = 0;
    ...
    /** 增加分數 */
    addScore(value: number) {
        this.score += value;
    }
    ...
```

然後再回到 **Missile.ts** 的 update() 函式，在擊中怪獸時呼叫加分數的函式。

```
export class Missile extends SpaceObject {
    ...
    update(dt: number) {
        ...
            if (hitObject.type == 'monster') {
                ...
                this.game.addScore(1);
            } else {
                ...
            }
        ...
    }
}
```

雖然這樣就可以累積玩家的分數，但目前我們還沒有介面能看到分數的增加。這個工作我們留到後面一點再來完成。

▷ 8-12　播放音樂

我們準備了一首音樂給這個遊戲，現在我們就把音樂放進去播放吧。

循環播放 ▷

打開 **MonsterRaidersGame.ts**，為類別新增一個音樂物件的屬性，以及播放音樂的函式，並在建構子呼叫該函式播放音樂。

```
import musicSnd from "../sounds/yemingkenoshisaido.mp3";
...
export class MonsterRaidersGame extends Container {
    ...
    music?: IMediaInstance;

    constructor(public app: Application) {
        ...
        // 播放音樂
        this.playMusic();
    }
    /** 播放音樂 */
    async playMusic() {
        this.music = await playSound(musicSnd, { loop: true });
    }
    destroy() {
        ...
        this.music && this.music.destroy();
    }
}
```

播放音樂時，要在參數裡設定循環播放（loop），並且記得在遊戲銷毀時，將音樂銷毀。

音量改變

在玩家的戰機被炸毀，遊戲結束的時候，將音樂調小聲一點。

```
...
/** 遊戲結束 */
gameover() {
    ...
    if (this.music) {
        this.music.volume = 0.1;
    }
}
```

加了音樂，玩起來的感覺是不是完全不一樣了呢？

▷ 8-13　遊戲介面

現在我們要加上遊戲介面，裡面會包含分數的顯示，以及一個開關音樂的小按鈕。

新增檔案 **src/monster-raiders/MonsterRaidersUI.ts**。

```typescript
import { MonsterRaidersGame } from "./MonsterRaidersGame";
import { Container, Sprite, Text } from "pixi.js";
import { getStageSize } from "../main";

export class MonsterRaidersUI extends Container {

    scoreText?: Text;

    musicButton?: Sprite;

    constructor(public game: MonsterRaidersGame) {
        super();
        this.createScoreText();
        this.createMusicButton();
    }
    private async createScoreText() {
        // 等一下寫
    }
    private async createMusicButton() {
        // 等一下寫
    }
    public setScore(score: number) {
        const scoreTxt = this.scoreText;
        if (scoreTxt) {
            scoreTxt.text = score.toLocaleString();
            // 置中
            scoreTxt.x = (getStageSize().width - scoreTxt.width) / 2;
        }
    }
}
```

我們把骨架先寫好，其中有兩個函式用來初始化介面，包括建構分數介面，以及建構音樂開關按鈕。另外寫了一個 **setScore()** 函式，讓遊戲在分數改變時，可以透過這個函式更新分數的顯示。

🟣 遊戲分數 ▶

我們先把分數顯示的部分寫好，再去遊戲裡把介面實體新增出來。

```
...
private async createScoreText() {
    // 等待字型載入完畢
    await document.fonts.load('10px SpaceInvadersFont');
    // 畫分數文字的背景
    let graphics = new Graphics();
    graphics.beginFill(0x666666, 0.5);
    graphics.drawRoundedRect(-50, 0, 100, 28, 14);
    graphics.endFill();
    graphics.position.set(getStageSize().width / 2, 10);
    this.addChild(graphics);
    // 新增分數文字
    this.scoreText = new Text('', {
        fontFamily: 'SpaceInvadersFont',
        fontSize: 24,
        fill: 0xFFFFFF,
    });
    this.scoreText.y = 12;
    this.addChild(this.scoreText);
    // 更新分數文字
    this.setScore(this.game.score);
}
...
```

在畫分數文字的背景時，用了 Graphics 提供的 drawRoundedRect() 函式，這個函式可以畫出帶有圓角的矩形。

至於建構 Text 的部分，在上一章製作遊戲介面的已經提過了，這邊不再贅述。

然後打開 **MonsterRaidersGame.ts**，在其建構子的最後新增介面。

```
export class MonsterRaidersGame extends Container {
```

```
    ...
    ui: MonsterRaidersUI;

    constructor(public app: Application) {
        ...
        // 建構介面
        this.ui = new MonsterRaidersUI(this);
        this.addChild(this.ui);
    }
    ...
    /** 增加分數 */
    addScore(value: number) {
        ...
        this.ui.setScore(this.score);
    }
    ...
}
```

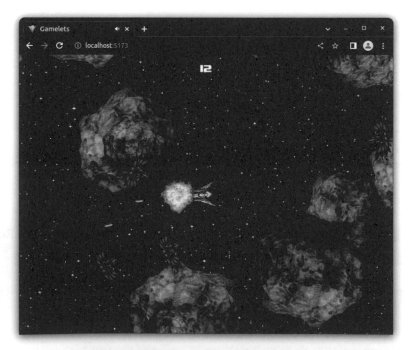

▲圖 8-16　顯示分數的介面

在遊戲分數增加時，呼叫介面的 setScore() 函式以更新介面中的分數。

音樂開關按鈕

玩家有兩種，一種是無條件接受所有遊戲設計師給的體驗，包括音樂。另一種會在玩遊戲的時候把音樂關掉，並在一旁播放自己愛聽的音樂。

身為遊戲設計師，在遊戲裡加上音樂開關的按鈕，是我們必要的工作。打開 **MonsterRaiderUI.ts** ，現在要寫 createMusicButton() 的內容了。

整個按鈕的建立、互動與更新都可以在一個函式內搞定，不過因為內容稍長了點，我們切成三段來示範。

首先我們要匯入按鈕需要的圖檔。

```
...
import musicNotesImg from "../images/music-notes.png";
...
```

▲ 圖 8-17　音樂按鈕的材質

在專案資料夾裡的這張圖，尺寸為 128x64，左半部的圖示表示音樂放聲，右半部的圖示表示音樂靜音。我們會準備兩個材質（同一個基底材質）分別握住左右兩半的圖示。

```
private async createMusicButton() {
    // 準備音樂開與關的兩個圖示材質
    let baseTexture = BaseTexture.from(musicNotesImg);
    let musicOnTexture = new Texture(
        baseTexture,
        new Rectangle(0, 0, 64, 64)
    );
    let musicOffTexture = new Texture(
        baseTexture,
        new Rectangle(64, 0, 64, 64)
    );
```

```
    ...
}
```

　　然後建立用來繪製按鈕的精靈繪圖器（Sprite），並且設定他的位置、大小、還有按鈕相關的屬性。

```
private async createMusicButton() {
    ...
    // 建構按鈕的繪圖器 ( 精靈圖 )
    let button = new Sprite();
    button.position.set(getStageSize().width - 36, 12);
    button.scale.set(0.4);
    button.interactive = true;
    button.cursor = 'pointer';
    this.addChild(button);
    ...
}
```

　　其中 **button.interactive** 的作用在前面也有提過，是打開這個繪圖器和滑鼠互動的開關，開關打開後，button 才會接收到滑鼠相關的事件。

　　另外還有 **button.cursor** 屬性，這是告訴 Pixi 當滑鼠移到這個繪圖器上的時候，鼠標要改用哪個圖示。這裡指定的圖示種類和網頁 CSS 裡使用的一樣，最常用的就是 pointer，表示這是一個可以互動的物件。

　　鼠標的圖示有很多種可以指定，包括 default（預設）、pointer（可互動）、progress（忙錄中）、text（可選文字）、move（可搬動）、zoom-in（放大）、zoom-out（縮小）等等。

|||| 鼠標圖示的詳細列表可參考：

https://developer.mozilla.org/en-US/docs/Web/CSS/cursor

　　同學是否發現我們在建構精靈圖 **new Sprite()** 的時候，並沒有給它材質參數，所以這個按鈕目前其實是沒有圖案的。

　　接下來要在這個函式裡再加一個函式，依據目前音樂靜音的狀態更新按鈕使用的材質。

```
private async createMusicButton() {
    ...
    // 更新按鈕圖案的函式
    let refreshButton = () => {
        let music = this.game.music;
        if (music && music.muted) {
            button.texture = musicOffTexture;
        } else {
            button.texture = musicOnTexture;
        }
    };
    refreshButton();
    ...
}
```

這個 refreshButton() 函式只存在於 createMusicButton() 這個函式內，一般稱這種函式為區域函式。這函式會先取得遊戲內音樂靜音的狀態，然後決定要讓按鈕使用兩個材質的其中一個。

接著呼叫一次這個函式 refreshButton()，就可以初始化按鈕的外觀。

最後我們要監聽按鈕的滑鼠事件，在滑鼠點擊後，若目前音樂有聲就讓它變靜音，若目前是靜音則讓它變有聲。

```
private async createMusicButton() {
    ...
    // 監聽按鈕事件
    button.on('click', () => {
        let music = this.game.music;
        if (music) {
            music.muted = !music.muted;
            refreshButton();
        }
    });
}
```

先前我們已經寫過其他的滑鼠事件，包括 pointerdown、pointermove 等，這次我們需要監聽的是 click 事件。click 事件會在玩家於一個繪圖器上按下滑鼠左鍵，並且在同一個繪圖器上放開左鍵時發生。簡而言之，就是一般按鈕點擊的動作。

在玩家點擊音樂按鈕後，我們同樣先取得遊戲中的音樂物件，反轉它的靜音（muted）屬性，再更新按鈕外觀（refreshButton）。這樣一來，遊戲的右上角就多了個供玩家打開或關閉音樂的按鈕了。

全畫面的介面位置

遊戲的主幹已經大致完成，不過如果我們改變瀏覽器的視窗寬度，讓視窗變成手機的形狀，這時會發現介面上的分數與音樂按鈕都會浮在畫面中間偏上的地方，而不是視窗頂端。

這是因為我們的介面是對齊舞台位置的，而舞台的頂端不見得是畫面上的頂端，這對於一個全畫面的遊戲是一個需要解決的問題。

▲ 圖 8-18　介面的位置

上圖中可以看到介面頂端的位置。把星空背景去除後，能清楚看到右方的介面實際上是對齊著紅色框的舞台頂端。

我們先前已經成功解決了星空背景要舖滿整個畫面的問題，利用同樣的方法，我們也能把介面改成貼齊畫面頂端。

打開 **MonsterRaidersGame.ts** ，加上一個函式來調整介面位置，並在建構子中呼叫它。

```typescript
...
import { FullscreenArea, getStageSize } from "../main";
...
export class MonsterRaidersUI extends Container {
    ...
    constructor(public game: MonsterRaidersGame) {
        ...
        this.updateTop();
    }
    /** 調整介面頂端位置 */
    private updateTop() {
        this.y = FullscreenArea.y;
    }
    ...
}
```

這樣我們在遊戲中，就可以看到分數與音樂按鈕都對著畫面頂端貼齊了。

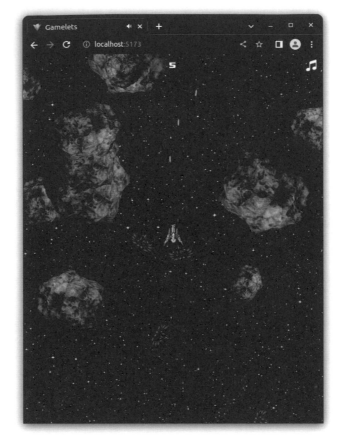

▲ 圖 8-19　長形畫面中的介面位置

　　不過我們發現，雖然一開始的位置是好的，但如果我們玩到一半再去改視窗大小，那麼介面的位置又會跑掉。這個問題很明顯，是要監聽視窗改變的事件，並在事件發生時更新介面位置。

　　我們再次利用先前在 **main.ts** 匯出的 **StageSizeEvents** 來監聽視窗改變事件，並在事件發生時呼叫 updateTop() 來更新介面的位置。

```
...
import { FullscreenArea, getStageSize, StageSizeEvents } from "../main";
...
export class MonsterRaidersUI extends Container {
```

```
    ...
    constructor(public game: MonsterRaidersGame) {
        ...
        StageSizeEvents.on('resize', this.updateTop, this);
    }
    destroy() {
        super.destroy();
        StageSizeEvents.off('resize', this.updateTop, this);
    }
    ...
}
```

▷ 8-14　遊戲結束與重新開始

　　這個遊戲剩下遊戲結束的部分還沒處理，包括結束時的介面與重新開始的流程。

🎮 遊戲結束畫面 ▶

　　新增檔案 **src/monster-raiders/MonsterRaidersGameover.ts**，我們將在這裡製作一個簡單的對話框，在對話框裡畫上透明背景，再加上遊戲結束的字樣、分數字樣，並給一個重新遊戲的按鈕。

```
import { Container, Graphics, Text } from "pixi.js";
import { getStageSize } from "../main";
import { MonsterRaidersGame } from "./MonsterRaidersGame";

export class MonsterRaidersGameover extends Container {

    constructor(public game: MonsterRaidersGame) {
        super();
        // 視窗的背景
        this.drawBackground(480, 240);
        // 寫上遊戲結束的字樣
        this.drawGameoverText(20);
        // 寫上最後得分
        this.drawScoreText(100);
        // 加上重玩的按鈕
```

```
            this.createRestartButton(160);
            // 把自己加進遊戲容器
            game.addChild(this);
            // 視窗置中
            this.position.set(
                (getStageSize().width - this.width) / 2,
                (getStageSize().height - this.height) / 2
            );
        }
        drawBackground(width: number, height: number) {
            // 等一下寫
        }
        drawGameoverText(y: number) {
            // 等一下寫
        }
        drawScoreText(y: number) {
            // 等一下寫
        }
        createRestartButton(y: number) {
            // 等一下寫
        }
    }
```

這四個等一下再寫的函式，只有最後一個製作重玩按鈕比較複雜一點，其他的工作我們都已經有經驗了，所以現在快速地把前三個函式寫完，然後再來面對最後的重玩按鈕。

首先是畫出對話框的背景。

```
    drawBackground(width: number, height: number) {
        let graphics = new Graphics();
        graphics.beginFill(0xFFFFFF, 0.5);
        graphics.drawRoundedRect(0, 0, width, height, 10);
        graphics.endFill();
        this.addChild(graphics);
    }
```

這裡主要就是使用 Graphics 提供的 drawRoundedRect() 畫出半透明、有圓角的方形，墊在整個對話框的最下層。這個背景圖的尺寸也就等於整個對話框的尺寸，等一下我們繪製文字與按鈕時，就會參考整個對話框的尺寸來置中。

接著貼上遊戲結束（Gameover）的字樣。

```
drawGameoverText(y: number) {
    let gameoverTxt = new Text('GAME OVER', {
        fontFamily: 'SpaceInvadersFont',
        fontSize: 64,
        fill: 0x990000,
    });
    gameoverTxt.resolution = 2;
    gameoverTxt.position.set(
        (this.width - gameoverTxt.width) / 2,
        y
    );
    this.addChild(gameoverTxt);
}
```

繪製文字時，要記得將文字繪圖器（Text）的解析度（resolution）調高一點，這樣在遊戲畫面被放大時，文字才不會糊掉。

然後貼上分數文字。

```
drawScoreText(y: number) {
    let score = this.game.score.toLocaleString();
    let scoreTxt = new Text('SCORE ' + score, {
        fontFamily: 'SpaceInvadersFont',
        fontSize: 32,
        fill: 0x006600,
    });
    scoreTxt.resolution = 2;
    scoreTxt.position.set(
        (this.width - scoreTxt.width) / 2,
        y
    );
    this.addChild(scoreTxt);
}
```

貼文字的程式碼都差不多，這裡只不過需要先從遊戲那裡取得最後分數，再轉換成文字。

好了，最後來製作重玩的按鈕吧。這部分的程式碼比較多，我們拆開成幾段來看。首先建立一個容器作為按鈕，然後幫按鈕加上背景框以及標籤文字，完成整個按鈕的外觀。

```
createRestartButton(y: number) {
    // 先建立整個按鈕的容器
    let button = new Container();
    // 幫按鈕加上圓角方形的背景
    let bg = new Graphics();
    bg.beginFill(0xFFFFFF);
    bg.drawRoundedRect(0, 0, 240, 48, 24);
    bg.endFill();
    // 預設的按鈕背景底色
    bg.tint = 0x283593;
    button.addChild(bg);
    // 加再上重玩一次的按鈕標籤
    let label = new Text('Restart', {
        fontFamily: 'SpaceInvadersFont',
        fontSize: 36,
        fill: 0xFFFFFF,
    });
    label.resolution = 2;
    label.position.set(
        (bg.width - label.width) / 2,
        (bg.height - label.height) / 2
    );
    button.addChild(label);
    ...
}
```

其中的 bg 用到了上一章提過的 tint 屬性。tint 值是一個代表顏色的數字，包含了紅、綠、藍三個顏色的資料。一個支援 tint 的繪圖器，如 Sprite、Graphics 或 Text，會預設 tint 為純白。純白的 tint 不會對繪圖的顏色產生影響。

　　當 Pixi 在繪圖的時候，會將 tint 所代表的顏色值，轉換為亮度的百分比，然後把原本要畫上螢幕的顏色去乘上這個百分比。純白 tint 在三個顏色上的百分比都是 100%，因此對繪圖的結果不會產生影響。

　　當 tint 不是純白，在繪圖的時候，顏色就會依比例變暗。又因為在 Pixi 裡使用 tint 改變顏色所耗費的系統資源幾乎為零，所以遊戲中常用 tint 來製作相同造形，不同顏色的物件，例如區分不同玩家的角色顏色、等級不同的怪物等等。

　　如果一張圖原始的顏色是純白色，那麼我們用 tint 去調色時，繪製出來的顏色就會剛好是 tint 所代表的顏色。上面的程式中，我們在畫按鈕的背景方框時，填色選得的是純白色，就是希望滑鼠移到按鈕上的時候，能夠用 tint 去調整背景方框的底色。

　　外觀定好了之後，接著要設定一些和滑鼠互動的屬性。

```
createRestartButton(y: number) {
    ...
    // 設定按鈕和互動相關的屬性
    button.interactive = true;
    button.cursor = 'pointer';
    // 在對話框內置中
    button.position.set(
        (this.width - button.width) / 2,
        y
    );
    // 加入對話框容器
    this.addChild(button);
    ...
}
```

　　到這裡都還是我們先前學過的東西，包括打開滑鼠互動開關（interactive），以及設定滑鼠的鼠標（cursor）等。

重新開始按鈕

接下來有一些新的技巧。我們要監聽按鈕的滑鼠相關事件。

```
createRestartButton(y: number) {
    ...
    // 監聽滑鼠事件
    button.on('click', () => {
        this.game.destroy();
        new MonsterRaidersGame(this.game.app);
    });
    button.on('pointerover', () => {
        bg.tint = 0x3F51B5;
    });
    button.on('pointerout', () => {
        bg.tint = 0x283593;
    });
}
```

這裡監聽了三個滑鼠事件。

click 是滑鼠在按鈕上點擊的事件。處理方式很簡單，先把舊的遊戲銷毀，再建立一個新的遊戲。

pointerover 與 **pointerout** 是一對雙胞事件，一個是滑鼠移進按鈕上方時發出的事件，一個是滑鼠從按鈕上方移開時發出的事件。我們在這兩個事件發生時，各給按鈕背景不同的 tint，改變按鈕底色，幫助按鈕更有互動的體感。

▲ 圖 8-20   遊戲結束畫面

🎮 音樂靜音的記憶 ▷

雖然我們的遊戲已近乎完美了，不過還有一個小問題，可能同學還沒注意到。如果我們在玩遊戲的途中把音樂關掉，這時如果遊戲結束，那麼在按下 Restart 重玩時，會發現音樂又回來了！

我們需要在新舊遊戲交接時，記憶音樂的靜音設定。

首先打開 **MonsterRaidersGame.ts** ，加上一個靜態變數（static），用來儲存遊戲結束時的靜音狀態，然後在遊戲結束時更新這個靜態屬性。

```
export class MonsterRaidersGame extends Container {
    ...
    private static musicMuted = false;
    ...
```

```
/** 遊戲結束 */
gameover() {
    ...
    if (this.music) {
        ...
        MonsterRaidersGame.musicMuted = this.music.muted;
    }
    ...
}
...
}
```

　　類別中的靜態成員屬性（static member），是專屬於類別的屬性，和以類別為基礎建構的物件實體（instance）是沒有關係的。

　　我們用下面這個簡單的示範程式來說明。

```
class Game {
    static version = '1.0.0';
    name = 'Game';
}
// 建構 Game 的實體 (instance)
let mygame = new Game();
// 下面這兩行是 ok 的
console.log('Version = ' + Game.version);
console.log('Name = ' + mygame.name);
// 下面這行是錯的
console.log('Version = ' + mygame.version);
```

　　讀取靜態成員屬性，必須從類別身上讀取，不能從類別實體上存取。

　　接著我們要在遊戲播放音樂時，把靜音參數加進去。

```
...
/** 播放音樂 */
async playMusic() {
    this.music = await playSound(musicSnd, {
        loop: true,
```

```
        muted: MonsterRaidersGame.musicMuted,
    });
    // 更新介面中的音樂按鈕
}
...
```

在音樂物件成功建立之後，我們還要去更新遊戲介面中的音樂按鈕。

但問題來了！

打開 **MonsterRaidersUI.ts** ，找到 createMusicButton()，發現先前在寫介面的時候，音樂按鈕的所有建構與邏輯全都在這個函式內搞定。在這個函式中，我們寫了一個 refreshButton() 的區域函式來更新按鈕的外觀，但現在我們在遊戲容器卻沒有辦法去呼叫那個函式。

這可怎麼辦？

不要緊，辦法還是有的。我們可以在 **MonsterRaidersUI** 宣告一個長得很像的類別函式。

```
export class MonsterRaidersUI extends Container {
    ...
    refreshMusicButton = () => { };
    ...
}
```

我們在這宣告了一個新的類別屬性，這個屬性指的是一個函式，而且預設值是個什麼也沒做的空函式。

接著再進入 createMusicButton()，把我們真正需要的 refreshButton 函式指派給剛剛宣告的屬性。

```
private async createMusicButton() {
    ...
    let refreshButton = () => {
        ...
```

```
    }
    // 將區域函式抓出來給類別屬性
    this.refreshMusicButton = refreshButton;
    ...
}
```

按這方法，我們就能把原本只存在於函式內的區域函式給抓出來，讓函式外也可以呼叫它。

再回到 **MonsterRaidersGame.ts** 播放音樂的函式內，呼叫介面的這個函式。

```
export class MonsterRaidersGame extends Container {
    ...
    /** 播放音樂 */
    async playMusic() {
        ...
        // 更新介面中的音樂按鈕
        this.ui.refreshMusicButton();
    }
    ...
}
```

回到瀏覽器玩遊戲，試試把音樂關掉後，將戰機撞毀再按 Restart 重玩遊戲，就會發現靜音設定被記起來了！哈～雷路亞！

▷ 8-15　回顧與展望

這一章，我們學到了很多進階的遊戲設計與 Pixi 招式。

- 繪圖器的層級排序
- 抽象類別與函式
- 聚焦玩家的攝影機
- 播放 GIF 動畫（AnimatedGIF）

- 滑鼠位置的取得
- 滑鼠事件的監聽
- 繪圖物件在全畫面內的檢測
- 動畫精靈（AnimatedSprite）
- 舖磚精靈（TilingSprite）
- 全畫面矩形範圍的計算
- 角度的追隨演算法
- Pixi 按鈕的設計
- 類別函式內的區域函式
- 類別的靜態成員屬性

遊戲按目前的製作成果，已經蠻有挑戰性的了。不過在遊戲設計與程式架構之上，還有許多可以進步的空間。這邊列出一些 idea，提供同學思考的方向。

遊戲難度隨時間推進

依我們目前的設計，遊戲的難度是固定的，但我們其實可以讓難度隨時間或分數增加，重點是我們要找出有哪些遊戲參數可以做為難度的參數。

以下列出些可能的選項：

- 新增小行星的週期
- 新增太空怪獸的週期
- 怪獸尾隨玩家的時間
- 怪獸的飛行轉向速度
- 怪獸的體積
- 小行星的飄移速度

響應式舞台的類別

目前我們將響應式的舞台改變寫在 **main.ts** 裡，這讓 **main.ts** 看起來又臭又長又亂。

比較好的做法應該可以把相關的函式、變數、事件發報機全都整理在不同的類別，不但可以讓 **main.ts** 更專心在遊戲的啟動，也可以統合舞台變化的相關功能，不和其他雜七雜八的任務混在一起，讓程式碼更易閱讀。

更多怪獸的種類

要讓遊戲更豐富，那麼增加怪獸的種類就是最直接的方法，即使只是給予怪獸不同的造形，也能讓遊戲馬上提升一個層次。

除了造形外，也可以為不同的怪獸設計不同的 AI，讓玩家在看到怪獸後，還要記得每種怪獸的習性，以改變作戰的方式。

太空遺留武器

如果玩家在太空中飛一飛，突然看到宇宙的某個角落居然飄浮著一個沒看過的古代兵器，那該有多令人興奮！

玩家戰機能使用的武器系統，也是一個可以努力進化的方向。

增加與魔王的戰鬥

製作太空魔王，引導探險模式到達一個終點，並設計一個纏鬥式的戰鬥模式，讓遊戲有個全破的結尾也不錯。

本章網址匯總

▲ https://github.com/haskasu/book-gamelets/tree/main/src/images
圖 8-21　圖片資源

▲ https://github.com/haskasu/book-gamelets/tree/main/src/sounds
圖 8-22　音效資源

▲ http://amachamusic.chagasi.com/music_yoakenoseaside.html
圖 8-23　背景音樂

▲ https://pixijs.download/release/docs/PIXI.FederatedPointerEvent.html
圖 8-24　event.offset 問題的追蹤網址

◢ https://developer.mozilla.org/en-US/docs/Web/CSS/cursor

圖 8-25　鼠標的圖示列表

第 **9** 章

魔王城的隕落

　　從前幾章的經驗中，我們學到了各種 Pixi 與 TypeScript 的知識與技巧，也能夠利用這些工具在網頁上畫圖播動畫，並和鍵盤、滑鼠互動。現在也該是時候把我們的知識圈向外擴展了。

　　這一章要引進物理引擎，做個類似憤怒鳥的投石遊戲，有趣卻也更具挑戰了。

◢ 圖 9-1　憤怒鳥

　　憤怒鳥（Angry Birds）是由芬蘭的遊戲公司 Rovio 設計的遊戲，一開始主要針對手機遊戲的市場，不過後來也登上電腦以及各大遊戲主機。

▷ 9-1　行前計畫

　　首先介紹一下憤怒鳥的遊戲機制，幫助同學建立對這類遊戲的基礎認識。

遊戲設計

　　類似憤怒鳥的遊戲世界中，主要分成左右兩側。左側為玩家的進攻點，右側則是玩家需要催毀的目標建築群。

　　玩家在遊戲世界的左側操作滑鼠拉伸一個類似彈弓的裝置，在放開滑鼠左鍵後，彈弓上的彈丸就會被發射出去，經過一個拋物線撞向右側的目標建築。

　　遊戲世界右側的目標建築則是由許多零件所架構出來的，這些零件以矩形、圓形等基本幾何為底，配合不同材質的貼圖，代表木材、鋼條、彈簧等不同物理性質的建築材料。

　　目標建築內會放置一些敵方角色，作為過關條件的攻擊目標，與故事進展的素材。

程式架構

　　我們先大致把遊戲內的元素分類，不過由於這個遊戲的架構稍微大了一點，所以之後我們會因應需要增加類別。

1. **Game**：遊戲容器，用來管理關卡中的各個元素等。
2. **GameObject**：物理世界中的物件基礎類別。
3. **Catapult**：玩家唯一能控制的投石機。
4. **CastleObject**：用來組成魔王城的物理物件。
5. **UI**：顯示過關條件、分數、擊落數等數值的介面。
6. **LevelsUI**：讓玩家選關的介面。

圖片與音源檔案準備

　　我們先把這一章需要的圖片與音源檔案準備好，這些檔案可以分別在以下兩個網址找到。

　　圖片資源：https://github.com/haskasu/book-gamelets/tree/main/src/images

- **castle-bg.jpg**

- **castle-gamebg.png**
- **castle-ground.png**
- **castle-brick.png**
- **castle-wood.png**
- **castle-boss.png**
- **castle-rock.png**
- **slingshot.png**
- **slingshot_band.png**
- **slingshot_front.png**
- **poof.gif**

音效資源：https://github.com/haskasu/book-gamelets/tree/main/src/sounds

- **missile-launch.mp3**

以上檔案，圖片請放入專案中的 **src/images/** 目錄。至於音效，由於是重覆利用上一章的檔案，所以不必再多費心。

|||| **castle-gamebg.png** 的作者為任澤宇（Zeyu Ren），來源網址如下：
https://opengameart.org/content/backgrounds-for-2d-platformers

|||| castle-ground.png、castle-brick.png、castle-wood.png、castle-rock.png 的資源出處如下：
https://rubybirdy.itch.io/ab-web-collection

▷ 9-2　遊戲選擇器

依照過去三章的案例，一開始大概是要先建立遊戲容器，然後在 **main.ts** 把先前製作的遊戲先註解掉，改成建立這一章的遊戲。

不過這樣太遜了。我們在上一章的最後，已經學會了如何製作 Pixi 按鈕，所以何不建個遊戲選擇器，讓玩家在打開我們的專案後，可以自行選擇要玩哪個遊戲。

遊戲容器

首先把「魔王城的隕落」寫成一個遊戲容器，等一下在遊戲選擇器內，才能把它給 new 出來。

新增資料夾 **src/castle-falls/** ，並在其中新增檔案 **CastleCalls.ts** 。

```ts
import { Application } from "pixi.js";
export class CastleFalls {

    constructor(public app: Application) {

    }
}
```

按以往我們為容器取名的規則，感覺這裡應該要用 **CastleFallsGame** 是吧。不過因為我們打算要在這個遊戲中製作關卡選擇器，因此到時後會有 **LevelsUI** 與 **Game** 兩個類別來套入遊戲流程中的節點，而遊戲容器則會把這些流程都包在裡面。

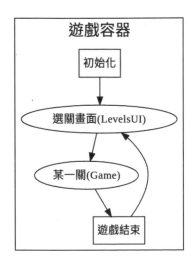

▲ 圖 9-2　遊戲流程

遊戲選擇器

接著我們把選擇遊戲的介面放在和 **main.ts** 同層的資料夾。在 **src/** 目錄中新增檔案 **GameLauncher.ts**。

```typescript
import { Application, Container } from "pixi.js";
import { CastleFalls } from "./castle-falls/CastleFalls";
import { MonsterRaidersGame } from "./monster-raiders/MonsterRaidersGame";
import { SpaceInvadersGame } from "./space-invaders/SpaceInvadersGame";
import { TreeGenerator } from "./tree-generator/TreeGenerator";

export class GameLauncher extends Container {

    constructor(public app: Application) {
        super();
        // 加入 Pixi 舞台
        app.stage.addChild(this);
        // 建立遊戲按鈕
        this.createButton(' 小樹枝上開朵花 ', 80, () => {
            new TreeGenerator(app);
        });
        this.createButton(' 經典小蜜蜂 ', 160, () => {
            new SpaceInvadersGame(app);
        });
        this.createButton(' 怪獸掃蕩隊 ', 240, () => {
            new MonsterRaidersGame(app);
        });
        this.createButton(' 魔王城的隕落 ', 320, () => {
            new CastleFalls(app);
        });
    }
    /** 建構進入遊戲的按鈕 */
    createButton(name: string, y: number, onClick: () => void) {

    }
}
```

這函式主要是利用 createButton() 來建構進入遊戲的按鈕。在建構子中看到四個遊戲的按鈕都已經加進去了，只不過現在 createButton() 還是空的。

建構按鈕的函式需要的三個參數，一個是按鈕的名字，一個是按鈕的位置座標 y，以及按鈕被玩家點擊後的回呼函式。這裡不需要座標 x 的參數，因為我們要讓按鈕左右置中，所以 x 的位置要用程式計算。

我們可以把製作按鈕的程式直接寫在 createButton() 裡，但是簡易按鈕是遊戲製作期間，很常用到的東西，寫在函式庫裡對未來的遊戲開發流程會大有助益。

簡易按鈕函式庫

在函式庫的目錄中新增檔案 **src/lib/PixiButton.ts** ，然後寫下建立按鈕需要的各項參數。

```
import { Container, Graphics, Text } from "pixi.js";

interface PixiButtonOptions {
    // 長寬尺寸
    width: number,
    height: number,
    // 圓角
    cornerRadius: number,
    // 按鈕標籤的文字與大小
    label: string;
    labelSize: number;
    // 按鈕文字在三種狀態下的顏色
    labelColor: {
        default: number,
        hover: number,
        active: number,
    };
    // 按鈕背景在三種狀態下的顏色
    backgroundColor: {
        default: number,
        hover: number,
        active: number,
    };
    // 按鈕觸發的回呼函式
    onClick: () => void;
}
```

接著宣告按鈕類別，並且在建構子中加入剛剛定義的參數。

```
...
export class PixiButton extends Container {

    constructor(public options: PixiButtonOptions) {
        super();
        this.buildUI();
    }
    // 建立按鈕介面
    buildUI() {

    }
}
```

建構子的最後呼叫 buildUI() 來建立按鈕介面，我們在這個函式中複製上一章製作按鈕的方法，把按鈕的介面給造出來。

首先把按鈕的背景給畫出來。

```
buildUI() {
    const options = this.options;
    const backgroundColor = options.backgroundColor;
    const labelColor = options.labelColor;
    // 幫按鈕加上圓角方形的背景
    let bg = new Graphics();
    bg.beginFill(0xFFFFFF);
    bg.drawRoundedRect(
        0, 0,
        options.width, options.height,
        options.cornerRadius
    );
    bg.endFill();
    // 預設的按鈕背景底色
    bg.tint = backgroundColor.default;
    this.addChild(bg);
}
```

然後是按鈕的文字標籤。

```
buildUI() {
    ...
    // 加再上遊戲名字作為按鈕標籤
```

```
    let label = new Text(options.label, {
        fontSize: options.labelSize,
        fill: labelColor.default,
    });
    label.resolution = 2;
    // 置中按鈕標籤
    label.position.set(
        (bg.width - label.width) / 2,
        (bg.height - label.height) / 2
    );
    this.addChild(label);
}
```

最後設定互動相關的屬性，並監聽滑鼠事件。

```
buildUI() {
    ...
    // 設定按鈕和互動相關的屬性
    this.interactive = true;
    this.cursor = 'pointer';
    // 監聽滑鼠事件：點擊後執行按鈕的回呼函式
    this.on('click', () => {
        bg.tint = backgroundColor.hover;
        label.style.fill = labelColor.hover;
        options.onClick();
    });
    // 滑鼠懸浮在按鈕上方
    this.on('pointerover', () => {
        bg.tint = backgroundColor.hover;
        label.style.fill = labelColor.hover;
    });
    // 滑鼠離開按鈕
    this.on('pointerout', () => {
        bg.tint = backgroundColor.default;
        label.style.fill = labelColor.default;
    });
    // 在按鈕上按下左鍵
    this.on('pointerdown', () => {
        bg.tint = backgroundColor.active;
        label.style.fill = labelColor.active;
    });
}
```

如此這般，簡易的 Pixi 按鈕就完成了。

遊戲選擇器的按鈕

回到遊戲選擇器 **GameLauncher.ts** ，我們在 createButton() 中，把剛剛寫好的 PixiButton 拿來用。

```
...
import { PixiButton } from "./lib/PixiButton";
...
    createButton(name: string, y: number, onClick: () => void) {
        let button = new PixiButton({
            width: 480,
            height: 48,
            cornerRadius: 24,
            backgroundColor: {
                default: 0x666666,
                hover: 0x3F51B5,
                active: 0x2244aa,
            },
            labelColor: {
                default: 0xFFFFFF,
                hover: 0xFFFFFF,
                active: 0xFFFF00,
            },
            label: name,
            labelSize: 32,
            onClick: () => {
                this.destroy();
                onClick();
            },
        });
        this.addChild(button);
        // 滑鼠置中
        button.x = (getStageSize().width - button.width) / 2;
        button.y = y;
    }
...
```

這個按鈕的建構參數有一長串，其中我們應該最關心的是 **onClick** 回呼函式，也就是按鈕被按下去之後要做什麼事。

在滑鼠點擊事件（click）發生時，先把遊戲選擇器（GameLauncher）本身銷毀，然後呼叫以參數傳進來的回呼函式，這些函式會把各自的遊戲給生出來。

開啟遊戲選擇器

類別寫好之後，打開 **main.ts**，把先前匯入的遊戲類別以及建立遊戲的程式碼都刪掉。現在我們要改用 GameLauncher 來建立遊戲。

```
...
//import { TreeGenerator } from './tree-generator/TreeGenerator';
//import { SpaceInvadersGame } from './space-invaders/SpaceInvadersGame';
//import { MonsterRaidersGame } from './monster-raiders/
MonsterRaidersGame';
...
import { GameLauncher } from './GameLauncher';
...
// new TreeGenerator(app);
// new SpaceInvadersGame(app);
// new MonsterRaidersGame(app);
new GameLauncher(app);
```

▲ 圖 9-3　遊戲選單

這樣就可以讓玩家經由介面來選擇遊戲玩了。

▷ 9-3　Matter.js

在開始設計這個遊戲之前，需要這一整個小節來幫我們認識物理引擎的原理，以及測試物理引擎的特性。

物理引擎的沿革與比較

一般我們談到 2D 遊戲的物理引擎，很直覺地會想到 Box2D 這個老字號。

Box2D 是由當年任職於暴雪娛樂（Blizzard Entertainment）的 Erin Catto 於 2007 年所設計，可以處理虛擬的物理世界中複雜的力學運算。由於引擎中純粹以虛擬物件作為運算元素，程式碼完全獨立，因此非常容易和各視覺函式庫整合。

初版 Box2D 使用 C++ 語言開發，因此只能用於各系統的原生遊戲。不過 Box2D 的社群越來越大，在 2010 年初，Boris The Brave 發布了 Flash 版的 Box2D，剛好搭上 Flash 的順風車，引爆了物理世界型的遊戲熱潮。

在 Flash 自 2014 年漸漸式微後，HTML5 接續抬頭，類似 Box2D 的 JavaScript 物理引擎如雨後春筍般冒出來，諸如 box2d.js、LiquidFun、ammo.js、Planck.js、PhysicsJS 等等，有些是源出 Box2D 的 WebAssembly，有些則是原生的 JS 函式庫，各有各的優點與包袱。

> WebAssembly 是一種可以在瀏覽器上運行二進制程式碼的新技術，所以諸如 C、C++、Rust 等低階語言編譯過的程式碼也可以藉由 WebAssembly 在網頁上執行，執行效能比一般 JavaScript 的程式碼快了一個等級。當然，它的缺點就是較難撰寫與維護。

以下列出各大 JS 物理引擎於 2023 年一月在 github 上的熱門指標。

表 9-1　物理引擎列表

物理引擎	Stars	Forks	最後更新
matter.js	14.1k	1.9k	1 個月前
LiquidFun	4.5k	630	5 年前
Planck.js	4.5k	271	9 個月前
PhysicsJS	3.5k	414	4 年前
ammo.js	3.4k	487	1 個月前
box2d.js	1.2k	193	2 年前

從最近幾年的資料中可以看到，matter.js 已經從眾多同儕中脫穎而出，成為目前網頁技術最炙手可熱的物理引擎。

雖然物理引擎的原理都相同，畢竟程式設計師也無法自己發明經典力學與動力學，不過相比其他的函式庫，乾淨直覺、效能高、完整清楚的說明文件並獲得作者與社群的積極開發等特性，是 matter.js 討人喜歡的幾項原因。在 2018 年社群朋友的測試中，matter.js 的效能已經超前了一些以 Box2D 為底的函式庫，包括 box2d.js 與 LiquidFun。

因此我們選擇 matter.js 來學習與應用，應該是個很合理的決定吧。

matter.js 的優點除了是以原生的 JavaScript 開發，並擁有令人驚豔的效能之外，最讓人稱道的是它提供便捷的功能介面，將許多複雜的物理結構單純化，因此非常適合新手入門，快速理解物理引擎的面貌。不過因之而來的缺點則是它缺少了許多更為複雜的物理機構，像是表面傳輸帶、齒輪、活塞約束等物理結構，在物體碰撞時提供的資訊也較傳統的物理引擎少，比如 matter.js 就沒有具體提供碰撞時產生的衝撞力等等。

同學若是在掌握了 matter.js 與物理引擎的精神後，仍然覺得玩不夠，可以再去挑戰 Box2D 等功能較為完整的物理引擎。

安裝 matter.js

在終端機（Terminal）裡輸入以下兩行指令。

```
npm install matter-js
npm install -D @types/matter-js
```

第一行指令用來安裝 matter.js 物理引擎。

第二行指令用來安裝 matter.js 的 TypeScript 型別支援。因為這個型別支援只在我們開發遊戲的過程中有用，不會影響最後遊戲的成品，因此只需要將此函式庫的版本控制用 **-D** 參數指定存放於 devDependencies 列表。

安裝完後，在 package.json 裡可以看到這兩個函式庫的安裝版本。

```
"devDependencies": {
    ...
    "@types/matter-js": "^0.18.2",
    ...
},
"dependencies": {
    ...
    "matter-js": "^0.18.0",
    ...
}
```

測試引擎

目前 matter.js 在我們的腦袋瓜裡還沒占有一席之地，不知道怎麼去用它，也不知道它到底能做到什麼。不過講到要以最快速度搞懂 matter.js 的方法，那肯定就是直接測試！

在 matter.js 官網上有提供快速入門的範例程式，我們等一下就去把它拿進來我們的專案中實驗。現在專案中最方便的測試場所，就是我們前不久才建立的 **CastleFalls.ts**，所以請打開 **CastleFalls.ts**，我們在裡面寫幾個測試用的函式讓建構子呼叫。

```
import { Application, Container } from "pixi.js";

export class CastleFalls {
```

```
    constructor(public app: Application) {
        let engine = this.createMatterWorld();
        let render = this.createMatterRender(engine);
        this.setupRenderView(render, app.stage);
    }
    /** 建立物理世界 */
    createMatterWorld() {
        // 等一下寫
    }
    /** 建立物理世界的繪圖器 */
    createMatterRender(engine: Engine) {
        // 等一下寫
    }
    /** 調整繪圖器的畫布位置 */
    setupRenderView(render: Render, stage: Container) {
        // 等一下寫
    }
}
```

建構子的第一行先建立 matter.js 的物理世界，第二行建構繪製這個物理世界的繪圖器，最後一行要調整繪圖器所在的畫布位置與大小。

我們一個函式一個函式邊寫邊說明（以下這些程式碼皆改編自 matter.js 官網的快速入門範例）。

♦ createMatterWorld()

首先來看 createMatterWorld() 如何建立一個物理世界。

```
import { Bodies, Composite, Engine, Runner } from "matter-js";
...
    ...
    createMatterWorld() {
        // 建立物理引擎
        let engine = Engine.create();
        // 新增兩個方形的剛體
        var boxA = Bodies.rectangle(400, 200, 80, 80);
        var boxB = Bodies.rectangle(450, 50, 80, 80);
        // 新增一個長方形的靜態地板
        var ground = Bodies.rectangle(400, 400, 810, 60, { isStatic: true });
```

```
// 將以上三個剛體都放進引擎裡的世界
Composite.add(engine.world, [boxA, boxB, ground]);
// 啟動物理引擎，讓引擎轉起來
Runner.run(engine);
// 回傳物理引擎
return engine;
}
```

這函式主要有三個工作。

1. 建立物理引擎（engine），引擎內會預建一個代表世界（world）的容器。

2. 在世界中加入兩個動態剛體（dynamic body）與一個靜態剛體（static body）。

3. 將引擎放進時間洪流（runner），每隔一幀都以力學公式去計算世界中每個剛體的位置與旋轉角度。

嘿！這是不是和 Pixi 很像啊！ Pixi 的工作也是三樣，同學來比較看看。

1. 建立 Pixi.Application，內建代表舞台（stage）的容器。

2. 在舞台中加入各式繪圖器（DisplayObject）。

3. 在 Ticker 中加入更新函式，每一幀都去改變各繪圖器的位置與旋轉角度，來達到製作動畫的目的。

這兩個函式庫，一個是物理引擎，一個是繪圖引擎，卻有著驚人的相似之處。

表 9-2　物理引擎與繪圖引擎的相似處

Matter.js	Pixi.js	相似處
Engine	Application	函式庫的引擎核心
engine.world	app.stage	包含世界所有物件的容器
Composite	Container	容器類別
Body	DisplayObject	基礎物件類別
Runner	app.ticker	產生時間流逝的物件
Render	app.renderer	將物件畫到螢幕上的繪圖系統

　　Pixi 就好比是一個虛擬世界，舞台內的圖形可縱想像而為之。在加入時間變化後，其運動方式可依設計師的邏輯，隨心所欲。

　　相對的，matter.js 就像一個真實世界，世界內的物體都必需由點線面等幾何數學所決定。在加入時間變化後，其運動方式則必須依照物理規則去變化。

　　講到這裡，同學可能會想問，為什麼我一直稱呼物理世界裡的東西叫「剛體（Rigid Body）」。因為在古典力學中，我們是用理想剛體來解釋相關的力學運動，剛體代表著不會發生形變的固體。雖然現實世界中並不存在絕對的剛體，但在我們認知的世界，絕大部分的物理現象都能以剛體來模擬，比如流體能以一群極小的剛體來模擬。Google 團隊所開發的函式庫 LiquidFun，它的出發點就是將 Box2D 應用在流體的模擬。

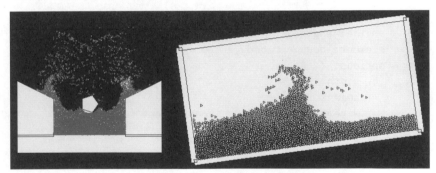

▲ 圖 9-4　LiquidFun 的流體模疑

|||| LiquidFun 的流體測試可以在下面的連結中看到。
https://google.github.io/liquidfun/

　　愛因斯坦的相對論證明了剛體是不存在的，不過在物體速度遠遠小於光速的條件下，用剛體作為物理引擎的前提還是可以接受的。

◆ createMatterRender(engine)

我們剛剛寫的 createMatterWorld() 函式，雖然創造了一個世界，並放入三個物件，但是這些東西只存在於物理引擎，還沒有辦法看到它們。

為了在開發與測試階段能方便看到 matter.js 的物理世界，matter.js 自帶了一個繪圖器 **Render**，可以幫我們畫出世界裡的所有剛體。

我們現在用這個 createMatterRender() 函式來示範如何使用 matter.js 提供的繪圖器。

```
import { ... Render, ... } from "matter-js";
...
    ...
    createMatterRender(engine: Engine) {
        // 建立 matter 的繪圖器
        let render = Render.create({
            engine: engine,
            element: document.body,
            options: {
                width: 640,
                height: 480,
                wireframeBackground: 'transparent'
            }
        });
        // 讓繪圖器跟著時間洪流更新
        Render.run(render);
        // 回傳繪圖器
        return render;
    }
```

函式裡的程式不難理解，首先是建立繪圖器（這裡的繪圖器和 Pixi 沒有關係，是 matter.js 自己內建的繪圖工具）。

其中的 element 是一個網頁中的 HTML 節點，繪圖器內部建立的畫板（Canvas）會放在這個指定的網頁節點之下。我們選擇網頁的本體（body）作為繪圖器的父節點。

另外還有一些參數設定，包括畫板的尺寸以及畫板的背景色。畫板的尺寸要設定為我們為 Pixi 準備的舞台大小，為等一下兩者的磨合作準備。畫板的背景要設為透明，這樣我們才能看得到被這個畫板壓在下面的東西，也就是 Pixi 的畫板。

函式的最後用 **Render.run()** 啟動繪圖器的更新循環，讓它每一幀都依照物理世界的改變去重畫所有的剛體。

◆ setupRenderView(render, stage)

完成前面兩個函式後，其實就能看到物理世界被畫出來了，不過現在 matter.js 的畫板位於畫面的左上角，和 Pixi 的畫板錯開了。

我們接著用 setupRenderView() 這個函式調整 matter.js 的畫板位置，讓它與 Pixi 畫板重疊。

```
...
import { StageSizeEvents } from "../main";
...
    ...
    setupRenderView(render: Render, stage: Container) {
        // 取得 matter.js 的畫板樣式
        let canvasStyle = render.canvas.style ;
        // 將畫板位置設為絕對位置
        canvasStyle.position = 'absolute';
        // 畫板縮放的參考原點設在左上角
        canvasStyle.transformOrigin = '0 0';
        // 依 Pixi 舞台調整 matter 畫板的位置與縮放比例
        canvasStyle.left = stage.x + 'px';
        canvasStyle.top = stage.y + 'px';
        canvasStyle.transform = 'scale(${stage.scale.x})';
        // 在舞台改變時，也要重新調整畫板位置與縮放比例
        StageSizeEvents.on('resize', () => {
            canvasStyle.left = stage.x + 'px';
            canvasStyle.top = stage.y + 'px';
            canvasStyle.transform = 'scale(${stage.scale.x})';
        });
    }
```

這裡應用了一些 CSS 的技巧，將 matter.js 的畫板位置調整至與 Pixi 的舞台重疊。

首先取得畫面節點的樣式物件（canvasStyle），將它的 position 設為 absolute，這樣畫板的位置就能以程式調整，不受網頁排版的影響。

接著設定 transformOrigin 位置，這個位置關係到畫面在縮放的時候，是以哪一點作為縮放的原點。 **canvasStyle.transformOrigin = '0 0'** 就是將縮放的原點設定至畫面的左上角。

然後設定畫板左側離畫面邊緣的距離（left），以及畫板頂端離畫面邊緣的距離（top），這兩個距離都和 Pixi 舞台的位置相同。同樣也要將 Pixi 舞台的縮放比例設定給畫板的 transform。

最後監聽舞台縮放的事件，並跟著一起重新調整 matter.js 的畫板位置與大小。

加上這個函式後，matter.js 的繪圖器就好比是一張放在 Pixi 舞台上的幻燈片，方便我們理解 matter.js 物理世界中的實際情況。同學可以試著隨意拉伸瀏覽器，改變遊戲畫面的大小，看看 matter.js 的繪圖器是不是始終緊貼著 Pixi 的舞台。

Matter.Render 對齊 Pixi 函式庫

我們在上一節成功測試了 matter 的入門範例，見識到了兩個箱子從空中跌落至地表的神奇動畫。其中讓 matter 繪圖器與 Pixi 舞台對齊的函式很有用，不過等一下我們就要重寫 **CastleFalls.ts** 了，所以現在先把剛剛這個用來對齊兩大引擎的程式碼搬到函式庫裡吧。

新增目錄 **src/lib/matter/**，並在裡面新增檔案 **MatterRender.ts**，寫個類別幫我們建立 matter 的 Render，並且自動與 Pixi 的 stage 對齊。

```
import { Engine, Render } from "matter-js";
import { Container } from "pixi.js";
```

```
export class MatterRender {
    // Matter.js 的繪圖器
    render: Render;

    constructor(
        public engine: Engine,
        public stage: Container,
        stageSize: { width: number, height: number }
    ) {
        // 建立 Render，設定畫板的 css，對齊 Pixi，加入時間洪流
        this.render = this.createRender(stageSize);
        this.initRenderView(this.render);
        this.align();
        Render.run(this.render);
    }
    destroy() {
        Render.stop(this.render);
        this.render.canvas.remove();
    }
    /** 建構 matter 的繪圖器 */
    private createRender(size:{width:number, height:number}) {
        // 等一下寫
    }
    /** 改變繪圖器的 CSS，使其排版時的位置使用絕對座標 */
    private initRenderView(render: Render) {
        // 等一下寫
    }
    /** 對齊舞台的位置與縮放比例 */
    align = (stageSize?: { width: number, height: number }) => {
        // 等一下寫
    }
```

這個類別的建構子需要三個參數，分別是 matter 物理引擎、Pixi 的舞台以及舞台的尺寸。

建構子中首先創造 matter 的繪圖器（Render），接著初始化繪圖器用的畫板樣式，就像先前我們測試時寫的那樣，讓排版位置使用絕對座標。然後先呼叫一次 align() 進行初始對齊，最後使用 **Render.run()** 讓繪圖器開始每一幀都去重畫物理世界。

我們也幫這個類別加個 destroy() 函式，讓我們有能力關掉這個繪圖器。

程式中的 align 是以箭頭函式寫成，因為這個函式需要給事件監聽器當作回呼函式，所以用箭頭函式的話，到時用起來會比較方便。

接下來把還沒寫好的函式給完成吧。

```
/** 建構 matter 的繪圖器 */
private createRender(size:{width:number, height:number}) {
    return Render.create({
        engine: this.engine,
        element: document.body,
        options: {
            width: size.width,
            height: size.height,
            wireframeBackground: 'transparent'
        }
    });
}
```

差不多就是把之前測試時用的內容給抄過來。

接著寫 initRenderView()。

```
/** 改變繪圖器的 CSS，使其排版時的位置使用絕對座標 */
private initRenderView(render: Render) {
    // 取得 matter.js 的畫板樣式
    const canvasStyle = render.canvas.style;
    // 將畫板位置設為絕對位置
    canvasStyle.position = 'absolute';
    // 畫板縮放的參考原點設在左上角
    canvasStyle.transformOrigin = '0 0';
    // 取消畫板和滑鼠的互動
    canvasStyle.pointerEvents = 'none';
}
```

這個函式的最後取消了 matter.js 畫板和滑鼠的互動，因為這個除錯用的畫板必須壓在其他所有的 HTML 元素之上，如果這個畫板能吸收滑鼠的事件，那麼真正需要和玩家互動的 Pixi 畫板就收不到滑鼠事件了，因此我們要把 **pointerEvents** 設定為 **none**，讓滑鼠事件穿過這個除錯用的畫板，傳到 Pixi 的畫板上。

最後寫 align()。

```
/** 對齊舞台的位置與縮放比例 */
align = (stageSize?: { width: number, height: number }) => {
    const canvasStyle = this.render.canvas.style;
    const stage = this.stage;
    // 對齊舞台的位置與縮放比例
    canvasStyle.left = stage.x + 'px';
    canvasStyle.top = stage.y + 'px';
    canvasStyle.transform = 'scale(${stage.scale.x})';
    // 如果有給舞台大小，那麼順便同步畫布尺寸
    if (stageSize) {
        const canvas = this.render.canvas;
        canvas.width = stageSize.width;
        canvas.height = stageSize.height;
    }
}
```

　　這個函式除了在建構子被呼叫以進行初次對齊，還會在每次視窗大小改變時被呼叫，但是監聽舞台縮放事件不是這個類別的任務，所以我們只提供了 align() 函式，讓遊戲自己去設定事件監聽與畫板更新的聯結。

　　這個類別實際使用的方法如下。

```
/**
 * 假設我們已經有了
 * 1. Pixi 的應用程式
 * 2. matter 物理引擎
 * 3. 舞台大小
 */
let engine: Engine;
let app: Application;
let stageSize: {width:number, height: number};
// 建立對齊工具
let matterRender = new MatterRender(
                    engine,
                    app.stage,
                    stageSize
            );
// 在舞台改變時，執行 align()
StageSizeEvents.on('resize', matterRender.align);
```

```
// 遊戲結速後，要銷毀
matterRender.destroy();
```

由於 matterRender.align() 是以箭頭函式來宣告的，所以在給事件監聽器當作回呼函式時，不用給第三個參數（context）也能正確呼叫。如果當初 align 不使用箭頭函式，而是一般正常的宣告方法，那麼在這裡就必須這樣寫：

```
StageSizeEvents.on('resize', matterRender.align, matterRender);
```

箭頭函式的特性與方便之處在此就顯現了出來。

上面我們把物理引擎的應用分成好多個函式，再一個一個實作出來，像這樣把任務拆解成一小步一小步的片段，就可以把複雜的工作，用清晰的思路給寫出來，然後將重覆性的工作放在函式庫，以後遇到相同的使用情境時，兩行程式碼就可以搞定。

▷ 9-4　物理元件與性質

從前面的測試中，我們已經初步窺見了 matter.js 的物理世界。這一節，我們把腳步放慢，先從測試的程式碼中熟悉 matter.js 的各種常用元件。

表 9-3　Matter.js 的常用元件

常用元件	功能
Engine	引擎核心，只有在建構世界的一開始會用到。
Body	構成物理世界的基本物體。
Constraint	兩個物體之間互相約束的連結。
MouseConstraint	將滑鼠與物理世界裡的物體連結，用以控制物體的位置。
Composite	包含一個或更多 Body 的容器，構成一個複雜的物體。
Events	物理世界發生事件時，用來廣播事件的發報機。
Collision	內含兩個物體碰撞的相關資料。

Engine

Engine 是讓整個世界依照物理規則動起來的核心，雖然我們在遊戲的一開始把 Engine 建立起來後就幾乎不再去管它，但其實在建立引擎後，是用 Runner 把引擎啟動，讓它在遊戲的過程中持續運轉。

```
let engine = Engine.create();
Runner.run(engine);
```

引擎啟動後，就會像 Pixi.ticker 一樣，每幀執行一次引擎的更新函式 **Engine.update(engine, deltaTime)**。

在更新函式裡，引擎會將世界裡的所有物體依受力與慣性改變其位置與旋轉角度，而且還會檢查所有物體之間的碰撞，並依物體質量、恢復係數、摩擦力等物理性質處理碰撞後的物體運動。

雖然 Engine 是整個函式庫的核心，不過因為它絕大部份的時間都在背景默默地工作，所以我們使用者並不會一天到晚看到它。

Body

這是物理世界中基本物體的類別，可以利用 **Bodies** 這個工具類別來搭建各種形狀的 **Body**。

表 9-4　建構剛體的工具函式

建構函式	物體形狀	參數
Bodies.circle()	圓形	位置、半徑
Bodies.rectangle()	矩形	位置、長、寬
Bodies.polygon()	正多邊形	位置、邊數、半徑
Bodies.trapezoid()	平行四邊形	位置、長、寬、斜率
Bodies.fromVertices()	多邊形	位置、相對於中心的點集合

建立好的 Body 就是一個剛體，也就是一個無限堅固，永不變形的物體。matter.js 的物理引擎是在所有物體皆為剛體的前提下，才能有效率地計算各種物理現象。

♦ 物理屬性

在建構 Body 的函式中，除了以上述的建構參數外，每個函式都還可以加上最後一個物件參數，用來指定物體的物理屬性與運動狀態。

以下列出 **Body** 常用的物理屬性與運動狀態。

表 9-5　剛體的屬性列表

參數	説明
angle	旋轉角度（單位為弧度）
angularSpeed	角速度（唯讀／絕對值）
angularVelocity	角速度（唯讀）
area	面積（自動更新）
bounds	圍住物體的最小矩形（自動更新）
collisionFilter	判別和另一個物體能不能碰撞的過濾器
density	密度
force	目前此物體所有受力的合力
friction	摩擦力係數
frictionAir	空氣阻力係數
frictionStatic	靜摩擦力
id	物體的 ID
isSensor	是否為偵測器（隱形物件）
isSleeping	是否沉睡中（目前沒有外力且動態值為 0）
isStatic	是否為靜態物體（不受外力的影響）
label	幫助開發者辨別物體的標籤
mass	質量（自動更新）
motion	動態值（速度 + 角速度的絕對值，決定是否要進入沉睡狀態）
position	位置
restitution	恢復係數
sleepThreshold	進入沉睡狀態的動態臨界值
speed	速度向量的長度
torque	旋轉力矩
type	物體類型
velocity	速度向量

一個 Body 擁有的物理屬性非常多，讓人眼花繚亂，但其實還有一些 matter.js 不希望使用者接觸的屬性沒有被列在這裡，避免同學看得頭暈。

💧 物理規則

這裡對物理如何影響這個世界的規則作點簡單的說明。

首先一個物體會由形狀來決定它的面積（area），然後由密度（density）和面積去計算出物體的質量（mass）。

接著看看目前一個物體是不是正受到來自外在的推力（force），如果有受力，那麼物體就會依受力的方向與大小去改變其速度向量（velocity），再依速度去改變它的位置（position）。

另一方面，我們也要看看目前物體是不是有受到一個力矩（torque），也就是使其旋轉的力量，如果有的話，物體就會依力矩去改變角速度（angularVelocity），然後再依角速度改變其旋轉角度（angle）。

物體在移動或轉動中，會因為摩擦力（friction）與空氣阻力（frictionAir）慢慢降低速度與角速度，而當速度與角速度的絕對值加在一起的這個動態值（motion）小於沉睡的臨界值（sleepThreshold），那麼這個物體就會馬上將速度與角速度降到 0，並進入沉睡狀態。物理引擎在更新時會略過進入沉睡狀態的物體，藉此提高引擎運轉的效率。

靜摩擦力（frictionStatic）則是在兩個互相接觸的物體間，假使兩物理沒有相對速度，也就是相對靜止的狀態，這時若要施力讓物體之間產生相對速度，就必須施加大於靜摩擦力的力量才做得到。當物體間開始有了相對速度，並進行摩擦時，靜摩擦力就不再作用，轉而由動摩擦力（friction）來阻止相對速度的增加。

舉個例子來說，在絲質的桌巾上擺設酒杯疊羅漢，然後用力把桌巾抽走，因為桌巾很滑，靜摩擦力很低，因此力量大於靜摩擦，桌巾和其上的酒杯之間就產生了相對運動。在桌巾被抽走的同時，有一小部分的力量藉由動摩擦力傳到了底層的酒杯，但因為力量不足酒杯之間的靜摩擦力，所以酒杯疊羅漢仍能保持金字塔的構造。

再舉個例子，我們平時在路上行走，雖然腳往後對著路面施力，但鞋底與路面之間的靜摩擦力很大，所以鞋底與路面沒有產生相對運動，反而是把腳上的身體往反向推進。如果換到結冰的路面上走動，這時鞋底與路面之間的靜摩擦力變得很低，我們把腳用力往後施力，卻發現腳就往後滑了出去，無法帶動身體前進。

♦ 施力方法

在擁有物理引擎的遊戲中，我們遊戲設計師主要的工作就是讓玩家藉由滑鼠、鍵盤、按鈕等介面，對物理世界的物體施加外力，改變它們的物理狀態。

以下列出一些施力與改變物理狀態的函式。

表 9-6　操作剛體的函式

靜態函式	功用
Body.applyForce(body, position, force)	在物體上的某一點對其施加外力
Body.rotate(body, rotation)	將物體旋轉一個角度
Body.setAngle(body, angle)	設定物體的旋轉角度
Body.setAngularVelocity(body, velocity)	設定物體的角速度
Body.setDensity(body, density)	設定物體的密度
Body.setPosition(body, position)	設定物體的位置
Body.setStatic(body, isStatic)	設定物體是否為靜態物件
Body.setVelocity(body, velocity)	設定物體的速度向量
Body.translate(body, translate)	移動物體
Body.scale(body, scaleX, scaleY)	縮放物體（自動更新面積、質量等屬性）

不知道同學有沒有發現，matter.js 函式庫在設計上很喜歡把函式寫在類別的靜態函式裡，而類別實體中只負責儲存每個實體的屬性。

```
let body: Body = ...
// 正確的施力方法：使用 Body 類別的靜態函式
Body.applyForce(body, position, force);
// 不正確的施力方法 (body 並沒有自己的施力函式 )
body.applyForce(position, force);
```

其中 **Body.applyForce()** 是最直覺的施力函式，函式的三個參數分別是施力的對象（body）、施力點（position）、施力向量（force）。

如果受力物體的幾何中心點剛好位在施力向量的延伸線上，那麼這個力量只會混入該物體的合力之中（body.force），影響它的線性速度。

如果施力向量不是指向物體的幾何中心，那麼這個力量除了改變物體的線性速度，也會對物體產生力矩，影響它的角速度。

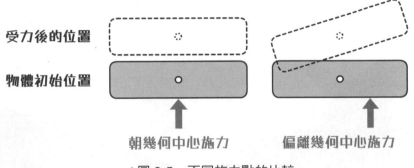

受力後的位置　　物體初始位置

朝幾何中心施力　　偏離幾何中心施力

▲ 圖 9-5　不同施力點的比較

複合剛體

前面說過可以利用 Bodies 提供的靜態函式來搭建各種形狀的 Body，在建構時也會自動計算其面積、質量等物理屬性。不過如果我們想要製造一個造形比較複雜的剛體，那該怎麼辦呢？

沒問題的，我們可以利用 **Body.setParts(body, otherBodies)** 在一個剛體內加入更多 Body, 這樣就可以組成一個形狀更複雜的物體，而且在合體的過程中，matter.js 會自動幫我們重新計算剛體的質量、轉動慣量、幾何中心等物理性質。

在複合剛體中，可以由 **body.parts** 取得被合在裡面的所有 Body，而這裡面個別的 Body 也可以由 **body.parent** 找到其所屬的合成剛體。

舉個例子來說，我們可以製造一個圓形、一個長方形和一個平行四邊形，然後把他們組成同個 Body，變成一架上頭坐著人的雪橇。

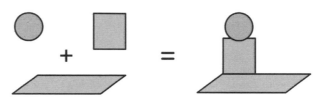

▲ 圖 9-6 三個剛體組成一架雪橇

把這個雪橇放在一個有高低起伏的地形上，不就能玩出一個極速遊戲了嗎？

▲ 圖 9-7 雪橇極速遊戲

Constraint

剛剛我們說複合剛體可以將不同形狀的剛體組合成一個不會產生形變的整體。但有時候我們想要的不是把兩個物體黏死，而是讓兩個物體保持相對位置，但各自可以進行自己的旋轉，就像在一根鐵棒的兩個端點，各自安裝一顆輪子，這樣的結構要怎麼建立呢？

▲圖 9-8　兩輪結構

「約束（Constraint）」就是為此而生的，我們可以利用 **Constraint.create()** 來建立一個約束。

```
// 新增兩個方形的剛體
var boxA = Bodies.rectangle(400, 200, 80, 80);
var boxB = Bodies.rectangle(450, 50, 80, 80);
// 新增一個約束以維持 boxA 和 boxB 相對位置
let constraint = Constraint.create({
    bodyA: boxA,
    bodyB: boxB,
});
// 新增一個長方形的靜態地板
var ground = Bodies.rectangle(400, 400, 810, 60, { isStatic: true });
// 將以上三個剛體以及約束都放進世界容器內
Composite.add(engine.world, [boxA, boxB, ground, constraint]);
```

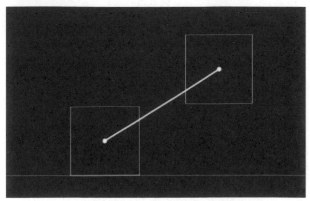

▲圖 9-9　剛體間的約束

上面程式碼中所創造的約束，就像一根無形的鐵桿，結接著兩個方形的中心，保持著它們之間的距離。

靜態與動態的 Body，再加上 Constraint，靠著它們就能模擬出很多現實世界的物體，比如車子、鞦韆、風扇等。不過當你以為「啥？只有這樣？」的時候，其實 Constraint 還能再上一層，給你更有趣的東西。

在 Constraint 裡有兩個有趣的物理性質，stiffness（剛度）與 damping（阻尼）兩個數字型態的屬性，這兩個屬性都能在創造 Constraint 的時候設定。

```
let constraint = Constraint.create({
    bodyA: boxA,
    bodyB: boxB,
    stuffness: 0.1,
    damping: 0.1,
});
```

剛度（stiffness）的預設值為 1，代表純陽之氣，當約束受到擠壓或拉伸時不會變形。如果我們把約束的剛度設為 0.2 或更小，那麼約束的行為就會類似彈簧，實際上 matter.js 的繪圖器也會把剛度低的約束，畫成類似彈簧的樣子。

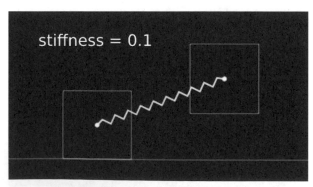

▲ 圖 9-10　有彈性的約束

剛度低的約束，在受到來自兩側的擠壓或拉力就容易變形，並且在變形之後會想要變回原樣。在變回來的過程，必定會回復過頭，原本是拉長的，縮回來縮得太快就反而變得比原來還短，造成來回震盪的現象，就像彈簧一樣。

我們可以用阻尼係數（damping）來控制彈簧震盪的幅度。Constraint的阻尼預設為 0，讓彈簧自然地震盪，受磨擦與空氣阻力慢慢停下來。如果我們升高阻尼係數，就好比把彈簧放到泥巴裡，彈簧在復原的過程中，會因為阻尼的影響，放慢復原的速度，因而減少震盪的頻率。阻尼越高，泥巴越膠。

如果我們善用這些約束的屬性，將許多剛體連在一起，就可以模擬出柔體（Soft Body）等 matter.js 原本不支援的物體。

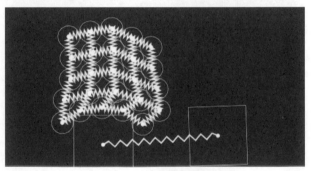

▲ 圖 9-11　以剛體群模擬柔體

製作這個柔體的程式碼，我們留到後面介紹 Composite 時再來說。

🥐 MouseConstraint ▶

這個類別按字面的意思就是「滑鼠約束」，和上一節講的約束很像，只不過這個約束的對象是物理世界中的一個物體和滑鼠本身，一個在物理世界裡面，一個在物理世界外面，酷吧！

```
// 先建立一個用以獲取滑鼠位置的的滑鼠物件
let mouse = Mouse.create(document.body);
// 再建立滑鼠約束
let mouseConstraint = MouseConstraint.create(engine, {
    mouse: mouse,
    constraint: {
        stiffness: 0.1,
    }
});
// 把約束放到物理世界裡
Composite.add(engine.world, [mouseConstraint]);
```

　　上面的程式碼只是示範用的，我們晚一點會需要在咱們的函式庫裡多寫一點東西，去依照舞台的縮放與位移，調整滑鼠在物理世界中的位置。

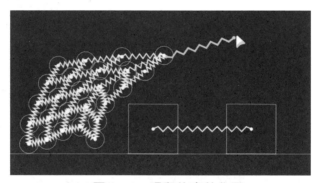

▲ 圖 9-12　滑鼠約束的作用

　　在玩家按下滑鼠左鍵時，如果觸碰到物理世界中的物體，MouseConstraint 就會瞬間建立一個臨時的約束，將該物體與滑鼠綁在一起。這時在畫面上移動滑鼠，就可以看到被連結的物體，由於約束的關係也跟著被拖著走，看起來就像用滑鼠在拉動物理世界裡的東西。

　　由 MouseConstraint 臨時建立的約束會在玩家放開滑鼠左鍵時自動消失。

Composite

　　先前講過 Composite 就像是 Pixi 裡面的 Container，是個能夠容納多個 Body 的容器。不過其實 Composite 能容納的東西不只 Body，還能放入 Constaint 與其他的 Composite。

可能同學已經發現了，容納所有物體與約束的世界 **engine.world** 就是一個 Composite。

雖然概念很簡單，但仔細想想好像又不通，你說 Pixi 裡的 Container 很有用，因為把一堆東西包進 Container 裡當成一件包裹，就可以很方便地移動這整個包裹，還可以旋轉、放大、縮小包裹的整體。

但是物理世界完全是另一回事，因為物體的移動、旋轉、碰撞等，只要身在物理世界就應該拋開容器之分，全都得照著物理規則來走，並不會因為兩個物體被包在同一個 Composite 而有特別待遇。

那麼 Composite 的作用到底是什麼？既然同一個容器裡的東西還是得各自受力、移動、旋轉，那難道 Composite 就只是一個用來分類識別的標籤嗎？

其實你沒想錯，Composite 在 matter.js 裡的作用真的不大，幾乎可以說是多餘的東西。雖然我這麼說，但是在某些情況下，它可能還是能帶給我們一些方便。

表 9-7　Composite 的靜態函式

Composite 的靜態函式	功能
Composite.create()	建立一個新容器
Composite.add(composite, object)	在容器內裝個新東西
Composite.bounds(compisite)	回傳一個圍住整包容器的矩形邊界
Composite.move(compA, objects, compB)	把容器 A 裡的一些東西移到容器 B
Composite.remove(composite, object)	把容器內的某個東西拿出來丟掉
Composite.rotate(composite, rotation, point)	將容器內的東西依給定的軸心一起旋轉
Composite.scale(composite, scaleX, scaleY, point)	將容器內的東西依給定的軸心一起縮放
Composite.translate(composit, translation)	將容器內的東西一起移動

上面列出來的這些工具函式，可對同一個容器內的物體一起搬動、旋轉、縮放，但這些功能其實不需要 Composite 也能做到，只不過在設計物理遊戲的關卡時，能將物體分類並以容器為單位來操作的能力，的確能幫我們省下許多功夫。

沒錯，Composite 最主要的功能就是幫我們省下一些麻煩的計算，並提供一種內建的分類管理系統。

另外 matter.js 還提供另一個工具類別 **Composites**，內藏一些快速建立 Body 的方法，適合在遊戲一開始建構初始世界樣貌的時候使用。

Composites 提供了四個工具，這四個工具可以分成兩個類別，一類是建立一群 Body，一類是在一群 Body 之間建立 Constraint。這四個工具都會幫我們建立一個新的 Composite，內含各自結構下的 Body 集合。下面就一一來介紹這四個工具。

♦ Composites.pyramid()

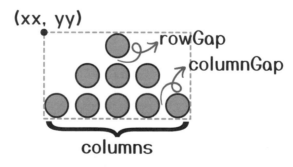

▲ 圖 9-13　金字塔剛體群

建立一個容器，內含一群堆疊成金字塔形的 Body，函式的參數如下：

表 9-8　金字塔的建構參數

pyramid 參數	參數說明
xx	金字塔左上角的位置 x
yy	金字塔左上角的位置 y

（續表）

pyramid 參數	參數說明
columns	金字塔底層的 Body 個數
rows	金字塔的層數
columnGap	同層的 Body 之間的縫隙
rowGap	上下層的 Body 之間的縫隙
callback	用來建立 Body 的回呼函式

示範程式碼：

```
// 從 (0,0) 排出一個底層 5 顆球最高 5 層的金字塔
let pyramid = Composites.pyramid(
    0, 0, 5, 5, 2, 2,
    (x: number, y: number) => {
        return Bodies.circle(x, y, 15, { density: 0.1 });
    }
);
// 還可以取出金字塔裡的 'Body' 成分來查看
let bodies = pyramid.bodies;
```

金字塔真正的層數主要是由底層的寬度來決定，其中的層數參數（rows）只是用來限制最高層數。如果不需要限制層數，想完全由底層寬度來決定的話，就把 rows 設成跟 columns 一樣就可以了。

◆ Composites.stack()

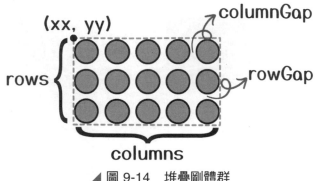

▲ 圖 9-14 堆疊剛體群

建立一個容器，內含一群堆疊成矩形的 Body，函式的參數如下：

表 9-9　剛體堆疊的建構參數

stack 參數	參數說明
xx	左上角的位置 x
yy	左上角的位置 y
columns	每一層的 Body 個數
rows	總層數
columnGap	同層的 Body 之間的縫隙
rowGap	上下層的 Body 之間的縫隙
callback	用來建立 Body 的回呼函式

示範程式碼：

```
let stack = Composites.stack(
    0, 0, 5, 3, 2, 2,
    (x: number, y: number) => {
        return Bodies.circle(x, y, 15, { density: 0.1 });
    }
);
```

稍早同學看到的一塊像海綿的軟體（Soft Body），就是從 stack() 出發，再加上約束所製作出來的。

♦ Composites.chain()

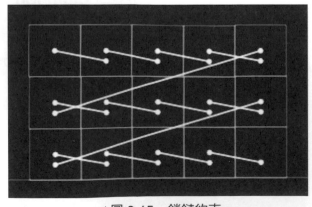

▲ 圖 9-15　鎖鏈約束

將一個容器內的所有 Body 都用 Constraint 連接成一串鎖鏈，函式的參數如下：

表 9-10 鎖鏈約束的建構參數

chain 參數	參數說明
composite	要加入 Constraint 的容器
xOffsetA	約束在前一個物件上的位置 x
yOffsetA	約束在前一個物件上的位置 y
xOffsetB	約束在後一個物件上的位置 x
yOffsetB	約束在後一個物件上的位置 y
options	建立約束時用的參數

示範程式碼：

```
// 先建立一個 5x3 的方塊堆疊
let stack = Composites.stack(
    0, 0, 5, 3, 0, 0,
    (x: number, y: number) => {
        return Bodies.rectangle(x, y, 50, 50);
    }
);
// 將堆疊的方塊串連在一起
Composites.chain(stack, 0, 0, 0, 0.2, { stiffness: 1 })
```

因為 stack 裡建構方塊的順序是從最上層由左到右，然後是第二層由左到右，最後是第三層由左到右，所以用 chain 串在一起時，也是按這個順序去串的。

其中 **yOffsetB** 我們設定為 0.2，代表將 Constraint 串連到下一個方塊時，會鎖在下個方塊中心點往下 **0.2 * 方塊高度** 的位置。

四個參數 **xOffsetA**、**yOffsetA**、**xOffsetB**、**yOffsetB** 都是一樣的概念，只是前兩個參數是連接上一個方塊時的鎖頭偏移量，後兩個參數是連接下一個方塊的的鎖頭偏移量，這些值都是比值的概念，設定時要小心最好不要讓鎖頭跑到物體的外面，不然到時發生了什麼怪事，就別怪咱沒事先提醒喔！
至於我怎麼知道會發生什麼怪事？那當然是因為沒人事先提醒我呀！

◆ Composites.mesh()

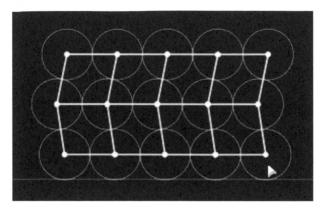

▲圖 9-16　網格約束

　　將一個容器內的所有 Body 都用 Constraint 連接成一面網格，函式的參
數如下：

表 9-11　網格約束的建構參數

mesh 參數	參數說明
composite	要加入 Constraint 的容器
columns	告訴 mesh 有幾列
rows	告訴 mesh 有幾層
crossBrace	要不要加上斜向約束
options	建立約束時用的參數

　　示範程式碼：

```
// 先建立一個 5x3 的圓形堆疊
let stack = Composites.stack(
    0, 0, 5, 3, 0, 0,
    (x: number, y: number) => {
        Bodies.circle(x, y, 25);
```

```
    }
);
// 將堆疊的方塊連成網格
Composites.mesh(softbody, 5, 3, false, { stiffness: 1 })
```

　　網格約束（mesh）最好和 **Composites.stack()** 合在一起用，稍早之前示範的柔體就是用這個方法組合起來的。

　　如果覺得這樣的網格約束得不夠緊，那我們還可以把 crossBrace 設定為 true，網格內會多加斜向的約束，讓整體更不易變形。

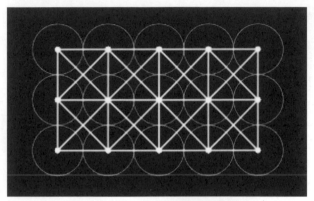

▲ 圖 9-17　交叉網格約束

　　示範程式碼：

```
// 先建立一個 5x3 的圓形堆疊
let stack = Composites.stack(
    0, 0, 5, 3, 0, 0,
    (x: number, y: number) => {
        Bodies.circle(x, y, 25);
    }
);
// 將堆疊的方塊連成網格
Composites.mesh(softbody, 5, 3, true, { stiffness: 1 })
```

Events

這個 **Events** 是 matter.js 裡用來廣播各種事件的播報機，比如我們想監聽物理世界中所有碰撞的事件，就可以這樣寫。

```
// 監聽 engine 裡碰撞剛發生的事件
Events.on(engine, 'collisionStart', function(event) {
    // 取得碰撞事件中一對一對的物體
    var pairs = event.pairs;
});
```

監聽函式的參數需要：

1.　發生事件的主體，如範例中的 engine。

2.　發生的事件主題，如範例中的 collisionStart。

3.　監聽事件的回呼函式。

以下我們分門別類，介紹常用的播報事件。

body: sleepStart / sleepEnd

當一個剛體進入 / 離開沉睡狀態時發出的事件。

```
Events.on(body, 'sleepStart', (e: IEvent<Body>) => {
    let body = e.source;
});
```

engine: beforeAdd / afterAdd

當一個剛體、約束或容器被加入世界前後發出的事件。

```
Events.on(engine, 'afterAdd', (e: IEventComposite<Composite>) => {
    let object = e.object;
});
```

◆ engine: beforeRemove / afterRemove

當一個剛體、約束或容器從世界中被移除的前後發出的事件。

```
Events.on(engine, 'afterRemove', (e: IEventComposite<Composite>) => {
    let object = e.object;
});
```

◆ engine: beforeUpdate / afterUpdate

當引擎在更新世界的前後發出的事件。

```
Events.on(engine, 'afterUpdate', (e: IEventTimestamped<Engine>) => {
    let time = e.timestamp;
});
```

◆ engine: collisionStart / collisionActive / collisionEnd

當碰撞發生時所發出的相關事件，這可能是整個引擎中最重要的事件。

碰撞事件有三個階段，分別是：

1. **collisionStart**：當碰撞剛形成的時候，兩個物體剛剛接觸。
2. **collisionActive**：當碰撞狀態持續發生時。
3. **collisionEnd**：當碰撞結束，兩個物體完全分開後。

舉個例子來說，當雪橇從天而降，然後撞到山坡的瞬間，這時就會形成一個碰撞，引擎會藉由 Events 來發出一個 collisionStart 事件。

接著雪橇會在山坡上滑動，此時雪橇在一段時間內都持續和山坡保持接觸，這段時間內，每次引擎更新都會播報 collisionActive 事件。

當雪橇滑到了山坡尾端的懸崖，並在最後飛了出去，就在雪橇和山坡完全分開的瞬間，引擎就會發出 collisionEnd 的事件。

```
Events.on(engine, 'collisionStart', (e: IEventCollision<Engine>) => {
    // 這次更新時發現的所有碰撞配對
    let pairs = e.pairs;
    for (let pair of pairs) {
        // 取得其中一個碰撞的一對物體
        let bodyA = pair.bodyA;
        let bodyB = pair.bodyB;
        // 碰撞資料
        let collision = pair.collision;
        // 我們晚一點再來介紹 collision 裡有哪些資料
    }
});
```

♦ mouseConstraint: mousedown／mousemove／mouseup

　　當滑鼠約束監聽到滑鼠事件發生時，會透過 Events 發出對應的事件，包括按下左鍵、滑鼠移動、放開左鍵。

```
Events.on(
    mouseConstraint,
    'mousedown',
    (e: IMouseEvent<MouseConstraint>) => {
        let mouseConstraint = e.source;
    }
);
```

▷ 9-5　碰撞事件

　　等等！上一節還沒講完吧！ matter.js 裡不是還有個 Collision 類別嗎？

　　Collision 是個重要卻又不一定那麼重要的類別，因為不是所有遊戲都依賴它，但是想要製作複雜一點的遊戲，就需要對物理世界發生的事情瞭若指掌，而 Collision 正是告訴我們碰撞細節的重要媒介，值得我們安排一個小節來介紹。

首先回顧上一節講的碰撞事件。在監聽到引擎發出的碰撞事件時，會得到該次引擎更新時所發現的所有碰撞，每個碰撞會以一個配對（pair）承載相關資訊，包括碰撞的兩個物體以及一個 collision 物件。

碰撞屬性

先從 Collision 的屬性認識這個類別。

表 9-12　碰撞常件的屬性

Collision 的屬性	屬性介紹
bodyA	參與碰撞的其中一個物體成分
bodyB	參與碰撞的另一個物體成分
collided	目前狀態是否仍在碰撞中
depth	沿碰撞法線向量，至少要移動多少距離才能將兩物分開
normal	碰撞法線向量（遠離物體 A 的方向）
pair	碰撞所屬的 pair
parentA	參與碰撞的其中一個物體（等於 bodyA.parent）
parentB	參與碰撞的另一個物體（等於 bodyB.parent）
penetration	代表物體 A 穿刺進物體 B 的向量（即 normal 與 depth 的合體）
supports	在雙方物體的頂點中，支撐這個碰撞的頂點群
tangent	碰撞的切線向量（與 normal 垂直）

碰撞時會發生的事

從上面列出的碰撞屬性，也許可以猜到物理引擎是怎麼對待碰撞這回事的。

首先要知道物理引擎不會提前阻止或預測碰撞的發生，而是在兩個物體彼此穿刺並發生面積重疊時，才會警覺到有碰撞發生了，引擎會藉由 Events 來發出 **collisionStart** 事件。

接下來，引擎會根據兩個物體的恢復係數（restitution）來決定分開的方式。如果 restitution 為 1，那就是一個彈性碰撞，兩個物體會像是彈開彼此的感覺，依照計算出來的碰撞法線向量的方向快速分開，並且在分開後會各自朝相反方向移動，就像兩顆皮球撞在一起再彈開的感覺。

在兩者朝著分開的方向各自移動，但還沒完全分開前，引擎會持續藉由 Events 發出 **collisionActive** 事件，直到兩者完全分開後才會停止發出該訊息，並在最後發出 **collisionEnd** 事件。

如果 restitutaion 是一個大於 0，但不到 1 的數值，那就是一個非彈性碰撞，兩者分開的感覺不如彈性碰撞來的有彈性，引擎發出 collisionActive 事件的幀數會相對較多。

如果 restitution 為 0，則是完全非彈性碰撞，兩個相撞的物體在撞擊後會黏在一起，不會彈開。

🎮 什麼時候要監聽碰撞事件 ▶

碰撞時，什麼都不做，讓物理世界自己管好所有的事情也是一種態度。但有更多時候，監聽碰撞事件能讓我們在正確的時間點創造物理引擎做不到的事。

比如說，我們可以在物理世界加入一個地雷，並監聽它的碰撞事件。如果在地雷發生碰撞的瞬間，檢查碰撞的 deep 屬性，如果 deep 值夠高，代表撞擊的力量大，我們就可以把地雷從物理世界拿掉，然後對那附近的物體都施加一個遠離的衝力，製造出一種爆炸的感覺。

又像是在平台遊整中製作一個彈簧床，雖然我們可以用 Constraint 來製作彈簧床，但是完全遵照規則的話，因為能量守恒定律，在彈簧床上反彈後能到達的高度是無法超過原本往下跳之前的高度。這種情況下，我們可以監聽彈簧床的碰撞結束事件，在碰撞結束時，對飛離的物體再額外加上一個沿法線方向的衝力，這樣就能方便我們調整彈簧床的彈力。

另外還有一種狀況，監聽碰撞也能為遊戲邏輯省下很多工夫。matter.js 提供 Body 一個屬性叫 isSensor, 如果把物體的 isSensor 改為 true, 這個物體就會變成一個隱形的偵測器，能與其他物體發生碰撞，但不會和其他物體產生任何交互作用，因此可以成為偵測某個物體是不是跑到某個位置的工具。

比如在平台遊戲中，我們可以在平台與平台之間的深淵中放入一個偵測器，當深淵中的偵測器發現它碰到了主角，就代表主角掉進了深淵，需要讓遊戲結束。同樣，我們也可以在過關處放置另一個偵測器，讓偵測器碰到主角時進入下一關。

碰撞篩選器

遊戲中除了 isSensor 可以不讓偵測器和其他物體產生碰撞後的互動外，還有一些碰撞是需要避免的。

舉個例子來說，闖關遊戲中的一群敵人朝著玩家丟石頭過來，如果石頭和敵人之間能產生碰撞，那麼玩家只要躲在敵人身後，就可以避免被打中，讓敵人自相殘殺。這樣恐怕不是遊戲設計師的本意。

為了可以在程式中控制物體和物體之間能不能產生碰撞，matter.js 為每個 Body 加上了三個屬性來滿足這個需求。這些碰撞篩選的屬性都放在 **body.collisionFilter**，包括 **category**、**group** 與 **mask** 這三個屬性。

當 matter.js 的引擎在內部計算物體之間的碰撞時，會先呼叫 **Detector.canCollide()** 看看兩個物體之間能否產生碰撞，只有在通過碰撞篩選器的條件下，引擎才會進一步去計算真正碰撞的幾何條件。

```
... matter.js 的引擎內部
    // 假設我們有 bodyA 和 bodyB 這兩個 Body
    let canTheyCollide = Detector.canCollide(
        bodyA.collisionFilter,
        bodyB.collisionFilter
    );
    if (canTheyCollide) {
        console.log(" 這兩個物體能產生碰撞 ");
    }
...
```

以下詳述 **Detector.canCollide()** 的內部邏輯，幫助我們理解篩選屬性的用途與篩選條件的順序。

先列出一個篩選器（filter）裡三大屬性的預設值。

表 9-13　碰撞篩選器的屬性

篩選屬性	預設值	説明
filter.group	0	我加入的必撞群組
filter.category	1	我所屬的類別
filter.mask	-1	能和我碰撞的類別遮罩

其中的 **group** 參數，和另外的 **category, mask** 這對組合是完全獨立的兩套篩選邏輯。

篩選邏輯的順序如下：

1. 當兩物的 group 相同且大於 0，則保證可以碰撞，不需要再檢測下去。
2. 當（A 的類別在 B 的遮罩內）且（B 的類別也在 A 的遮罩內），則可以產生碰撞。

由上可以看出，篩選屬性分成兩類邏輯，一個是群組（group），一個是類別（category）。

◆ 碰撞群組（group）

如果想要確保某類物體之間不受類別限制，一定要能產生碰撞的話，那麼就給這些物體指定一個大於 0 的群組，只要在同一個群組就一定可以產生碰撞。

若物體的群組小於或等於 0，則表示沒有加入任何群組，需要進行碰撞類別的篩選邏輯。

◆ 碰撞類別（category）

　　以類別篩選的屬性，包括 **category** 與 **mask**，兩者都是 32 位元（bit）的數字，也就是說在 **category** 裡共有 32 個開關可以設定成 0 或 1。**category** 預設值為 1，代表的就是以下這一串二進制的數字。

00000000 00000000 00000000 00000001

　　而 **mask** 的預設值為 -1，實際上轉換成正值就是所有 bit 都打開的狀態。

11111111 11111111 11111111 11111111

　　當 **Detector.canCollide()** 在檢查物體 A 的類別是不是在 B 的遮罩內，實際上就是在做一個 **&** 的位元運算子：**filterA.category & filterB.mask**。

　　交集 **&** 運算子會將兩個二進制數字之中每個位元的 0 或 1 拿來比較且產出一個新的數字，只有在兩個數字於同一個位置上的位元都是 1 的情況下，新數字在該位元的值才會是 1，否則一概填 0。

　　我們拿預設的 category 和 mask 來進行 **&** 的結果如下。

```
A.category   00000000 00000000 00000000 00000001
                            &
B.mask       11111111 11111111 11111111 11111111
                            =
Result       00000000 00000000 00000000 00000001
```

　　其結果若不是 0，轉換成布林值就是 true，也就代表 B 可以接受來自 A 的碰撞。

　　我們換個設定再進行一次 **&** 運算，看看 A 是不是也可以接受來自 B 的碰撞。

```
B.category   10000000 00000000 10000001 00000001
                            &
A.mask       00000000 00000000 11111111 00000000
                            =
Result       00000000 00000000 10000001 00000000
```

上面我們改變了 B.category 以及 A.mask 的預設值，讓同學比較一下不同數字的運算。最後的結果不是 0，轉換成布林值就是 true，代表 A 也可以接受來自 B 的碰撞。

由於 A 和 B 都能接受來自彼此的碰撞，所以 A 和 B 是可以產生碰撞的兩個物體。

以二進制設定類別的值

如果平時常接觸二進制的數字，就知道一個二進制 **0110** 的數字等於十進位的 **6**，一個二進制 **1000** 的數字等於十進位的 **8**，所以對碰撞篩選器的類別與類別遮罩，也可以使用十進位來進行設定。

不過如果想要讓程式碼看起來更直覺易懂，我們也可以在程式裡使用二進制的數字。方法和宣告 16 進制數字要加上前綴 0x 的規則很像，在數字前加上前綴 0b 就代表宣告的數字為二進制。

```
// 以下三行程式碼全部相等
filter.category = 0b1010;      // 二進制
filter.category = 10;          // 十進制
filter.category = 0xA;         // 16 進制

// 以下三行程式碼全部相等
filter.mask = 0b10001110;      // 二進制
filter.mask = 142;             // 十進制
filter.mask = 0x8E;            // 16 進制
```

▷ 9-6　遊戲開始

接著終於要回來寫遊戲了。這邊講一下我們接下來的計畫，讓遊戲製作可以順利開工。

1. 首先要把被測試搞得亂糟糟的 **CastleFalls.ts** 清空，並先寫上兩個遊戲流程中需要的函式，開啟選擇介面與開始遊戲關卡。

2. 然後要寫 **LevelsUI.ts**，讓玩家可以看到所有的關卡，然後從中選擇一關。

3. 我們還要再新增 **CastleFallsGame.ts**，用來編寫實際的遊戲關卡。

4. 玩 家 在 **LevelsUI.ts** 選 擇 關 卡 後， 再 依 選 擇 的 關 卡 去 建 立 **CastleFallsGame**。

5. 遊戲結束後，重新開啟關卡選擇介面。

準備遊戲介面的流程

開啟檔案 **src/castle-falls/CastleFalls.ts** ，清空檔案內容，重新開始。

```
import { Application } from "pixi.js";

export class CastleFalls {

    constructor(public app: Application) {
        // 一開始要先打開選關畫面
        this.openLevelsUI();
    }
    // 打開選關畫面
    openLevelsUI() {

    }
    // 開始遊戲關卡
    startGame(level: number) {

    }
}
```

遊戲一開始要先打開選關畫面（LevelUI），然後在玩家選擇一個關卡後，呼叫這裡的 startGame() 來進入遊戲的關卡。

製作選關介面

新增檔案 **src/castle-falls/LevelsUI.ts** ，在介面中貼上背景圖，並建立

三個按鈕，對應可選擇的三個關卡。

```
import { CastleFalls } from "./CastleFalls";
import { Container, Sprite } from "pixi.js";
import castleBgImg from "../images/castle-bg.jpg";

export class LevelsUI extends Container {

    constructor(public gameApp: CastleFalls) {
        super();
        // 加入介面背景圖
        let bg = Sprite.from(castleBgImg);
        bg.scale.set(0.5);
        this.addChild(bg);
        // 建構選關按鈕
        const maxLevel = 3;
        for (let lv = 1; lv <= maxLevel; lv++) {
            this.createLevelButton(lv);
        }
    }
    // 建立一個關卡的選擇按鈕
    private createLevelButton(level: number): PixiButton {
        // 還沒寫
    }
}
```

我們利用函式庫中寫好的 **PixiButton** 作為選關的按鈕。

```
...
import { PixiButton } from "../lib/PixiButton";
...
    private createLevelButton(level: number): PixiButton {
        // 按鈕標籤
        let label = ' 第 ${level} 關 ';
        // 建立按鈕
        let button = new PixiButton({
            width: 240,
            height: 36,
            cornerRadius: 8,
            backgroundColor: {
```

```
                default: 0x333333,
                hover: 0xFFFFFF,
                active: 0xAA0000,
            },
            labelColor: {
                default: 0xFFFFFF,
                hover: 0x333333,
                active: 0xFFFFFF,
            },
            label: label,
            labelSize: 24,
            onClick: () => {
                // 先把介面毀了，再開始遊戲
                this.destroy();
                this.gameApp.startGame(level);
            },
        });
        this.addChild(button);
        button.x = 50;
        button.y = 40 + (level - 1) * 50;
        return button;
    }
...
```

　　天啊，這個 PixiButton 可真多選項可以客製，不過其中最重要的還是按鈕按下去之後的工作，也就是作為 **onClick** 參數的回呼函式。這個函式會先把整個選關介面給銷毀，再呼叫 gameApp 裡的 startGame() 進入遊戲關卡。

　　介面完成後，回到 **CastleFalls.ts**，在 openLevelsUI() 函式裡建立這個類別的實體。

```
...
import { LevelsUI } from "./LevelsUI";
...
    openLevelsUI() {
        let ui = new LevelsUI(this);
        this.app.stage.addChild(ui);
    }
...
```

▲ 圖 9-18　選關畫面

　　我們將按鈕們安排在在畫面左上角，其他空出來的地方是給同學自由發揮的空間，比如可以增加遊戲說明的文字，或者在滑鼠滑到關卡按鈕上的時候，在某個位置顯示關卡的擷圖等。

遊戲基礎架構

　　好了，總算要來寫遊戲關卡本身了。

　　新增檔案 **src/castle-falls/CastleFallsGame.ts** ，準備好物理引擎的環境。

```ts
import { Engine, Runner } from "matter-js";
import { Container } from "pixi.js";
import { CastleFalls } from "./CastleFalls";
import { MatterRender } from "../lib/matter/MatterRender";

export class CastleFallsGame extends Container {

    engine = Engine.create();
    runner = Runner.create();
    matterRender: MatterRender;
```

```
constructor(public gameApp: CastleFalls, public level: number) {
    super();
    // 我們將用 zIndex 來安排 pixi 繪圖物件的層級
    this.sortableChildren = true;
    // 加入背景圖
    this.addBackground();
    // 建立 matter.js 除錯用的繪圖器
    this.matterRender = new MatterRender(
        this.engine,
        this.gameApp.app.stage,
        getStageSize()
    );
    StageSizeEvents.on('resize', this.matterRender.align);
    // 啟動遊戲的一連串動作
    this.loadAndStartLevel(level);
}
destroy() {
    super.destroy();
    StageSizeEvents.off('resize', this.matterRender.align);
    this.matterRender.destroy();
    Runner.stop(this.runner);
}
// 方便遊戲關卡中取用 Pixi 的 app
get app() {
    return this.gameApp.app;
}
addBackground() {
    // 等一下寫
}
async loadAndStartLevel(level: number) {
    // 戴入關卡資料 => 建立關卡世界 => 遊戲開始
}
}
```

上面的程式碼建立了類別的基礎。由於 matter.js 與 Pixi.js 兩個函式庫裡都有 Runner 這個類別，所以在匯入（import）Runner 的時候，要檢查匯入的類別是不是正確的那個。

另外可以看到 **get app()** 這個 getter 函式並沒有宣告它回傳值的型別。以這個函式的情況來說，這樣的寫法是比較好的，因為 TypeScript 會自動依照實際回傳的值去猜測這個 getter 應有的型別，所以在函式很單純的情況下，不手動標明回傳型別，讓 TypeScript 自動幫我們完成這項工作會更好。

我們先把背景圖給加進去，讓遊戲看起來賞心悅目一點。

```
...
import bgImg from "../images/castle-gamebg.png";
...
    addBackground() {
        var bg = Sprite.from(bgImg);
        bg.zIndex = 0;
        this.addChild(bg);
    }
...
```

關於啟動遊戲的步驟目前還只有一個函式。下面我們把啟動遊戲的步驟分成幾個非同步的函式依序呼叫。

```
    ...
    async loadAndStartLevel(level: number) {
        // 載入關卡資料 => data
        let data = await this.loadLevel(level);
        // 建立關卡世界
        this.buildLevel(data);
        // 遊戲開始
        this.start();
    }
    async loadLevel(level: number) {
        // 載入關卡資料
    }
    buildLevel(data: any) {
        // 依資料建構這一關的世界
    }
    start() {
        // 讓引擎開始跑
        Runner.run(this.runner, this.engine);
    }
    ...
```

遊戲關卡的啟動步驟如下：

1. 載入關卡的資料（JSON）。
2. 依照關卡資料來建構物理世界。
3. 讓物理引擎跑起來。

我們依序來把這些步驟完成。

準備關卡資料

在載入關卡資料之前，我們要先準備好關卡的資料檔，把它們放到便於讀取的資料夾。

新增資料夾 **public/castle-falls/** 。

專案中的 public 資料夾是用來存放公開檔案的，在之後以 **npm run build** 建立最後專案成品時，public 裡面所有的檔案或資料夾都會被匯出至與 index.html 同一層的目錄，因此在 **public/castle-falls/...** 裡的檔案，可以在網頁上以 **/castle-falls/...** 讀取。

我們在 **public/castle-falls/** 裡面新增三個檔案，**level_1.json**、**level_2.json** 與 **level_3.json** ，分別用來裝三個關卡的世界資料。三個檔案都先填入預設的 json 資料。

```json
{
    "slingshot": {
        "x": 100,
        "y": 300,
        "stiffness": 0.03,
    },
    "objects": [

    ]
}
```

JSON 是一種結構化的資料格式，副檔名是 **.json** ，它的用途與 XML 相似，都是將資料以結構化的方式儲存在檔案中，有著方便撰寫與易於解析的好處，加上 JSON 的結構與 JavaScript 內的物件結構相似，所以非常適合用來管理我們遊戲用的關卡資料。

在關卡的檔案中，我們放了 slingshot 與 objects 兩個資料。slingshot 用來表達投石器的位置與橡皮筋的彈性（stiffness）。objects 則是一個陣列，到時會用來擺放組成世界的所有物件。

我們在 objects 裡加一些東西，讓關卡看起來不會空空如也。

```
...
objects: [
    {
        "type": "ground",
        "x": 320,
        "y": 450,
        "rect": {
            "width": 2000,
            "height": 80
        }
    },
    {
        "type": "brick",
        "x": 400,
        "y": 380,
        "angleDeg": 90,
        "rect": {
            "width": 100,
            "height": 40
        }
    },
    {
        "type": "boss",
        "x": 500,
        "y": 350,
        "circle": {
            "radius": 20
        }
    }
]
...
```

上面這些資料結構都是程式設計師想怎麼規畫就怎麼規畫的，端看什麼樣的結構適合好用。

我們給第一關設計三個物件，包括一個靜態的地板、一個磚塊以及一個當成魔王的圓形物件。用意是希望用磚塊保護魔王，然後當魔王被檢測到受到衝擊時，就算闖關成功。

第一關我們只放一個磚塊，簡化製作流程，不過同學可以打開自己設計關卡的腦洞，層層堆疊各種不同大小的磚塊來組成有趣的關卡。

讀取關卡資料

瀏覽器提供了內建的函式 **fetch()** ，幫助我們動態地載入一個外部資料檔。在 **loadLevel(level)** 函式裡，根據遊戲的關卡來載入對應的 json 檔。

```
...
  async loadLevel(level: number) {
      let url = '/castle-falls/level_${level}.json';
      let response = await fetch(url);
      let data = await response.json();
      return data;
  }
...
```

用 **await fetch(url);** 得到的是一個讀取網址的回應（response），這個瀏覽器內建的 response 物件提供了幾個不同的方法，幫我們把資料轉換成不同的格式，供我們應用。

表 9-14　處理 fetch 回應物件的方法

格式函式	資料型別	說明
response.arrayBuffer()	ArrayBuffer	轉成二進制資料，通常用於圖檔或自訂格式檔。
response.blob()	Blob	保持資料為類似檔案的格式。
response.json()	object	轉成 JavaScript 的通用物件。
response.text()	string	轉成純文字。

我們要的自然就是 **response.json()** 囉。這裡要注意 **response.json()** 是個非同步的函式，所以呼叫時前面要加上 await，才可以正確獲得 json 檔案裡面的資料。

我們得到的 **data** 裡會有兩個屬性，一個是 **slingshot** 物件，一個是 **objects** 陣列。

定義資料結構

在開始使用 **data** 前，我們要養成好習慣，幫 JSON 資料定義它的資料結構。

由於 JSON 檔案並不受程式裡的型別規範，所以當我們戴入 JSON 後，TypeScript 不知道它裡面的結構長成什麼樣。好在我們可以透過宣告資料結構的介面（interface），告訴 TypeScript 這筆資料的結構。有了資料結構的定義，當在我們處理關卡資料時，TypeScript 就有辦法幫我們檢查有沒有筆誤或錯用的地方了。

新增檔案 **src/castle-falls/CastleFallsLevelData.ts** ，以介面（interface）來定義關卡資料的結構。

```
export interface ICastleFallsLevelData {
    slingshot: ICFSlingshot;
    objects: ICFObject[];
}

export interface ICFSlingshot {
    x: number;
    y: number;
    stiffness: number; // 橡皮筋的剛性程度
}

export interface ICFObject {
    type: string; // 物體類別
    x: number;
    y: number;
```

```
    angleDeg?: number; // 旋轉角度
    rect?: { // 若是矩形則定義這筆資料
        width: number;
        height: number;
    },
    circle?: { // 若是圓形則定義這筆資料
        radius: number;
    },
}
```

我們用 **ICastleFallsLevelData** 來定義關卡的 JSON 檔裡面的資料結構，包括了一個 slingshot 以及一個 objects 陣列。

我們還把投石器（slingshot）的資料另外放在介面 **ICFSlingshot**，其他物件的結構則定義在 **ICFObject**。

定義好資料結構後，我們回到 **CastleFallsGame.ts** 裡，改一些函式的參數型別。

```
...
import { ICastleFallsLevelData } from "./CastleFallsLevelData";
...
    buildLevel(data: ICastleFallsLevelData) {
        ...
    }
...
```

如此一來，等一下我們在使用資料時，TypeScript 就會幫我們提示有哪些屬性可用，也避免了寫錯字的可能性。

▷ 9-7　關卡物件

為了在關卡中擺放我們在關卡設計中安排的地面、磚頭、魔王等物件，我們要專門寫個類別，這個類別不但要負責依照 JSON 的資料建立物理剛體，還要依物件的種類貼上 Pixi 的精靈圖，然後每幀去同步精靈圖與物理剛體的位置。

🎮 關卡物件類別 ▶

新增檔案 **src/castle-falls/MatterObject.ts**。

```typescript
import { Body, Composite, Events } from "matter-js";
import { Container, Sprite } from "pixi.js";
import { CastleFallsGame } from "./CastleFallsGame";
import { ICFObject } from "./CastleFallsLevelData";

export class MatterObject extends Container {

    type: string;    // 物體類別（磚頭、木條、石塊或魔王）
    body: Body;       // Matter.js 剛體
    sprite: Sprite;  // PIXI 精靈圖

    constructor(public game:CastleFallsGame, public data:ICFObject) {
        super();
        // 將物體類別記錄下來
        this.type = data.type;
        // 建立剛體並加入物理世界中
        this.body = this.createBody(data);
        Composite.add(game.engine.world, this.body);
        // 建立精靈圖、加入這個繪圖容器、並放進遊戲容器
        this.sprite = this.createSprite(data);
        this.addChild(this.sprite);
        game.addChild(this);
        // 監聽物理引擎發出的更新後事件，並隨之更新
        Events.on(game.engine, 'afterUpdate', this.update);
    }
    destroy() {
        // 銷毀繪圖器
        super.destroy();
        // 移除剛體
        Composite.remove(this.game.engine.world, this.body);
        // 取消監聽
        Events.off(this.game.engine, 'afterUpdate', this.update);
        // 刪除遊戲中儲存物件的備份
        delete this.game.objects[this.body.id];
    }
    private createBody(data: ICFObject): Body {
        // 等一下寫
    }
    private createSprite(data: ICFObject): Sprite {
```

```
        // 等一下寫
    }
    private update = () => {
        // 等一下寫
    }
}
```

　　這裡的邏輯很簡單，類別繼承了 Pixi 的容器（Container），然後在建構子中，先後建立 Matter 的 Body（剛體）以及 Pixi 的精靈圖（Sprite），接著監聽 Matter 引擎播報的更新完成事件，並以這個類別的更新函式作為監聽事件的回呼函式。

　　在銷毀物件的函式中，同樣先呼叫父類別的銷毀函式 **super.destroy()**，然後把剛體從 Matter 引擎的世界中移除，最後取消對引擎事件的監聽，這些步驟恰恰就是建構子裡建立成員的順序。可能同學有注意到 **this.sprite** 並沒有被銷毀，那是因為在銷毀 Pixi 容器（Container）的時候，會順帶把容器裡裝的東西也一併銷毀，不需要我們再對它銷毀一次。

　　在刪除遊戲中儲存物件的備份時，使用了 **delete** 關鍵字，這是 JavaScript 中用來刪除通用物件的鍵值的專用語法。下面舉個簡單的操作範例來示範 delete 的用法與效果。

```
// 定義物件
let data: any = {
    name: ' 小哈片刻 ',
    married: true,
    age: 18,
};
// 列印測式
console.log(` 名字： ${data.name}(${data.age})`);
// > 名字： 小哈片刻 (18)
// 接著用 delete 刪除資料
delete data.name;
// 再列印一次
console.log(` 名字： ${data.name}(${data.age})`);
// > 名字： undefined(18)
// 另一種使用 delete 的寫法
delete data['age'];
```

```
// 再列印一次
console.log(` 名字：${data.name}(${data.age})`);
// > 名字：undefined(undefined)
```

搞懂 **delete** 關鍵字後，接著把還沒寫的三個函式補起來。

定義物體的物理性質

首先是建立剛體的函式。在這個版本中會放置地板、木頭、石磚、魔王、石塊等物件，因此在寫這個函式之前要先定義不同類型的物體所具備的各項物理性質，我們把這些物體的性質都定義在 **CastleFallsLevelData.ts** 裡。

打開 **CastleFallsLevelData.ts** ，在檔案的最後加上一個通用物件來定義各種物體類別對應的物理性質。

```
...
// 匯出物體類別對應物理性質的通用物件
export const BodyOptionsMap: {[key: string]: Matter.IBodyDefinition} = {
    ground: {
        isStatic: true,
        friction: 1,
    },
    brick: {
        density: 0.1,
        friction: 0.5,
    },
    boss: {
        density: 0.1,
        friction: 0.5,
    },
    rock: {
        density: 0.1,
        friction: 0.5,
    }
};
```

上面定義了地面（ground）為靜態物件，磨擦力為 1。另外三種物件沒特別指定的話，就是一般動態物件，並分別對它們設定了密度與動磨擦力。

建立物體的剛體

定義好各物體的物理性質後，就可以回到遊戲裡創造這些物體了。打開 **MatterObject.ts**，在 createBody 函式裡建立物體。

```typescript
import { Bodies, ... } from "matter-js";
...
import { BodyOptionsMap, ... } from "./CastleFallsLevelData";
...
    private createBody(data: ICFObject): Body {
        // 依物體類別取得定義好的物理性質
        let bodyOptions = BodyOptionsMap[data.type];
        if (!bodyOptions) {
            throw new Error(" 沒有定義這個類別的物理性質：" + data.type);
        }
        // 取得 data 裡的物體角度，如果沒定義則取 0
        let angleDeg = data.angleDeg || 0;
        // 將角度換算為弧度，放進創造剛體的物理性質裡
        bodyOptions.angle = angleDeg / 180 * Math.PI;
        if (data.circle) {
            // 如果物體有 circle 資料，則創造圓形剛體
            return Bodies.circle(
                data.x,
                data.y,
                data.circle.radius,
                bodyOptions
            );
        } else if (data.rect) {
            // 如果物體有 rect 資料，則創造矩形剛體
            return Bodies.rectangle(
                data.x,
                data.y,
                data.rect.width,
                data.rect.height,
                bodyOptions
            );
        } else {
            // 如果沒有 circle 也不是 rect，則丟出錯誤
            throw new Error(' 不支援的形狀 ');
        }
    }
...
```

創造剛體的函式依形狀可以分成矩形、圓形、多邊形、平行四邊形等等，這裡先支援圓形與矩形，同學可以自行增加其他形狀的支援。

在上面的函式裡，當我們遇到無法處理的問題就丟出（throw）一個包含錯誤訊息的 Error 物件。當程式運行到一半，碰到 **Error** 被丟出來的時候，正在執行的函式以及其所在的函式堆疊就會被整個打斷，並且會在控制台（Console）中列印錯誤訊息。

這個丟錯誤的方法，可以幫助我們在測試遊戲的時候，快速發現程式或關卡設定中的錯誤。如果這個錯誤是可以被容許並能補救的話，那麼在程式中可以用 try 與 catch 來接錯並處理。

```
// 接錯的範例
try {
    createBody();
} catch (error) {
    console.error(' 發生錯誤嘍 :', error);
}
```

🟡 建立物體的繪圖器 ▶

有了物理的剛體，接著就要建立繪圖器了。同樣在 **MatterObject.ts** ，寫 createSprite() 函式的內容。

我們將不同的物體分開處理，首先要畫的是地板。

```
...
import groundImg from "../images/castle-ground.png";
...
    private createSprite(data: ICFObject): Sprite {
        if (data.type == 'ground') {
            const rect = data.rect!;
            let sprite = TilingSprite.from(
                groundImg,
                { width: rect.width, height: rect.height }
            );
```

```
            sprite.pivot.set(sprite.width / 2, sprite.height / 2);
            sprite.width = rect.width;
            sprite.height = rect.height;
            this.zIndex = 1;
            return sprite;
        }
    }
...
```

地板採用的是上一章介紹過的重覆貼磚繪圖器（TilingSprite），這個繪圖器會幫我們將地板的圖像貼磁磚一樣在繪圖器上貼滿，如此一來，不管地板有多寬都行。

因為遊戲背景圖的 zIndex 是 0，因此這裡要將地板所屬的物體容器的 zIndex 設為 1，這樣才能讓地板圖壓在背景上。

接著在同一個函式裡處理磚頭物件的繪圖器。

```
...
import brickImg from "../images/castle-brick.png";
...
    private createSprite(data: ICFObject): Sprite {
        ...
        if (data.type == 'brick') {
            const rect = data.rect!;
            let sprite = Sprite.from(brickImg);
            sprite.pivot.set(42, 21);
            sprite.width = rect.width;
            sprite.height = rect.height;
            this.zIndex = 5;
            return sprite;
        }
    }
...
```

我們依據石磚圖的尺寸，將其軸心設在圖片的中心，也就是（42, 21）的地方，之後就會以圖片的中心為原點將圖片縮放與旋轉。

繼續同樣的方法把木頭、魔王與石頭都加進去這個函式。

```
...
import woodImg from "../images/castle-wood.png";
import bossImg from "../images/castle-boss.png";
import rockImg from "../images/castle-rock.png";
...
    private createSprite(data: ICFObject): Sprite {
        ...
        if (data.type == 'wood') {
            const rect = data.rect!;
            let sprite = Sprite.from(woodImg);
            sprite.pivot.set(42, 21);
            sprite.width = rect.width;
            sprite.height = rect.height;
            this.zIndex = 4;
            return sprite;
        }
        if (data.type == 'boss') {
            const circle = data.circle!;
            let sprite = Sprite.from(bossImg);
            sprite.pivot.set(36, 48);
            sprite.scale.set(circle.radius / 32);
            this.zIndex = 3;
            return sprite;
        }
        if (data.type == 'rock') {
            const circle = data.circle!;
            let sprite = Sprite.from(rockImg);
            sprite.pivot.set(38, 36);
            sprite.scale.set(circle.radius / 36);
            this.zIndex = 6;
            return sprite;
        }
        throw new Error(' 不支援的物體類別 ')
    }
...
```

由程式中可以看出,魔王與石塊必須是圓形,而其他物件都是矩形。這裡其實可以寫得更彈性一點,讓各種物體類別都能支援不同的形狀,不過我們還是先不要把遊戲複雜化,等到同學熟練了再來補強這裡的設計。

將關卡設定的物件建立出來

有了 MatterObject 這個類別，我們就可以把關卡 JSON 裡設定的物體都建立出來。

打開 **CastleFallsGame.ts** ，先寫個新函式來建立 MatterObject，並且把建立好的物件，依剛體的 id 儲存起來。

```
...
import { MatterObject } from "./MatterObject";
...
export class CastleFallsGame extends Container {
    ...
    // 用來儲存建立好的物件
    objects: { [key: string]: MatterObject } = {};
    ...
    // 建立 MatterObject，並儲存起來
    createMatterObject(objData: ICFObject): MatterObject {
        let obj = new MatterObject(this, objData);
        this.objects[obj.body.id] = obj;
        return obj;
    }
    ...
}
```

接著補完 buildLevel() 函式。

```
...
import { MatterObject } from "./MatterObject";
...
    buildLevel(data: ICastleFallsLevelData) {
        // 依資料建構這一關的世界
        for(let objData of data.objects) {
            this.createMatterObject(objData);
        }
    }
...
```

同步剛體與繪圖器

現在如果試玩遊戲，會發現物體的繪圖器全都擠在畫面的左上角，也就是（0, 0）的位置，和剛體實際所在的位置不一樣，這是因為我們還沒有將繪圖器的位置與剛體同步。

同步的程式碼要寫在 MatterObject 的 update() 函式裡。回到 MatterObject.ts，補寫 update() 的內容。

```
...
private update = () => {
    this.position.copyFrom(this.body.position);
    this.rotation = this.body.angle;
}
...
```

這個函式只有兩行，分別用來同步位置與旋轉角度。先前在建構子中監聽物理引擎的事件時，放入 update 函式，作為事件發生時的回呼函式，因此在物理引擎每一幀更新完成後，都會呼叫 update 函式，同步剛體與繪圖器的位置與旋轉角度。

▲ 圖 9-19　與物理引擎同步後的遊戲畫面

從測試的遊戲視窗中，可以看到魔王與石磚被放入物理世界，而且圖樣也都與物理的位置和旋轉角度同步了。

🔴 改變除錯繪圖器的顏色 ▷

由於 Matter 的除錯繪圖器預設是畫物體的線框（wireframe），顏色是灰色，而且無法調整，所以在畫面上不是看得很清楚，目前只看得到代表魔王的灰色圓形。我們要更新函式庫中的 MatterRender，讓我們可以調整 Matter 繪圖器對顏色的設定。

打開 **src/lib/matter/MatterRender.ts**，改變我們建構 Matter 繪圖器用的參數。

```
...
private createRender(size: { width: number, height: number }) {
    return Render.create({
        ...
        options: {
            ...
            wireframes: false,
            background: 'transparent',
        }
    });
}
...
```

這裡我們加了兩個參數給 Render.create() 裡的建構選項，表示不要使用線框（wireframes）的繪圖方式，這樣 Matter 繪圖器就會改採填色及外框的繪圖方式。然後還要設定填色模式下的背景色（backgraound）為透明（transparent），這樣才能看得到被 Matter 繪圖器壓在下面的 Pixi 畫板。

▲ 圖 9-20　填色模式的物理繪圖法

改動過後，新的填色模式雖然有了顏色，但是地板、石磚、魔王都被色塊蓋住，這仍然不是我們期待的樣子。

Matter 的繪圖器在填色模式下，預設會隨機幫每個物件選擇一個顏色來著色。要控制物體顏色就要在創造剛體的時候，指定著色器（render）的著色選項，下面給個範例程式。

```
Body.circle(
    centerX, // 圓心 X
    centerY, // 圓心 Y
    radius,  // 半徑
    {
        density: 0.1, // 密度
        render: {
            fillStyle: '#FF0000', // 填紅色
            strokeStyle: '#00FF00', // 綠色外框
            lineWidth: 2, // 外框線的粗細
            opacity: 0.5, // 不透明度
        }
```

```
    }
)
```

上面這段示範程式碼裡，我們只要注意 render 裡的資料。這個 render 資料就是我們控制 Matter 為物體著色的方法。知道如何幫 Matter 繪圖器改色之後，我們就要幫不同種類的物體指定不同的樣式。

打開 **src/castle-falls/CastleFallsLevelData.ts** ，在定義物理性質的通用物件中，加上繪圖器用的參數。

首先我們將地板的填色設為透明，並指定外框的為黑色。

```
...
export const BodyOptionsMap: {[key: string]: Matter.IBodyDefinition} = {
    ground: {
        ...
        render: {
            fillStyle: 'transparent',
            strokeStyle: '#000000',
            lineWidth: 2,
        },
    }
}
```

然後依同樣的方法設定其他物件的樣式。

```
    ...
    brick: {
        ...
        render: {
            fillStyle: 'transparent',
            strokeStyle: '#FFFF00',
            lineWidth: 2,
        },
    },
    boss: {
        ...
        render: {
            fillStyle: 'transparent',
```

```
            strokeStyle: '#ff0000',
            lineWidth: 2,
        },
    },
    rock: {
        ...
        render: {
            fillStyle: 'transparent',
            strokeStyle: '#ffFFFF',
            lineWidth: 3,
        },
    },
    ...
```

把填色全都改成透明，然後石磚用黃色外框，魔王用紅色外框，石塊用白色外框，那麼遊戲畫面就會變成下面這張圖的樣子。

▲ 圖 9-21 指定填色的物理繪圖法

想讓 Matter 繪圖器畫出物體外框的話，要記得設定外框線的粗細（lineWidth），因為 Matter 預設是不畫外框線的。

▷ 9-8 投石器：測試機

這一章是整個遊戲的重點之一，我們要造個遊戲中唯一能和玩家互動的物件，投石器。

我們先快速造個測試用的投石器，讓我們觀察一下 Matter.js 裡相關的類別與功能。

◖ 建立 Slingshot 類別 ▶

新增檔案 **src/castle-falls/Slingshot.ts** 。

```
export class Slingshot {

    constructor(public game: CastleFallsGame, data: ICFSlingshot) {

    }
}
```

建構子中有遊戲的參照，以及從關卡 JSON 讀取出來用以建立投石器的資料。

回到 **CastleFallsGame.ts** ，在建構世界的函式中新建投石器。

```
...
import { Slingshot } from "./Slingshot";
...
    ...
    buildLevel(data: ICastleFallsLevelData) {
        ...
        new Slingshot(this, data.slingshot);
    }
    ...
```

測試用原型機

再回到 **Slingshot.ts** 寫一組測試用的投石機。

```typescript
import { Bodies, Composite, Constraint, Mouse, MouseConstraint } from
"matter-js";
import { CastleFallsGame } from "./CastleFallsGame";
import { ICFSlingshot } from "./CastleFallsLevelData";

export class Slingshot {

    constructor(public game: CastleFallsGame, data: ICFSlingshot) {
        // 建立彈弓的精靈圖
        this.createSprites(data);
        // 建立一顆石頭
        let rock = this.createRock(data);
        // 建立橡皮筋
        let elastic = this.createElastic(data, rock);
        Composite.add(game.engine.world, elastic);
        // 建立滑鼠約束，讓玩家可以用滑鼠拉石頭
        let mouseConstraint = this.createMouseConstraint();
        Composite.add(game.engine.world, mouseConstraint);
    }
    private createSprites(data: ICFSlingshot): void {
        // 等一下寫
    }
    private createRock(data: ICFSlingshot): Body {
        // 等一下寫
    }
    private createElastic(data:ICFSlingshot, rock:Body): Constraint {
        // 等一下寫
    }
    private createMouseConstraint(): MouseConstraint {
        // 等一下寫
    }
}
```

建構子的參數是遊戲關卡（game）以及用來建立投石器的 JSON 參數（data），我們用這些參數來建立彈弓的圖樣以及組成彈弓的剛體與約束。

投石器主要由三個物件所組成：石頭、橡皮筋、滑鼠約束，三個物件都建立完成後，全都加入引擎中的世界就完成了。

我們一邊補完還沒寫的那些函式，一邊解釋這些物理物件怎麼合作讓石頭飛出去。

♦ 彈弓的精靈圖

首先我們把構成彈弓的精靈圖畫出來。

```
...
import { Sprite } from "pixi.js";
import slingshotImg from "../images/slingshot.png";
import slingshotFrontImg from "../images/slingshot_front.png";
...
    private createSprites(data: ICFSlingshot): void {
        // 彈弓主體
        let backSprite = Sprite.from(slingshotImg);
        backSprite.zIndex = 0;
        backSprite.position.set(data.x - 35, data.y - 15);
        this.game.addChild(backSprite);
        // 能遮住石塊的木段
        let frontSprite = Sprite.from(slingshotFrontImg);
        frontSprite.zIndex = 10;
        frontSprite.position.copyFrom(backSprite.position);
        this.game.addChild(frontSprite);
    }
...
```

彈弓的精靈圖有兩個，一個要放在石頭後面，一個放在石頭前面，讓石頭看起來被彈弓夾在中間。

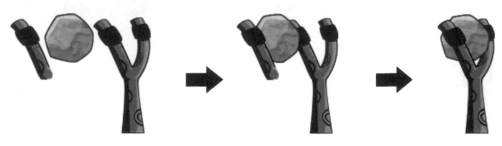

▲ 圖 9-22 彈弓配件的圖層組合

控制彈弓圖層的方法就是設定精靈圖的 zIndex 屬性，主體設 0，木段設 10，而先前我們在 MatterObjects 裡面已經設定石塊的 zIndex 為 6，因此石塊的圖層就會在彈弓的兩個精靈圖之間。

💧 建立石頭

再來是建立石頭（rock）的函式，也就是等一下實際要發射出去的東西。我們利用先前寫的 createMatterObject 函式來建立帶有圖案與物理剛體的石頭物件。

```
private createRock(data: ICFSlingshot): Body {
    let object = this.game.createMatterObject({
        type: 'rock',
        x: data.x,
        y: data.y + 1,
        circle: {
            radius: 15,
        },
    });
    return object.body;
}
```

建立完成後，把 MatterObject 中的剛體傳出函式，待會兒製作橡皮筋的時候會用到。

這裡要注意一點，石頭的位置最好不要和橡皮筋的其中一端完全重疊，不然橡皮筋在計算約束長度時會出問題。這就是為什麼建立石頭時指定的 y 要偏移一個像素。

💧 建立橡皮筋

接著是橡皮筋（elastic），也是投石器最主要的物理物件。

它有兩個端點，兩端都可以選擇連接一個物理世界的位置或是一個物理世界的物件。這裡我們將橡皮筋的 A 點連接到彈弓的木枝上，也就是 JSON

裡設定的一個固定位置，而 B 點連接到我們剛剛建立的石頭上。

```
private createElastic(data:ICFSlingshot, rock:Body): Constraint {
    return Constraint.create({
        pointA: { x: data.x, y: data.y }, // 一端固定在一點
        bodyB: rock, // 另一端綁在石頭上
        stiffness: data.stiffness, // 剛性程度
    });
}
```

這樣就像是把橡皮筋的一端套在牆上的一根釘子，另一端套住石頭。等一下我們就可以拉動石頭，讓橡皮筋拉伸縮短。

在建立橡皮筋約束時（Constraint），一開始兩端之間的距離，就是橡皮筋放鬆時的初始長度，若是這個約束被拉長了，它會設法彈回原本的長度。

不過要注意的是，若約束兩端的初始長度為 0，那麼在進行物理計算時會出現一些奇怪的現象，所以在設計時要儘量避免這種情況，這也就是為什麼先前建立石頭時，要讓它的位置偏離另一端彈弓上的定點位置。

● 滑鼠約束

最後是滑鼠約束（mouseConstraint）的製作。滑鼠約束就像是一根帶有開關的吸鐵棒，這根棒子的一端是玩家的滑鼠，而另一端則伸進了物理世界，玩家可以用滑鼠操縱這根吸鐵棒的位置，然後在滑鼠左鍵按下去的時候，打開吸鐵開關，吸住棒子碰到的物件，也就是在棒子與物件之間建立臨時的吸引約束（就像是一條臨時的橡皮筋），在左鍵持續按住的狀態下，就可以用滑鼠透過吸鐵棒控制被吸住的那個物件。

```
private createMouseConstraint(): MouseConstraint {
    let canvas = this.game.gameApp.app.view as HTMLCanvasElement;
    // 建立 Matter 滑鼠，使用 Pixi 畫板接收滑鼠事件
    let mouse = Mouse.create(canvas);
```

```
    // 調整 Matter 滑鼠的位置與 Pixi 的滑鼠同步
    let stage = this.game.gameApp.app.stage;
    mouse.offset.x = -stage.x / stage.scale.x;
    mouse.offset.y = -stage.y / stage.scale.y;
    mouse.scale.x = 1 / stage.scale.x;
    mouse.scale.y = 1 / stage.scale.y;
    // 建立滑鼠約束
    return MouseConstraint.create(this.game.engine, {
        mouse: mouse,
    });
}
```

　　這邊要注意的是，由於 Pixi 的舞台有經過平移與縮放，所以 Matter 的
滑鼠也要相應調整其位置。Matter 的滑鼠類別提供了 **offset** 與 **scale** 兩個
屬性來滿足這個需求，不過若是真的要在遊戲中使用 Matter 的滑鼠，那麼
就要監聽舞台大小改變的事件，在舞台被縮放的同時再次調整 Matter 的滑
鼠位置。

　　我們現在先試一下，看看用滑鼠拉動石頭的效果是不是正確。

▲ 圖 9-23　以滑鼠拉開彈弓

　　遊戲中會出現一個可以用滑鼠拉動的圓形石頭，在用滑鼠拉動時，會出
現一條白色的橡皮筋，連接石頭與彈弓上的定點。另外還有一條綠色的橡皮
筋，是由滑鼠約束在左鍵按下去時臨時建立的約束，連接著滑鼠與石頭。

拉緊石頭，然後放開滑鼠左鍵，就可以看到石頭以很快的速度被拉回橡皮筋的初始定點，不過石頭並不會飛出去。

♦ 切斷橡皮筋

為了讓石頭能飛出去，我們需要石頭在彈回去的程過中，將白色橡皮筋對石頭的束縛切斷，讓石頭以慣性向遠方飛去。

接著繼續在投石器中加上更多程式碼。我們的計畫是在滑鼠左鍵放開的下一幀把彈弓與石頭之間的約束切斷，讓石頭在獲得約束給予的初始力量後不再被約束綁住，以慣性飛出去。

```
import { ... Events, ... } from "matter-js";
import { wait } from "../main";
...
    ...
    constructor(...) {
        ...
        // 監聽滑鼠約束被鬆開的事件
        Events.on(mouseConstraint, 'enddrag', async () => {
            // 等待一個 tick
            await wait(1);
            // 移除白色橡皮筋
            Composite.remove(game.engine.world, elastic);
        });
    }
    ...
```

寫完後再測一次，這次拉緊石頭再放開滑鼠左鍵，石頭就會像彈弓的彈子一樣，往橡皮筋的反方向飛出去了。

◖ 原型機的問題 ▶

上面我們成功設計了能發射石頭的彈弓原型機。不過雖然模擬出了投石機的功能，但是存在一些待解決的問題。

1. **滑鼠的拖曳對象**：現在使用滑鼠約束來拉動物理世界裡的東西，除了石頭外，其實還可以拉動其他物體，包括石磚與魔王。我們要想辦法限制滑鼠只能拉動彈弓上的石頭。

2. **無法重覆投石**：原型機只能發射一枚石頭，不過在正式遊玩的時候，我們需要在物理世界的物體都停止移動之後，重新將彈弓上膛再射。

3. **切斷橡皮筋束縛的時機**：原型機裡是在滑鼠左鍵放開的一個 tick 後切斷橡皮筋對石頭的束縛，但我們應該再想一個比較符合物理的做法，而不是用這種偷懶的撇步。

比較好的方法是在滑鼠左鍵放開時，記錄滑鼠的位置作為石頭出發的位置（S 點），以及滑鼠距離彈弓固定端（A 點）的距離 D。

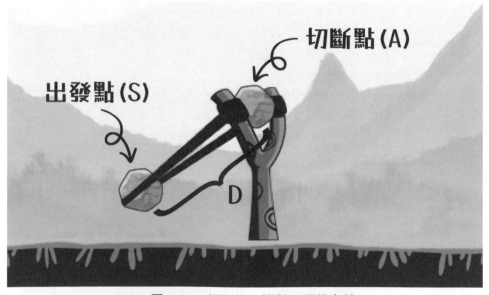

▲ 圖 9-24　切斷投石機對石頭的束縛

隨後在每個 tick 更新時，檢查石頭飛離出發位置（S 點）的距離，如果這個距離超過 D，代表石頭回彈已經超過彈弓的固定端了，這時把橡皮筋切斷就會比較符合真實世界彈弓的運作方法。

▷ 9-9 投石器：正式機

瞭解投石機的組成構造以及潛在的一些問題，接著我們就可以來重新設計正式版的投石機，把測試機遇到的問題都解決掉。

◖ 解決滑鼠拖曳對象的問題 ◗

首要要限制滑鼠可以拉動的對象。這個要靠我們設定剛體的碰撞過濾器（CollisionFilter）。剛體的過濾器預設類別（category）為 1，遮罩（mask）為 -1，寫成二進位如下。

表 9-15 碰撞過濾器的預設值

屬性	值
類別（category）	00000000 00000000 00000000 00000001
遮罩（mask）	11111111 11111111 11111111 11111111

預設的過濾器讓所有物體都只有一個類別，也就是最低的位元，而遮罩則是全開，接受所有類別的碰撞。

為了讓滑鼠只能碰到石頭，我們要把石頭的類別加上第二個位元，然後限制滑鼠只能碰到第二個位元的類別物件。

表 9-16 遊戲物件的碰撞過濾器

屬性	值
一般物件的類別	00000000 00000000 00000000 00000001
一般物件的遮罩	11111111 11111111 11111111 11111111
石頭的類別	00000000 00000000 00000000 00000011
滑鼠的遮罩	00000000 00000000 00000000 00000010

簡單地試算一下，一般物件的遮罩由於接受所有的類別，所以可以碰到其他的一般物件，也能碰到石頭。而滑鼠的遮罩只有第二元位是 1，和一般物件的類別作交集（and）運算的結果為 0，表示滑鼠無法和一般物件產生碰撞。但是和石頭的類別作交集，由於第二位元都是 1，所以運算的結果非

0，因此滑鼠碰得到石頭。

打開 **CastleFallsLevelData.ts**，在 rock 的剛體中加上過濾器的參數。

```
...
rock: {
    ...
    collisionFilter: {
        category: 0b11,
    }
}
...
```

然後回到 **Slingshot.ts**，在 createMouseConstraint 函式中，為滑鼠約束加上過濾器的參數。

```
...
private createMouseConstraint(): MouseConstraint {
    ...
    // 建立滑鼠約束
    return MouseConstraint.create(this.game.engine, {
        ...
        collisionFilter: {
            mask: 0b10,
        }
    });
}
...
```

加上這些過濾器的設定，就完美地限制了滑鼠能夠觸碰的物體。

解決無法重覆投石的問題

在解決這個問題前，我們先在 Slingshot 裡增加一個屬性來儲存目前彈弓控制的石頭，以及發射石頭所需的資料。

```
...
export class Slingshot {
    ...
    // 石頭上膛後，記錄石頭與橡皮筋的資料
    shootData?: {
        rock: Body,
        elastic: Constraint,
        releaseStart?: Vector,
    };
    ...
}
```

資料裡要儲存建立好的石頭剛體以及彈弓的橡皮筋約束。另外還有一個不需初始值的 releaseStart 向量，這是在滑鼠放開石頭時，用來記錄當時的滑鼠位置（S 點）。

定義好這個資料結構後，我們將石頭以及橡皮筋的建構程式從建構子中拿出來放進新的函式。

```
    ...
    private loadRock(): void {
        const data = this.data;
        // 建一顆石頭
        let rock = this.createRock(data);
        // 橡皮筋
        let elastic = this.createElastic(data, rock);
        Composite.add(this.game.engine.world, elastic);
        // 儲存這次上膛的資料
        this.shootData = {
            rock: rock,
            elastic: elastic,
        };
    }
    ...
```

有了 loadRock 函式後，等一下就可以呼叫這個函式讓彈弓重新上膛，準備再次發射。我們的計畫是在玩家發射石頭後，等待世界安靜下來，再呼叫 loadRock 重新裝上石頭。

　　為了完成這個計畫，我們需要監聽滑鼠放開的事件，這個事件發生就相當於玩家發射石頭的時間點。現在新增一個函式來處理滑鼠放開石頭的回呼函式。這個回呼函式要是個非同步的箭頭函式，這樣我們等一下就可以直接拿去註冊給事件監聽的函式用。

```
...
import shootSnd from "../sounds/missile-launch.mp3";
import { playSound } from "../lib/SoundUtils";
...
    ...
    private onMouseEndDrag = async () => {
        if (this.shootData) {
            // 播放發射音效
            playSound(shootSnd);
            // 等待一個 tick
            await wait(1);
            // 移除白色橡皮筋
            Composite.remove(
                this.game.engine.world,
                this.shootData.elastic
            );
            // 清除石塊上膛資料
            this.shootData = null;
        }
    }
    ...
```

　　在回呼函式裡，我們先確認 shootData 是不是空的，如果不是空的，代表石頭已確實上膛，那麼我們才要做發射的後續處理，也就是等一個 tick 後將橡皮筋約束切斷，然後將 shootData 的資料清空。

　　我們回到建構子，改變一開始將石頭上膛的方法。

```
    ...
    constructor(public game:CastleFallsGame, public data:ICFSlingshot)
    {
        // 建立彈弓的精靈圖
```

```
...
// 將石頭上膛
this.loadRock();
...
// 監聽滑鼠約束被鬆開的事件
Events.on(mouseConstraint, 'enddrag', this.onMouseEndDrag);
}
```

雖然我們還沒解決重新上膛的問題，但準備工作已經大致完成。由於重新上膛需要等待世界安靜下來，會需要對於物理引擎更多的認識，所以接下來先緩一緩，等解決下個問題再回來完成重新上膛的工作。

改變切斷橡皮筋束縛的時機

在前面試作投石機的時候，是在滑鼠放開石頭後，等待一個 tick 再切斷橡皮筋約束，但現在要改成比較符合現實彈弓的作法。

我們新增一個非同步函式，在滑鼠放開石頭之後，持續地檢查石頭飛離滑鼠的距離，直到石頭飛行的距離超過滑鼠到彈弓 A 點的長度，再切斷約束。

```
...
// 等待石頭從滑鼠飛至彈弓的 A 點
private async waitRockBackToAPoint() {
    if (this.shootData && this.shootData.releaseStart) {
        let start = this.shootData.releaseStart;
        let rock = this.shootData.rock;
        let elastic = this.shootData.elastic;
        // 建立石頭到滑鼠 (S 點 ) 的向量
        let vector = Vector.sub(rock.position, start);
        let s_to_rock = Vector.magnitude(vector);
        // 建立彈弓 A 點到滑鼠 (S 點 ) 的向量
        let endVector = Vector.sub(elastic.pointA, start);
        let s_to_a = Vector.magnitude(endVector);
        // 檢查石頭到滑鼠的距離是否還未超過彈弓 A 點到滑鼠的距離
        if (s_to_rock < s_to_a) {
            // 若還沒超過要切的距離，就等一個 tick 再呼叫自己檢查一次
            await wait(1);
```

```
            await this.waitRockBackToAPoint();
        }
    }
}
...
```

這個非同步函式用了一個類似遞迴函式的概念，也就是在發現石頭還飛得不夠遠的時候，我們先等一個 tick，再呼叫自己一次檢查飛行距離。用這個方法，我們就可以把整個等待與完成的程序都寫在僅僅一個函式內，而且非同步的函式不會有一般遞迴可能造成的堆疊溢位（stack overflow），可以放心使用。

有了這個非同步函式，我們就可以替換掉之前我們硬性等一個 tick 切斷橡皮筋的邏輯，改成等待石頭飛得夠遠再切斷橡皮筋。

```
...
private onMouseEndDrag = async () => {
    if (this.shootData) {
        ...
        // 等待石頭飛得夠遠
        await this.waitRockBackToAPoint();
        // 移除白色橡皮筋
        ...
    }
}
```

試玩一下遊戲，發現與之前玩起來的感覺差不多，但是現在的這個邏輯更為有道理了。

🎮 解決重覆拾取石頭的問題 ▷

之前解決了滑鼠能抓取所有物體的 BUG，限制玩家的滑鼠只能與石頭互動，但我們發現在石頭落地後，還是可以用滑鼠將石頭再次撿起來移動，甚至還能直接朝魔王丟出去，這樣豈不是給玩家取巧的密技了嗎。

為了解決這個問題，我們需要在石頭被丟出去後，改變它的過濾器，將它的類別改成和一般物件一樣。

```
...
private onMouseEndDrag = async () => {
    if (this.shootData) {
        // 改變石頭的類別
        const rock = this.shootData.rock;
        rock.collisionFilter.category = 0b01;
        ...
    }
}
...
```

如此一來，在滑鼠放開石頭時，就會把石頭的碰撞類別改回預設值，讓滑鼠無法再次與其接觸。

▷ 9-10 等待世界和平後重新上膛

等等，我們還沒解決玩家只能投石一次的問題呢！怎麼跳到下一節了呢？

因為我們的計畫是在玩家投出石頭之後，先等待物理世界中沒有物體繼續滾動，再讓玩家繼續投石，而這一節的內容就是要來講講，如何等待世界平靜下來的方法。

Matter 引擎提供了讓物體進入睡眠狀態的機制，每個剛體裡面都設有一個進入睡眠前的愛睏時間（sleepThreshold），預設是 60 個 tick（約一秒），當一個剛體的運動量（motion）低到一個程度，就會進入愛睏時間，開始睡前計時，只要剛體持續一秒幾乎沒動，那麼就會正式進入睡眠狀態。

進入睡眠狀態的物體會停止運動，順帶降低物理引擎的計算負荷。可能有同學會問「那麼睡著的物體要等到什麼時候才會醒來？」，答案是當物體的碰撞狀態改變時，引擎就會讓它醒來。比如當另外一個物體飛過來撞到睡眠中的物體，或是原本讓物體躺著的地面移到了別處等等的狀況。

　　打開 **CastleFallsGame.ts** ，我們要在建立物理引擎的時候，把支援物體睡眠的開關打開。

```
...
export class CastleFallsGame extends Container {

    engine = Engine.create({ enableSleeping: true });
    ...
}
```

　　然後再寫一個非同步函式來等待世界中所有的物體都睡著的時刻。

```
...
export class CastleFallsGame extends Container {
    ...
    // 等待所有物體都睡著
    async waitWorldPeace() {
        // 尋找一個沒睡著的物體
        let awaked = this.engine.world.bodies.find(body => {
            return !body.isSleeping;
        });
        if (awaked) {
            // 如果找到就先等一個 tick，再呼叫自己繼續等待
            await wait(1);
            await this.waitWorldPeace();
        }
    }
}
```

　　我們又用了一次非同步的遞迴寫法來實作這個等待的函式。

　　檢查世界中是不是所有物體都睡著的方法很簡單，只要把世界容器裡的所有剛體都拿出來找，看看有沒有醒著的物體，只要找到一個醒著的物體，就代表我們還要繼續等下去。

彈弓重新上膛的時機

我們現在可以來讓彈弓重新上膛了。打開 **Slingshot.ts**，在 onMouseEndDrag 函式的最後等待世界睡著，再讓石頭重新上膛。

```
...
private onMouseEndDrag = async () => {
    if (this.shootData) {
        ...
        // 等待世界睡著
        await this.game.waitWorldPeace();
        // 將新石頭上膛
        this.loadRock();
    }
}
```

完成後，我們就可以在遊戲視窗中，試試把石頭射出去，等待物體們全都睡著，看看彈弓會不會重新上膛新的石頭。

▲ 圖 9-25　發射第二顆石頭

Matter 的除錯繪圖器在畫物體的時候，會將睡著的物體變成半透明，所以我們可以很容易看到物理世界裡各個物體睡眠狀態的改變。

▷ 9-11　重擊魔王

玩家應該在魔王遭受重擊後通關，因此這一節就來看看，如何監聽魔王遭受重擊的事件。

要監聽魔王遭受重擊的事件，就要監聽所有物理世界的碰撞事件，因此我們要先寫個函式來設定整個監聽系統。這邊先講一下監聽需要引用的功能以及監聽函式的設計方向。

在本章的前幾節介紹 Matter 引擎的時候，有提到碰撞事件的監聽系統，我們在這兒要監聽其中的「碰撞活動（collisionActive）」事件，因為這個事件會帶有衝撞力量的資訊。

監聽碰撞事件

打開 **CastleFallsGame.ts**，在最後加上設定監聽系統的新函式 setupCollisionListener。

```
...
private setupCollisionListener(): void {
    Events.on(
        this.engine,
        'collisionActive',
        (event: IEventCollision<Engine>) => {
            // 取得碰撞事件中一對一對的物體
            for (let pair of event.pairs) {
                console.log('-- 撞碰事件 --');
                const objA = pair.bodyA;
                const objB = pair.bodyB;
                const maObjA = this.objects[objA.id];
                const maObjB = this.objects[objB.id];
                // 呼叫各自的受撞函式，並以對方作為參數
```

```
                maObjA.onCollisionActive(maObjB, pair);
                maObjB.onCollisionActive(maObjA, pair);
            }
        });
    }
    ...
```

在監聽到碰撞事件時，可以得到引擎給的事件資料 **event: IEventCollision**，裡面包含了一個 pairs 陣列，每一對發生碰撞的物件都會被放進這個陣列。

我們從一對碰撞組合中，可以取得碰撞的兩個剛體，然後再從剛體的 id 去遊戲的 objects 資料撈出對應的兩個 MatterObject。找到 MatterObject 後，呼叫它們各自受到撞擊的函式，並以對方作為函式的參數。當然，這個函式還沒寫出來，所以現在在 Problems 面板會看到錯誤。

那麼我們就打開 **MatterObject.ts**，補上這個受撞擊的回應函式吧。

```
import { ... Pair } from "matter-js";
...
export class MatterObject extends Container {
    ...
    onCollisionActive(other: MatterObject, pair: Pair) {
        // 處理碰撞
        console.log(this.type + " 撞到了 " + other.type);
    }
}
```

至於如何處理碰撞，我們等一下再回來寫。

再回到 **CastleFallsGame.ts**，在遊戲的建構子呼叫先前寫好的 setupCollisionListener 函式，啟動碰撞事件的監聽。

```
...
export class CastleFallsGame extends Container {
    ...
```

```
constructor(public gameApp: CastleFalls, public level: number) {
    ...
    // 監聽碰撞事件
    this.setupCollisionListener();
}
...
```

然後順便在這個類別裡加上遊戲結束需要呼叫的函式備用。

```
...
async gameover() {
    // 等一下寫
}
```

由於遊戲結束後，要顯示破關訊息等需要等待的步驟，所以我們把這個函式宣告為非同步函式（async function）。

完成後試玩遊戲，就能在 Console 面板看到類似下方的除錯訊息。

```
-- 撞碰事件 --
ground 撞到了 brick
brick 撞到了 ground
-- 撞碰事件 --
ground 撞到了 boss
boss 撞到了 ground
-- 撞碰事件 --
brick 撞到了 rock
rock 撞到了 brick
```

測試完畢後，記得把剛剛測試用的 console.log() 都先註解掉，才不會讓 Console 被碰撞事件洗板。

🎮 檢查碰撞力道 ▶

打開 **MatterObject.ts**，我們要在 onCollisionActive 函式中，檢查碰撞的物體是不是魔王，以及碰撞產生的衝撞力道是不是足夠大到將魔王打倒。

```
...
onCollisionActive(other: MatterObject, pair: Pair) {
    // 處理碰撞
    //console.log(this.type + " 撞到了 " + other.type);
    if (this.type == 'boss') {
        let impulse = 0;
        for (let contact of pair.activeContacts) {
            impulse += Math.abs(contact.normalImpulse);
        }
        if (impulse > 50) {
            this.destroy();
            this.game.gameover();
        }
    }
}
...
```

在這個函式裡，我們先檢查這個物體是不是魔王，如果是魔王才要檢查衝撞力道。

Matter.js 官方並沒有直接提供碰撞的衝力，所以我們需要自己算。我們先找到碰撞配對（pair）裡的有效碰撞點（activeContacts）陣列，然後把碰撞點上的法向量衝力（normalImpulse）的絕對值加起來，充當碰撞的衝力。如果這個力量大於 50，代表衝擊力夠大，此時就將魔王自己銷毀，並讓遊戲結束。

這裡要注意的是，我們計算的衝擊力是利用 Matter.js 在內部進行物理計算時遺留下來的快取資料，並無法精確反應真正的衝擊力，不過對於我們的小遊戲而言已經足夠了。

魔王消失動畫

我們現在要在魔王消失的地方加上一個煙霧動畫，讓魔王的消失不會給人感覺突兀。

繼續在 **MatterObject.ts** 的最後加上新函式。

```
...
import poofGif from "../images/poof.gif";
import { gifFrom } from "../lib/PixiGifUtils";
...
    ...
    private async playPoofGif(position: Vector) {
        // 自動播放 poof.gif 動畫，並在播放結束時自我銷毀
        let gif = await gifFrom(poofGif, {
            animationSpeed: 2,
            loop: false,
            autoPlay: true,
            onComplete: () => {
                gif.destroy();
            }
        });
        // 調整軸心到動畫的中心點
        gif.pivot.set(gif.width / 2, gif.height / 2);
        // 將動畫縮小一點
        gif.scale.set(0.6);
        // 移動至參數指定的位置
        gif.position.copyFrom(position);
        // 圖層調高，才不會被其他物件遮住
        gif.zIndex = 10;
        // 將動畫放到遊戲容器裡
        this.game.addChild(gif);
    }
    ...
```

函式寫好後，我們回到剛剛讓魔王消失的地方，插入這個函式。

```
    ...
    onCollisionActive(other: MatterObject, pair: Pair) {
        ...
        if(this.type == 'boss') {
            ...
            if (impulse > 50) {
                // 魔王自我銷毀 / 播放動畫 / 遊戲結束
                this.destroy();
                this.playPoofGif(this.body.position);
```

```
            this.game.gameover();
        }
    }
}
...
```

加上這些程式碼後，當魔王被石頭打中，就會變成一團煙霧，然後消失不見。

▲圖 9-26　魔王被擊中消失

寫到這裡，可能同學已經注意到，在 Problems 面板出現了一個和 onCollisionActive 函式有關的小警告。

▲圖 9-27　onCollisionActive 出現警告

意思是在 onCollisionActive 的參數中宣告了 other 參數，但是這個參數卻完全沒有被使用到。TypeScript 不喜歡我們宣告一個用不到的東西，但問題是我們不想把這個參數取消，因為未來若是要為遊戲增加更多互動機制時，很有可能會用到這個參數。

解決的方法很簡單，我們只要把這個參數的名字加上一個底線 _ 的前綴，TypeScript 就不會再針對這個問題發出警告了。

```
onCollisionActive(_other: MatterObject, pair: Pair) {
    ...
}
```

遊戲結束

接著要處理 **CastleFallsGame.ts** 裡面的 gameover 函式。我們將在這個函式裡顯示一段破關的文字，然後結束遊戲，並重新打開選關畫面。

```
...
async gameover() {
    // 取得遊戲舞台尺寸
    const stageSize = getStageSize();
    // 建立過關文字
    let text = new Text("The Castle has Fallen", {
        fontSize: 32,
        fill: 0xFFFFFF,
        stroke: 0x000000,
        strokeThickness: 5,
    });
    // 調整軸心至文字中心
    text.pivot.set(text.width / 2, text.height / 2);
    // 移動文字至畫面中心
    text.position.set(stageSize.width / 2, stageSize.height / 2);
    // 拉高顯示圖層
    text.zIndex = 100;
    // 加入遊戲容器
    this.addChild(text);
```

```
    // 等待 180 個 ticks(約三秒)
    await wait(180);
    // 銷毀遊戲
    this.destroy();
    // 重新打開選關畫面
    this.gameApp.openLevelsUI();
}
...
```

按這函式的邏輯，在遊戲結束後，我們就可以看到「魔王城陷落」的文字在畫面正中央，然後再等個三秒，遊戲就會切換至選擇關卡的畫面。

這樣是不是很棒！不夠棒？那麼我們在這個文字上再加點動畫好了。

▷ 9-12 屬性動畫函式庫 Tween.js

雖然上一節還沒結束，但是為了推崇 Tween.js 的地位，這邊特別加開一節來介紹這個好用的函式庫，Tween.js（在 npm 裡註冊的名字是 @tweenjs/tween.js）。

下面簡單示範一段使用 Tween.js 讓一個物件從 A 點滑到 B 的點的程式。

```
// 假設我們有一個繪圖器 sprite
let sprite = new Sprite();
// 定義我們要讓繪圖器移動過去的目標位置
let target = new Point(80, 60);
// 接著用 Tween 產生繪圖器滑到目標的動畫
new Tween(sprite)
    .to({x: target.x, y: target.y}, 2000) // 屬性目標及動畫時間
    .easing(Easing.Cubic.InOut) // 以三次方函數淡入與淡出
    .delay(1000) // 先等待一秒再開始變化
    .start() // 動畫開始
    .onComplete(() => { // 動畫結束時要回呼的函式
        console.log("動畫結束");
    });
```

從這段程式就能看出 Tween.js 的好用與其強大之處。

首先建立一個 **Tween** 物件，並在建構子指定需要變化的物件主體，也就是 sprite。

然後用 to() 設定物件主體的 x 屬性要變化到 target.x，而它的 y 屬性也要變化到 target.y。第二個參數設定整個變化的過程為 2000 毫秒（也就是 2 秒）。

接著設定淡入淡出的方法。Tween.js 內建了非常多淡入淡出的方法，包括線性（Linear）、三次方函數（Cubic）、彈跳球（Bounce）、橡皮筋（Elastic）等等。設定時，可以選擇要淡入（In）、淡出（Out），還是要淡入加淡出（InOut）。

再下來可以設定動畫開始時，要不要先等待一段時間再讓物體的屬性進行變化。在上面的示範程式裡設定了 1 秒的等待。

最後呼叫 Tween 的 start() 函式，讓動畫開始播放。

我們還能用 **.onComplete(callback)** 設定動畫播放完畢時要呼叫的回呼函式。

大致瞭解了 Tween.js 的使用方法後，我們先不急著把程式寫進遊戲裡，下面要從函式庫的安裝開始講起。

安裝 Tween.js

在終端機（Terminal）中輸入以下指令。

```
npm install @tweenjs/tween.js
```

安裝完畢後，package.json 裡面就會多了這個函式庫的版本資訊。

```
{
  ...
  "dependencies": {
```

9-12 屬性動畫函式庫 Tween.js

```
    ...
    "@tweenjs/tween.js": "^18.6.4",
    ...
  }
}
```

這個函式庫支援 TypeScript 的型別，不需要另外加裝型別庫。

啟動函式庫的更新引擎

雖然上面有稍微示範一下 Tween.js 的用法，不過其實在實際使用 Tween.js 的工具之前，先要布置 Tween.js 的更新循環。因為 Tween.js 是個讓物件屬性隨時間產生變化的動畫函式庫，因此一定有某個地方要每幀去讓函式庫更新它的內部運轉機制。

Tween.js 提供了一個靜態的更新函式 **update(currentTime)** 來進行更新，我們只要選擇一個方法，讓 Tween.js 每隔一小段時間，或是每個 tick 都去呼叫它的 update 函式，那麼 Tween.js 就會運轉起來，之後我們建立新的 Tween 物件並執行它的 start()，Tween.js 引擎就會在內部更新的時候，讓這些 Tween 跟著動起來。

記得我們在第七章有寫過一個等待管理員（WaitManager），專門幫我們管理需要等待時間的非同步機制。Tween.js 是設定時間來播放一段需要等待物件屬性變化的工具，和等待有異曲同工之處，因此把 Tween.js 的定時更新放在等待管理員可説是最好的安排。

打開 **src/lib/WaitManager.ts**，在管理員的 update() 函式的最後，呼叫 Tween.js 的更新函式。

```typescript
import { update } from "@tweenjs/tween.js";
...
export class WaitManager {
    ...
    private update(dt: number) {
```

9-101

```
        ...
        // 呼叫 Tween.js 的更新函式
        update(performance.now());
    }
    ...
}
```

這樣就完成更新布署啦！

不過回頭看看我們之前寫的 Tween.js 示範函式，要利用 **Tween.onComplete(callback)** 設置回呼函式，才能在回呼函式裡得知動畫播放完畢。這樣的寫法非常地不 ES6，我們要想個辦法把這樣的回呼函式改成 ES6 的非同步樣式。

☯ 提供非同步樣式的等待 ▶

先前我們在 **src/main.ts** 裡寫了個 **wait(ticks)** 的函式，可以非同步地等待 ticks 的流逝。現在我們要在這個函式的下方加上新函式，用來等待 Tween 動畫的播放完畢。

打開 **src/main.ts** ，找到我們定義 wait(ticks) 的地方，在下面加上新函式 waitForTween(tween)。

```
...
import { Tween } from '@tweenjs/tween.js';
...
/**
 * 等待 Tween 播放完畢
 */
export function waitForTween(tween: Tween<any>) {
    return new Promise<void>((resolve) => {
        tween.onComplete(resolve);
    });
}
...
```

這函式裡新建了一個用來作非同步的承諾（Promise），然後在 tween.onComplete() 裡，將承諾兌現時需要呼叫的 resolve 函式塞給 onComplete 作為回呼函式，這樣就完成了。

工具都準備好嘍，快回遊戲裡試一試吧！

彈出文字

打開 **CastleFallsGame.ts** ，在 gameover() 函式中等待三秒的程式碼之前，加上 Tween 的動畫。

```
import { ... waitForTween } from "../main";
import { Easing, Tween } from "@tweenjs/tween.js";
...
    ...
    async gameover() {
        ...
        // 先將文字縮小至 0.1
        text.scale.set(0.1);
        // 利用 Tween，在兩秒內放大至原尺寸
        let tween = new Tween(text.scale)
            .to({ x: 1, y: 1 }, 2000)
            .easing(Easing.Elastic.Out)
            .start();
        // 等待 Tween 動畫完成
        await waitForTween(tween);
        // 再等待 180 個 ticks( 約三秒 )
        await wait(180);
        ...
    }
    ...
```

經過這一波操作，遊戲結束的時候就能看到一個文字從畫面中間跳出來，告訴我們過關了。

▷ 9-13 遊戲記錄與關卡解鎖

現在整個遊戲已經幾乎完成，不過第二關和第三關是空的，我們還沒有建立後兩關的物理世界。

複製 **public/castle-falls/level_1.json** 的檔案內容，建立 level_2.json 與 level_3.json，讓玩家可以進入第二關以及第三關。當然，同學們請發揮自己的設計才能，把這兩個關卡設計得難一點，讓魔王可以在城堡裡安心地喝茶。

玩家在進入選擇關卡的畫面時，可以挑選進入第一關、第二關或是第三關，但真的遊戲沒那麼簡單，一開始應該只能有第一關可以選，隨著第一關魔王的城堡被攻陷，第二關才會解鎖。在第二關被攻破之後，才能進入第三關。

那麼這樣的上鎖機制要怎麼實現呢？

🎮 遊戲記錄 ▷

我們需要寫一個新的類別來記錄遊戲的進度。

新增檔案 **src/castle-falls/CastleFallsRecord.ts** ，在檔案裡宣告一個介面，用來描述一個關卡記錄的資料結構。

```
export interface LevelRecord {
    cleared: boolean;
}
```

由於我們目前只需要知道玩家在某個關卡是否曾經通關，所以只需要一個布林屬性來記錄。以後也許同學會想加入關卡分數、通關時間等等資料，到時再回頭來這裡加屬性就行了。

接著寫整個遊戲的記錄類別。

```
...
export class CastleFallsRecord {
    // 記憶體中暫存遊戲記錄的物件
    private levelRecords: { [key: string]: LevelRecord } = {}

    constructor() {
        this.load();
    }
    // 讀取先前的遊戲記錄
    private load(): void {
        // 等一下寫
    }
    // 儲存遊戲記錄
    private save(): void {
        // 等一下寫
    }
    // 記錄關卡
    public setLevelRecord(level: number, record: LevelRecord): void {
        this.levelRecords[level] = record;
        this.save();
    }
    // 檢查某關是否已通關
    isLevelCleared(level: number): boolean {
        // 等一下寫
    }
    // 檢查某關是否已解鎖
    isLevelUnlocked(level: number): boolean {
        // 等一下寫
    }
}
```

　　整個類別主要就是圍繞在 levelRecords 這個通用物件，用來儲存關卡對應的記錄資料。在建構子中利用 load() 從硬碟讀取先前遊玩時的通關記錄，放在 levelRecords。在 setLevelRecord 時，除了改變 levelRecords 裡的資料，還要把這個資料儲存到玩家的硬碟，供下次遊玩時可以讀取記錄。

　　在網頁遊戲中，我們能利用瀏覽器提供的 localStorage 來儲存玩家的記錄到硬碟裡。

　　同學可能會以為我們要用 cookie 來存取資料，但是使用 cookie 會有幾項缺點，第一是 cookie 的儲存空間只有 4KB，相較之下，localStorage 有著 5MB 的儲存空間，用來儲存遊戲進度可說是綽綽有餘。

　　使用 cookie 的第二個缺點，是每次在與伺服器溝通時，遊戲網頁上的 cookie 都要跟著連線資料，一起在客戶端與伺服器之間跑來跑去，拖慢連線的速度，也對網路資源造成不必要的浪費。會有這樣的問題，是因為 cookie 當初就是設計來簡化客戶端與伺服器之間的溝通效率，並不是用來為遊戲儲存進度，這種屬於純客戶端的功能。

　　localStorage 與 cookie 不同，是個純客戶端的儲存空間，自 2009 年 Safari 率先支援後，經過十多年的發展，現在已經是所有瀏覽器的標準配備了。

　　使用 localStorage 的方法很簡單，我們先把 save() 給實作出來。

```
...
private save(): void {
    let rawData = JSON.stringify(this.levelRecords);
    localStorage.setItem('cfRecords', rawData);
}
...
```

　　函式中我們首先把遊戲進度（levelRecords）用瀏覽器內建的 JSON 工具轉換成字串，然後再使用 localStorage.setItem(key, value) 把這個字串存入一個名叫 cfRecords 的儲存空間裡。

　　接著再來寫 load()，把資料讀取出來的函式。

```
...
private load(): void {
    let rawData = localStorage.getItem('cfRecords');
    if (rawData) {
        this.levelRecords = JSON.parse(rawData);
```

```
        } else {
            this.levelRecords = {};
        }
    }
    ...
```

我們使用 localStorage 的 getItem(key) 函式，從名叫 cfRecords 的儲存空間中，把字串從電腦中給提出來。如果取得的值不是空的，那麼就把這個字串用 JSON 工具還原成通用物件。否則，當取得的值是空的，代表先前沒有遊戲記錄，我們就把 levelRecords 初始化成一個空的通用物件。

再下來就要寫遊戲鎖關的邏輯了。先寫檢查某關是否已通關的函式。

```
...
isLevelCleared(level: number): boolean {
    let record = this.levelRecords[level];
    if (record) {
        return record.cleared;
    } else {
        return false;
    }
}
...
```

邏輯很簡單，就是去 levelRecords 物件裡取得某關的記錄，如果記錄是存在的，那就看看裡面是否已通關的值（cleared），否則沒有這關的記錄的話，自然就應該回傳 false 了。

不過上面這麼多行其實可以縮減成兩行。

```
...
isLevelCleared(level: number): boolean {
    let record = this.levelRecords[level];
    return record && record.cleared;
}
...
```

利用 **&&** 與 **||** 可以簡化非常多 JavaScript 的語法。我們來分析一下包含 **&&** 的這一行到底是怎麼一回事。

首先如果 record 是空的，那麼 record 就相當於 false，所以在 **&&** 後面的程式就不會被執行，而會直接回傳 record 的值（undefined），也就相當於回傳了 false。

如果 record 不是空的，那麼程式就需要執行 **&&** 後面的程式碼，因此函式就會回傳 record.cleared 的值。

按這樣的邏輯，不管 record 是不是空的，這一行程式回傳的都是我們所期望的正確值。只用一行來表達的程式，是不是很帥。

接著來寫檢查某關是否已解鎖的函式。

```
...
isLevelUnlocked(level: number): boolean {
    return level == 1 || this.isLevelCleared(level - 1);
}
...
```

先看看要檢查的關卡是不是第一關，如果是第一關就回傳 true，因為第一關預設必須開啟的。否則若檢查的是第二關或更後面的關卡，就利用剛剛寫好的 isLevelCleared() 來檢查上一關是否已通關。

按這邏輯，第一關是預設開啟的，第二關必須等待玩家通過第一關才會開啟，而第三關則必須等通過第二關才會開啟。

儲存通關記錄

用來記錄遊戲進度的類別寫好了，現在要回遊戲本身把記錄實體建立起來，並在遊戲結束時利用它儲存進度。

打開 **CastleFalls.ts**，把記錄的物件放在這裡面。

```
...
import { CastleFallsRecord } from "./CastleFallsRecord";
...
export class CastleFalls {
    // 遊戲進度的記錄物件
    record = new CastleFallsRecord();
    ...
}
```

這樣一來，在遊戲的一開始，record 物件就被建立起來了，而 record 物件的建構子會自動呼叫 load()，把 localStorage 裡的資料還原成遊戲記錄。

接著打開 **CastleFallsGame.ts**，在 gameover() 函式裡儲存遊戲進度。

```
...
async gameover() {
    // 儲存遊戲進度
    this.gameApp.record.setLevelRecord(
        this.level,
        {
            cleared: true
        }
    );
    ...
}
...
```

邏輯很順吧！

⚫ 將關卡上鎖 ▶

雖然進度已被記錄了，但選擇關卡的畫面還沒有依據進度把關卡上鎖。

打開 **LevelsUI.ts**，在建構選關按鈕的時候，要根據關卡的上鎖與否，來變更按鈕的屬性。

```
...
constructor(public gameApp: CastleFalls) {
    ...
    // 建構選關按鈕
    const maxLevel = 3;
    for (let lv = 1; lv <= maxLevel; lv++) {
        let button = this.createLevelButton(lv);
        if (!gameApp.record.isLevelUnlocked(lv)) {
            button.interactive = false;
            button.alpha = 0.5;
        }
    }
}
...
```

我們用一個變數 button 來接住 createLevelButton 函式建立好的關卡按鈕，然後經由 record 物件去查看按鈕所屬的關卡是否為上鎖的狀態，如果要上鎖的話，就將按鈕的互動機能（interactive）取消，並讓按鈕呈半透明。

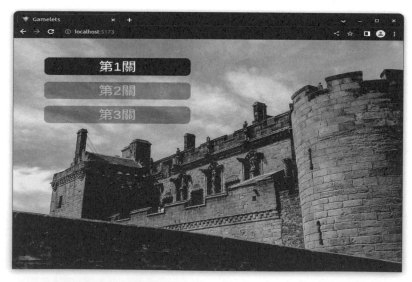

▲ 圖 9-28　上鎖的關卡

經由這樣的處置，玩家就能看得出哪些關卡可以選，哪些關卡還在上鎖的狀態。

▷ 9-14 回顧與展望

在這一章，我們雖然主要是圍繞在物理引擎的探索，以及物理引擎和 Pixi 整合的技巧，不過其實還學了很多雜七雜八的工具，加速我們製作遊戲的進程並開拓我們對程式設計的視野。

- 選關與遊戲的流程設計
- Pixi 簡易按鈕函式庫
- Matter.js 物理引擎
- 物理碰撞的事件監聽
- 投石器的製作
- Tween.js 動畫函式庫
- 儲存遊戲進度的方法

當然，這個遊戲只是在雛型階段，還有很多地方可以讓同學向前發展。以下列出一些方向給同學參考。

限制丟石次數

一般這種憤怒鳥遊戲，會限制玩家能夠丟石的次數，次數一到就遊戲結束，重來一遍。

當然，如果加入這些功能，就需要再增加遊戲中的介面元素，以顯示遊戲中的狀態。

得分系統

目前關卡的記錄只有通關與未通關。同學可以設計一套得分系統，比如打中木頭得一分，打中鐵塊得兩分之類的規則。

有了得分系統，玩家在通關後，就有再玩一次的動機，增加遊戲的壽命。

研究更多的物理引擎

Matter.js 是網頁遊戲中非常熱門的物理引擎，效能好、容易入門而且社群活躍，不過還是建議同學可以涉獵不同的物理引擎，尤其推薦 Box2D。

雖然物理引擎都大同小異，但是如同 Box2D 那麼功能完整的函式庫，可以幫助我們有效地構築更為複雜的物理世界，並且還能更加細膩地設計玩家和物理世界之間的互動。

本章網址匯總

◢ https://github.com/haskasu/book-gamelets/tree/main/src/images
圖 9-29　圖片資源

◢ https://github.com/haskasu/book-gamelets/tree/main/src/sounds
圖 9-30　音效資源

◢ https://opengameart.org/content/backgrounds-for-2d-platformers
圖 9-31　關卡背景圖的來源網頁

◢ https://rubybirdy.itch.io/ab-web-collection

圖 9-32 關卡元素材質的來源網頁

◢ https://google.github.io/liquidfun/

圖 9-33 LiquidFun 物理引擎

第 **10** 章

發布遊戲

前幾章已經完成了好些遊戲，現在是時候把遊戲放上網站，歡迎世界各地的朋友們前來品評一番了！

這一章的前半部將教會同學如何將我們在 VS Code 裡開發的遊戲包裝起來並放到伺服器上，讓玩家們通過一個網址就能玩到我們的遊戲。

後半部將教會同學把網頁遊戲變成手機遊戲，讓玩家可以安裝在安卓（Android）手機上，隨點隨玩。

▷ 10-1　將遊戲包裝為成品

其實在第二章已經稍微提過將遊戲包裝為成品的方法，這裡我們再正式介紹一次這些包裝工具。

在 Terminal 輸入以下指令。

```
npm run build
```

這行指令是請 npm 幫我們執行（run）建立成品（build）的工作，這個 build 工作可以在 package.json 裡找到。

```
{
    ...
    "scripts": {
        ...
        "build": "tsc && vite build",
        ...
    }
}
```

所以執行 build 工作就是先執行 **tsc** 再執行 **vite build** 的意思。

tsc 是 TypeScript 提供的指令，它會按著 **tsconfig.json** 裡的設定，幫我們把用 TypeScript 寫成的原始碼，轉換成實際能在瀏覽器上執行的 JavaScript。不過由於 Vite 幫我們建立的 tsconfig.json 中，夾著 **"noEmit":**

true 的設定，所以在執行 tsc 時，只會檢查我們的程式裡有沒有錯誤，最後並不會將翻譯好的 JavaScript 儲存成檔案，也就是說，我們執行這個指令，純粹用來檢查語法找錯誤。

　　vite build 則是實際幫我們把整個專案包裝起來的指令，包括把 TypeScript 翻譯成 JavaScript、安排成品的目錄結構、匯出所有用到的圖片與音效資源，並在每個資源的檔名中插入一段隨機字串。

　　最後輸出的成品會放在 **dist/** 目錄，包括兩個主要檔案與兩個資料夾。

```
dist
├── assets
│   ├── astroid.add95531.png
│   ├── cannonballs.89bc629e.png
│   ├── ...
│   ├── index.437d802f.js
│   ├── index.b7c4482e.css
│   └── ...
├── castle-falls
│   ├── level_1.json
│   ├── level_2.json
│   └── level_3.json
├── index.html
└── vite.svg
```

　　其中 **index.html** 是乘載所有檔案資訊的網頁檔，也是遊戲網址指向的主檔案，其內容是以專案根目錄中的 index.html 為範本改編得來的，所以如果要改變它的內容，不要直接改 **dist/index.html** ，而應該去編輯專案根目錄下的 **index.html** ，然後再重新跑一次 **npm run build** 才是正確的作法。

　　vite.svg 則是遊戲網頁的頁面圖標，會出現在瀏覽器的分頁標題的左上角。它是從專案中 **public** 目錄下的 **vite.svg** 複製而來的。

▲ 圖 10-1　瀏覽器分頁的網頁圖標

同學可以試著製作一個正方形的圖案來取代 **public/vite.svg**。如果檔名不一樣，比如新的頁面圖標是 **favicon.png**，那麼要去 index.html 裡，把 vite.svg 改成新的檔名。

```
...
    <link rel="icon" type="image/png" href="/favicon.png" />
...
```

這裡要注意，如果圖檔改成 png，那麼這一行 <link> 的 **type** 也要改成對應的類型。

可能同學也看出來了，整個 **public** 目錄裡的所有檔案都會被複製到成品 **dist/** 的目錄中，因此在成品中會有我們放在 public 內的 castle-falls 資料夾。

最後來看看成品的 **assets/** 目錄，裡面的檔案都是原本放在 **src/** 裡的內容，包括所有的 TypeScript 程式碼，經過 Vite 的翻譯與最佳化，最後會組成一個單一的檔案，放在 index.xxxxx.js 裡面（這裡的 xxxxx 是組隨機字串，每次匯出成品時都不一樣）。

在 **assets/** 裡的所有檔案，它們的檔名都被插入一段隨機的字串，而且這些隨機字串在每一次匯出的成品中都會改變，這是因為要預防檔案內容被瀏覽器快取。

快取（cache），是當瀏覽器在瀏覽網頁時，將載入的頁面資料儲存在客戶端的電腦裡。當下次瀏覽到同樣的網址（URL）時，如果發現之前有快取（cache）過這一筆資料，那就不用向伺服器索取檔案內容，直接把快取的資料拿來用，以加快網頁載入的時間，並減少網路資源的使用。

想想看，如果在遊戲改版更新時，檔名不作變化，那麼上傳新版本到伺服器後，雖然在伺服器上覆蓋了原本的檔案，但是瀏覽器不知道檔案有了變化，還是使用客戶端快取住的內容，那玩家就可能看不到新版本所做的改變。

雖然 Vite 幫我們把容易變動的檔案名稱都加了隨機字串，但是有一個檔案無法用改檔名的方法繞過快取，就是網頁的主檔 **index.html** 。我們必須確保 **index.html** 不能被瀏覽器快取住，不然 Vite 所作的這些努力就都被白費了。

🎮 避免網頁主要檔案被快取 ▷

我們打開專案中的 **index.html** ，可以看到 HTML 檔案主要由兩大部分所組成，<head> 與 <body>。

其中的 <head> 是用來放網頁相關的標籤以及需要預先載入的內容等。這裡面也有設定網頁圖標（link icon）以及網頁標題（title）的地方，同學可以依喜好自行修改。而 <body> 則是放置網頁內容的區塊。

我們要在 <head> 中插入一行 meta，讓瀏覽器知道這個檔案不要被快取。

```
...
    <head>
        <meta http-equiv="Cache-control" content="no-cache">
        ...
    </head>
...
```

加上這一行後，再重新執行 **npm run build** ，就可以看到匯出的成品裡，index.html 的內容也被加上了這一行，到時檔案上傳到伺服器，當玩家逛到這個遊戲網頁時，瀏覽器看到這一行快取控制（Cache-control）的設定，就知道這個檔案不想被快取。

🎮 避免關卡設定檔被快取 ▷

在第九章的遊戲中，我們將三個關卡的設定資料放在 public 目錄下，這些檔案並沒有隨機字串機制的保護，被原封不動地複製到成品裡，因此很有可能被瀏覽器快取住。

要避免檔案被快取的方法有很多，這邊提供一個常見的作法，就是在讀取檔案時，在檔案的 URL 後面加入 query 字串。

打開 **src/castle-falls/CastleFallsGame.ts**，我們要在載入關卡的地方動點手腳。

```
...
export class CastleFallsGame extends Container {
    ...
    async loadLevel(level: number) {
        let url = '/castle-falls/level_${level}.json';
        url += '?time=' + Date.now();
        ...
    }
    ...
}
```

這樣第一關（level 為 1）的 JSON 檔就會是類似這樣的網址：
/castle-falls/level_1.json?time=1677246586

其中的 time 是當時的電腦時間（timestamp），因此每次遊戲時都會用不同的 URL 去讀取資料，也就沒有了快取的問題。

🎮 上傳成品的限制 ▶

完成以上的變動，我們就可以把 **dist/** 裡的所有檔案與資料夾都上傳到伺服器上，讓網友們來玩了。

不過以上的作法有一點限制，當我們上傳成品到伺服器時，只能放到網站的根目錄，比如說我們租了一個網頁空間，網域是 **my-site.com**，那麼遊戲的所有檔案一定要放在根目錄，不能放到類似 **my-site.com/games/game1/** 的目錄。

會有這個限制，是因為在 Vite 幫我們匯出成品後，所有在遊戲中讀取檔案的 URL，都會以 **/** 作為網址的開頭，代表強迫以絕對路徑來尋找檔案的位址。但若是實際的遊戲目錄不在網站的根目錄下，那麼以絕對路徑就會有找不到檔案的困境。

　　當然，這個絕對路徑的網址雖然是個問題，但我們有解決的方法，晚點再來詳解。

▷ 10-2　在 Github 上發布遊戲

　　現在租個網站空間其實不貴，每個月一、兩百塊台幣就可以租到品質過得去的地方。不過如果同學不想花錢在這上面，那麼還有許多免費的資源可以發布我們做好的遊戲，Github 就是其中一個選項。

　　要在 Github 上發布遊戲，首先當然是要先去 https://github.com/ 申請一個帳號。以下以我的帳號 (haskasu) 為例來示範流程。

◖ 建立專案空間 ▮

　　下圖是我登入 Github 之後的畫面，綠色的 New 按鈕可以帶我們去新增一個專案空間（Repository）。

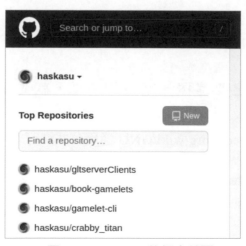

▲ 圖 10-2　Github 的個人首頁

在建立專案空間時，先填寫專案的名字，我這邊輸入 **book-gamelets-dist**，但同學應該取一個屬於自己的專案名。

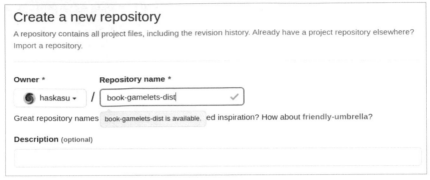

▲ 圖 10-3　在 Github 建立專案空間

然後在下面選擇一種授權方法（LICENSE）。

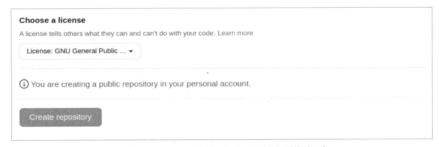

▲ 圖 10-4　在 Github 選擇授權方法

|||| 同學若不確定要選擇什麼授權方法，就先選擇 GNU General Public License v3.0 吧，詳細的授權內容可參考 wiki：https://zh.wikipedia.org/wiki/GNU 通用公共許可

最後點擊 **Create repository** 按鈕，把新專案給建立起來，完成後就會前進至新專案的網頁。

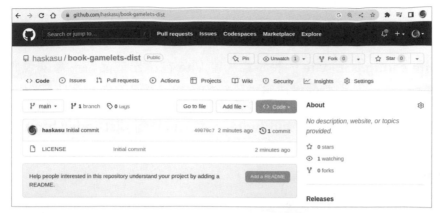

▲ 圖 10-5　空的 Github 專案首頁

接著要做的事有兩個，一是上傳我們匯出的遊戲檔案，二是利用 Github Page 發布網頁的功能把專案內容發布出去。

不過按我們剛剛的設定，最後遊戲的網址會被發布在 **https://haskasu. github.io/book-gamelets-dist/** ，這個網址是由 github、我的帳號（haskasu）與專案代碼（book-gamelets-dist）共同組合而成。

遊戲發布在這兒，網址並不是網站的根目錄，那不就會遇到上一節所講的絕對路徑的問題嗎？也就是當 index.html 去尋找 **/assets/index.xxxxx. js** 的時候，會找不到檔案，因為 assets 目錄裡的檔案要在 **/book-gamelets-dist/assets/** 裡面才找得到。

Vite Config

為了要解決目錄的問題，我們要改變 Vite 在建立成品時使用的參數。

在專案的根目錄裡增加一個新檔案 **vite.config.js** ，並在裡面將根目錄設定為相對路徑。

```javascript
// vite.config.js
import { defineConfig } from 'vite'

export default defineConfig({
```

```
    base: './',
})
```

vite.config.js 是 Vite 的設定檔，當 Vite 在匯出成品時，會依我們在設定檔裡指示的，把遊戲的根目錄由預設的絕對路徑 **/** 改為相對路徑 **./** 。

實際再執行一次 **npm run build** ，就可以看到 **dist/index.html** 裡面夾著的圖標（vite.svg）、js、css 等檔案位址都被改成相對路徑了。現在我們愛把遊戲放哪個目錄就放哪個目錄！

咦，其實不太對，記得我們在第九章製作遊戲的時候，有讀取放在 public 資料夾裡的關卡設定檔嗎？我們把 **src/castle-falls/CastleFallsGame.ts** 打開看一下之前是怎麼寫的。

```
...
export class CastleFallsGame extends Container {
    ...
    async loadLevel(level: number) {
        let url = '/castle-falls/level_${level}.json';
        url += '?time=' + Date.now();
        ...
    }
    ...
}
```

從程式碼中可以知道，第一關的設定檔會是類似這樣的 URL：/castle-falls/level_1.json?time=1677246586 這同樣會遇到絕對路徑的問題，因此也要改一改才行。

在程式中要得到遊戲的根路徑，就是使用 **import.meta.env.BASE_URL** 這個內建的變數。我們把這個遊戲的根路徑加在網址的最前面，就可以同步解決絕對路徑的問題。

```
...
export class CastleFallsGame extends Container {
```

```
...
async loadLevel(level: number) {
    let baseUrl = import.meta.env.BASE_URL;
    let url = 'castle-falls/level_${level}.json';
    url = baseUrl + url + '?time=' + Date.now();
    ...
}
...
}
```

這裡要注意一點，就是 baseUrl 的最後面已經帶有一個 / 了，所以接在後面的 url 不要再以 / 開頭，這樣的它們加在一起才會是正確的網址路徑。

如此一改，我們的遊戲就真的可以愛放哪兒就放哪兒了。

上傳檔案到 Github

首先我們重新匯出成品一次，確保我們的成品是最後改動後的結果。然後回到 Github 上，打開我們剛剛建立的專案（Repository）網頁，從介面中找到 **Add File** 按鈕下的 **Upload Files**。

▲ 圖 10-6　上傳檔案至 Github 專案

接著 Github 就會帶我們到一個新頁面，讓我們可以把檔案丟進專案裡進行上傳。

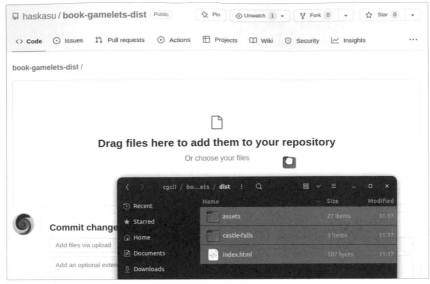

▲ 圖 10-7　拖拉檔案至 Github 專案

　　這個介面非常方便，我們只要把匯出的成品檔案，用滑鼠從檔案總管拉至介面上，丟進上傳檔案的大框框裡，Github 就會進行上傳檔案的動作。

　　上傳成功的檔案，會列在同一頁給我們檢視。全部檔案都上傳完畢後，到頁面的最下方按下 **Commit changes**，Github 就會把這些檔案匯入我們的專案。

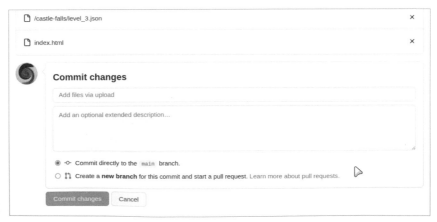

▲ 圖 10-8　Commit 上傳檔案

發布遊戲網頁

接著要前往 Github 專案的設定頁面。在專案頁面的右上方可以找到 **Settings** 的專案分頁。

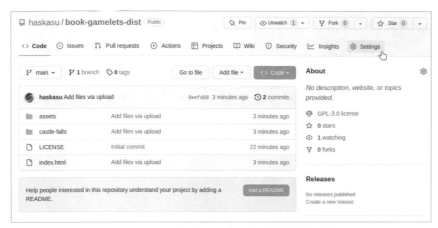

▲ 圖 10-9　前往 Github 設定頁面的按鈕

進入 Settings 分頁後，在左邊一串次分頁裡找到 **Pages**，也就是用來發布網頁的功能分頁。

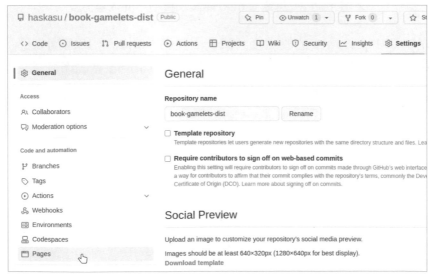

▲ 圖 10-10　前往 Github 發布網頁的功能分頁

在 Build and deployment 的設定中，預設的 Source 是 Deploy from a branch，意思是網頁內容的來源是原始碼的一個分支，我們只要在這裡指定使用哪個分支，Github Pages 就會幫我們把該分支的內容發布成網頁。

在 **Branch** 的選項裡，把原本是 **None** 的選項改為 **main**，再按下 **Save** 按鈕儲存變更。

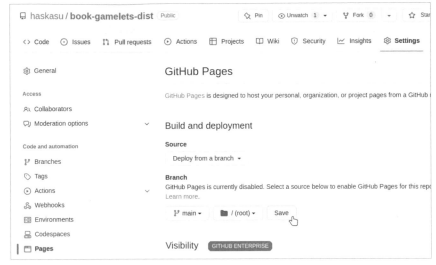

▲ 圖 10-11　設定 Github 專案網頁使用的內容分支

完成 Github Pages 的設定後，我們需要給 Github 一點時間去部署網頁的發布，這個時間大約在一分鐘到五分鐘不等。Github 完成網頁部署後，重整網頁，在 Settings 裡的 Pages 分頁，就可以看到最後發布的遊戲網址。

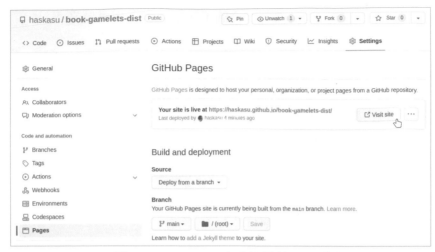

▲ 圖 10-12   Github 專案網頁的公開網址

　　我們可以直接在瀏覽器上輸入這個網址，或是按下這個 Github 分頁裡的 **Visit site** 按鈕，打開遊戲網頁。

▲ 圖 10-13   在 Github 提供的網址下玩遊戲

這樣就完成了免費發布網頁遊戲的工程了，很有成就感吧！

▷ 10-3　在手機上測試

稍後會把遊戲製作成手機 App，不過在這之前，我們要先測試遊戲在手機上運行會不會遇到什麼問題。

雖然可以用手機打開之前發布在 Github 上的網址來遊玩，不過這樣較難測試與找出問題。好在 Chrome 瀏覽器提供了一個模擬手機的瀏覽環境，方便我們測試網頁在手機上的運行狀態。

開發者工具 ▷

回到 VS Code的專案，在測試前，同樣先在 Terminal 執行 **npm run dev** 建立測試環境，然後打開偵錯瀏覽器進行測試。

點擊瀏覽器，按下鍵盤上的 F12，就可以快速打開瀏覽器提供的開發者工具（Developer tools）。

在開發者工具的介面中，可以在左上角找到切換裝置的按鈕（Toggle device toolbar），點擊它就可以將瀏覽器的環境切換為手機。

▲ 圖 10-14　切換桌機與手機的環境

切換成手機模式後，利用這個模式提供的介面改變手機面板的尺寸，或是直接切換各個常用的手機型號。

觸控螢幕的互動事件

在手機模式中，滑鼠的運作也變成觸控面板的模式，在手機的觸控面板中，只有點下（pointerdown）與放開（pointerup）等事件會作用，但不會觸發移進（pointerover）或移出（pointerout）等事件，甚至連滑鼠點擊（click）的事件也不會觸發。

咦！這樣就出問題啦！在一開始選擇遊戲的畫面就破功了！我們無法用滑鼠點擊按鈕，因為這個畫面上的 PixiButton 元件靠的是 click 事件來觸發按鈕。

雖然 click 在手機上無效，但可以用結束觸碰（touchend）事件在手機上替代 click 觸發按鈕。我們用 VS Code 的搜尋功能尋找 **'click'** 字串（記得加上單引號），會發現有三個地方用到了這個事件。

打開 **src/lib/PixiButton.ts**，在監聽滑鼠事件的最後，增加監聽 **touchend** 的程式碼。

```
...
export class PixiButton extends Container {
    ...
    buildUI() {
        ...
        // 手機的觸碰結束事件
        this.on('touchend', (event) => {
            this.emit('click', event);
        });
    }
}
```

在 touchend 事件發生時，我們手動讓按鈕自己發出（emit）點擊（click）事件，這樣就可以讓按鈕在手機上也能正常運作。

打開 **src/monster-raiders/MonsterRaidersGameover.ts**，將結束畫面上的重玩一次按鈕，也加入相同的修正。

```
    ...
    createRestartButton(y: number) {
        ...
        // 手機的觸碰結束事件
        button.on('touchend', (event) => {
            button.emit('click', event);
        });
    }
    ...
```

接著打開 **src/monster-raiders/MonsterRaidersUI.ts**，在音樂開關的按鈕裡，也加上這個修正。

```
    ...
    private async createMusicButton() {
        ...
```

```
    // 手機的觸碰結束事件
    button.on('touchend', (event) => {
        button.emit('click', event);
    });
}
...
```

有了上面的修正，大部分遊戲就都能正常地在手機上跑了。不過我們製作的遊戲，有些機制並不是設計給手機用的，還好這一節的目的只是教會同學如何讓網頁遊戲在手機上執行，至於像是用鍵盤操作的小蜜蜂等遊戲，就請靠同學自己思考應對之法了。

這邊再提供同學一個函式，用來檢查目前執行遊戲的環境是不是使用觸控螢幕。我們把這個函式塞在 **src/main.ts** 。

```
...
/**
 * 檢查遊戲是否在觸控螢幕的裝置上運行
 */
export function isOnTouchScreen(): boolean {
    return (
        ('ontouchstart' in window) ||
        (navigator.maxTouchPoints > 0)
    )
}
...
```

一般現代的瀏覽器其實只需要檢查第一行，看看瀏覽器內建的 window 物件裡面有沒有 ontouchstart 這個屬性，就能得知是不是在觸控螢幕的裝置上。

第二行的檢查，是為了支援舊的 IE 瀏覽器，因為 IE 瀏覽器並沒有按現在的標準去實作觸控螢幕的 API。

在確認遊戲可以在手機上正常運行後，接著就要來看看如何將遊戲成品安裝在手機上變成一個 App。

▷ 10-4　將網頁變成手機 App

　　將網頁變成手機 App 的原理其實很簡單，因為只要是一支智能手機（Smart Phone），它的系統就一定有內建瀏覽器元件（WebView），我們只要建立一個手機 App，在 App 裡面呼叫 WebView 去載入我們預先匯出的遊戲成品，雖然遊戲實質上仍是在瀏覽器上運行，但這感覺就是一個不折不扣的手機 App 了，是吧！

　　將網頁包裝成手機 App 的軟體也不少，常見的有 Flutter、Cordova、NativeScript、Ionic 等，不過要講方便好用，Capacitor 絕對稱得上是其中的佼佼者。

　　在開始使用 Capacitor 之前，我們要先安裝一些必備工具，包括 Capacitor 本身，還有 Android Studio 以及 Keytool。

安裝 Capacitor

　　Capacitor 的其中一項絕技，就是可以在已經建立好的專案中，無縫和 Capacitor 框架整合，這是其他工具所沒有的特色。

　　在專案中安裝 Capacitor 很簡單，只要在 Terminal 輸入以下三個指令。

```
npm install -D @capacitor/cli
npm install @capacitor/core
npm install @capacitor/android
```

　　第一行指令用來安裝讓我們在終端機上可以呼叫 Capacitor 的指令集，因為這些指令集只需要在開發階段使用，所以要加上 **-D**。

　　第二行指令會安裝 Capacitor 核心程式，這些核心程式會跟著遊戲內容一起被包裝在 App 裡面，包括了許多讓遊戲可以存取手機功能的函式庫，像是控制相機、取得水平儀資料、收發簡訊等功能。

第三行指令則和第二行很像，但安裝的是針對 Android 手機的功能函式庫。

安裝 Android Studio

不管是哪種包裝手機 App 的軟體，都需要 Android Studio 的幫助，因為實際製作出能在 Android 系統上跑的 APK 檔，是透過 Android SDK 才辦得到的。

安裝 Android Studio 非常方便，只要前往官網，照著指示就可以順利安裝。Android Studio 的安裝手冊如下：https://developer.android.com/studio/install?hl=zh-tw

安裝完畢後，開啟 Android Studio，打開選單中的 Tools->SDK Manager，檢查看看最新版本的 Android SDK 是否已安裝。

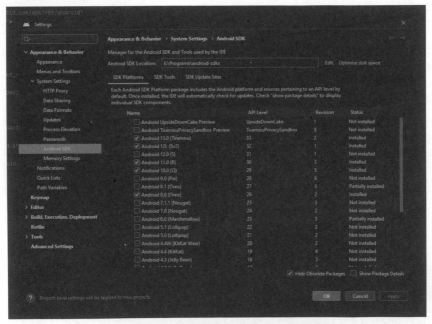

▲ 圖 10-15　檢查 Android SDK 版本

在本書寫作的時間，Android 的版本如下：

表 10-1　Android 及相關工具的版本

系統／工具／軟體	版本
Android Studio	Electric Eel（2022.1.1 Patch 1）
Android 作業系統	13.0
API Level	33

安裝 Keytool

安裝 Android Studio 的同時，如果系統中尚無 JDK（Java Development Kit），那麼 Android Studio 會幫我們選擇並安裝一個 JDK 的版本，而 JDK 的指令集就包括了 Keytool。

如果不確定 JDK 被安裝在哪兒，那麼從 Android Studio 裡的 **File->Settings** 打開設定面板，並在 Gradle 分頁就可以找得到 Gradle JDK 的安裝位置。

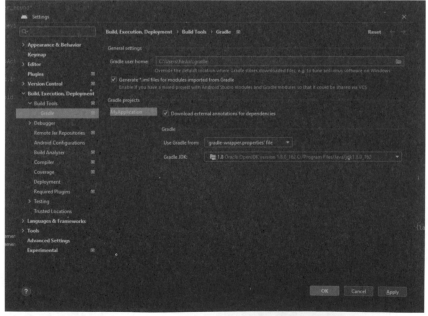

▲ 圖 10-16　在 Android Studio 檢查 JDK 的安裝位置

一般 JDK 安裝完，會幫我們把 JDK 裡的指令集目錄加入終端機的執行程式路徑。如果同學有自行安裝別的 JDK 版本，也可以自己更改 JDK 指令集的路徑，詳細操作方法可以參考 Java 的官網 https://www.java.com/en/download/help/path.html 。

當終端機的執行程式路徑被改變後，我們需要重啟 VS Code（或是只重啟 VS Code 的終端機），這樣 VS Code 的終端機才會受到這個新設定的影響。因此在 Android Studio 或 JDK 安裝完畢後，請記得重啟 VS Code。

好了，現在直接試著執行 Keytool，看看會得到什麼訊息。

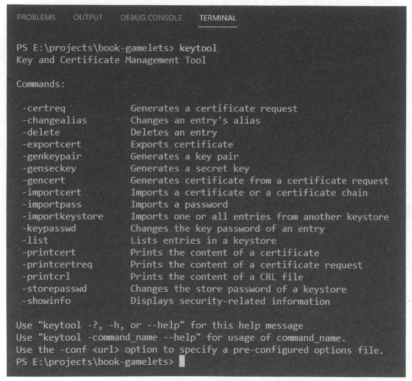

▲ 圖 10-17　執行 Keytool 得到的訊息

Keytool 是安全鑰匙與憑證的管理工具，在我們製作手機 App 時，需要藉助它來產生一個給遊戲安裝程式用的簽名加密鑰匙。

用 Keytool 產生密鑰管理包的指令語法如下，這邊會把每個選擇分行顯示，但實際使用指令時，只要寫成一行。

```
keytool
    -genkey     # 要產生鑰匙
    -v          # 要列印參考訊息
    -keystore   # 要儲存鑰匙的名字
    mygame.keystore # 自訂一個名字
    -alias      # 要指定鑰匙別名
    mygame      # 自訂一個別名
    -keyalg     # 要指定生成鑰匙的演算法
    RSA         # 使用 RSA 演算法
    -keysize    # 要指定鑰匙的位元數
    2048        # 使用 2048 個位元
    -validity   # 要指定有效天數
    10000       # 一萬天
```

其中有兩個參數需要同學自己取名，**keystore** 和 **alias** 的名字。成功產生密鑰管理包之後，就會得到一個 **.keystore** 的檔案，比如這個例子中會得到一個 **mygame.keystore** 檔。同學要收好這個檔案，不要上傳到網路上，等一下在建立手機 App 的時候會需要這個檔案。

建立 Android 專案

現在萬事俱備，我們只要再打幾個指令就可以在手機上玩到我們製作的遊戲了。

首先在 VS Code 的終端機上下達初始化 Capacitor 的指令。

```
npx cap init
```

這個指令在執行的過程中會問兩個問題，一個是 App 的名字，另一個是 App 的 ID。其中 App ID 的格式通常會是巔倒網址的順序，像是下面的示範中，用的是 **com.gamelets.app**。

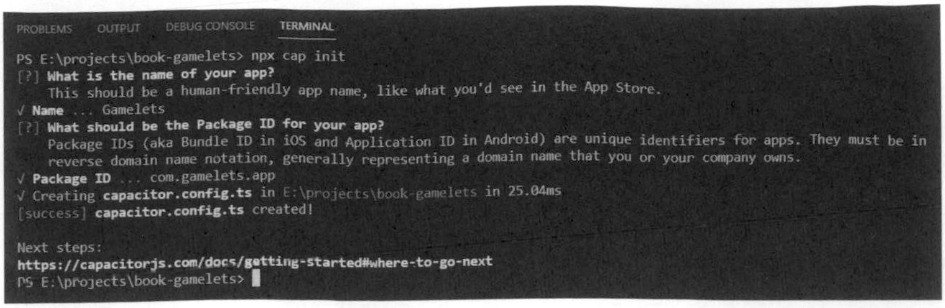

▲ 圖 10-18 初始化 Capacitor

如果是初次使用，可能還會問一些不相干的問題，比如問你願不願意創建一個免費的 Ionic 帳號，以及願不願意匿名分享使用 Capacitor 時的一些資料，對這些問題都給 N 就可以了。

初始化 Capacitor 完成之後，專案的根目錄會多出一個新檔案 **capacitor.config.ts**，預設內容如下。

```
import { CapacitorConfig } from '@capacitor/cli';

const config: CapacitorConfig = {
  appId: 'com.gamelets.app',
  appName: 'Gamelets',
  webDir: 'dist',
  bundledWebRuntime: false
};

export default config;
```

裡面記錄著我們剛剛輸入的 App ID 以及 App 名，另外還有 webDir，告訴 Capacitor 我們的網頁遊戲成品會放在哪個目錄。

接著執行下一道指令。

```
npx cap add android
```

這道指令完成後，專案裡會多一個 **android** 目錄，裡面存放著可以製作成手機 App 的 Android Studio 專案。

在 Android 專案裡最重要的一個檔案是 **AndroidManifest.xml**，可以在 **android/src/main/** 裡面找得到。

這個檔案定義了手機 App 的樣式、ID、圖標以及需要向玩家索取的各項存取權限等。我們要在這個檔案裡加上一行程式，強迫遊戲在手機上執行時，會以橫向顯示遊戲舞台，也就是寬大於高的顯示模式。

```
<activity
    android:screenOrientation="landscape"
    ...
```

按這樣的設定，當 App 啟動時，手機就會被強制變成橫向顯示模式。

另外我們還可以自訂更多手機 App 的樣式，比如在 **android/app/src/main/res/** 裡面存放著預設的圖案資源，同學可以製作屬於自己的遊戲圖標，取代這些資料夾裡的預設圖檔，包括在手機桌布上的遊戲圖示，還有遊戲載入中的等待圖案等。

匯出 Android 手機 App

最後一個步驟就是要使用 Capacitor 製作手機 App 的安裝檔了。指令如下，同樣也是分行解釋給同學看，但實際執行只要寫成一行。

```
npx cap build
    --keystorepath          # 要指定 keystore 的檔案位置
    ..\mygame.keystore      # 相對於 android 專案目錄的位置
    --keystorepass          # 要指定密碼
    mygamepassword          # 自訂密碼
    --keystorealias         # 要指定鑰匙別名
    mygame                  # 鑰匙別名
    --keystorealiaspass     # 要指定鑰匙別名的密碼
    mygamepassword          # 鑰匙別名的密碼
    --androidreleasetype    # 要指定安裝檔的副檔名
    APK                     # APK 安裝檔
    android                 # 建立 App 的目標平台
```

　　其中的 keystorepath 要讓指令知道我們把先前建立的 mygames.keystore 放在哪個資料夾。這裡的示範，因為 mygame.keystore 是存放在專案的根目錄，位於 android 專案目錄的上一層，所以用兩個點的相對路徑來指定 keystore 的位置。

　　製作 APK 安裝檔可能需要一段時間，等到完成後，終端機會顯示建立好的 APK 被放在哪個位置。

▲圖 10-19　終端機顯示 APK 所在位置

　　接著我們只要把檔案藉由 Google Drive 或是 Email 的方式上傳到手機，就可以安裝遊玩了！

▲圖 10-20　遊戲變成手機上的 App

▷ 10-5 　回顧與展望

我們在這一章學到了將前幾章辛苦開發的遊戲發布在網頁上，也學會了如何將遊戲包裝成手機 App 的安裝檔。

不過在推廣遊戲的路上，這些還只是起步的工作，後續還有更多挑戰，諸如建立並經營遊戲社群、上架至 Google Play、發布在更多遊戲平台等。

這一章介紹的 Capacitor 也能夠幫助你將網頁遊戲變成 iOS 或 Windows Mobile 上的 App。另外還有 Electron、nw.js 等類似的工具可以把網頁遊戲打包成桌面遊戲，再發布至 steam 等遊戲平台。

製作遊戲的樂趣無與倫比，但隨之而來的學習壓力也不小。我們除了學習將內心的遊戲點子具像化的方法外，也要涉獵那些推廣遊戲的知識、技術與心態，透過各種管道交流，才能讓遊戲發光發熱，畢竟遊戲就像小説與電影一般，是從製作人的角度出發，卻是在玩家玩過之後才算完整。

本章網址匯總

◢ https://github.com/
圖 10-21　Github

◢ https://zh.wikipedia.org/wiki/GNU 通用公共許可
圖 10-22　GNU 通用公眾授權條款

▲ https://developer.android.com/studio/install?hl=zh-tw

圖 10-23　Android Studio

▲ https://www.java.com/en/download/help/path.html

圖 10-24　Java 官網

Note

Note

Note